中等职业学校示范校建设成果教材

Access 2010数据库案例教程

主 编 林武杰 齐 权

副主编 林 烨 王小红 陈梨芳

参 编 陈晓峰 陈春华

机 械 工 业 出 版 社

本书采用 Access 2010 版本，从实际应用出发，通过学习制作“图书借阅管理系统”，全面介绍 Access 关系数据库各种对象（包括表、查询、窗体、报表、宏和模块）的创建和应用操作，循序渐进地学习 VBA 编辑基础。同时，知识点覆盖全国计算机二级 Access 数据库程序设计的基本内容。本书巧妙地将 Access 2010 数据库知识技能与数据库系统实例进行贯穿、结合，知识结构脉络清晰，并将零散知识点进行整合应用，是数据库技术教学、学习和应用的必备参考资料。

本书可供中等职业学校计算机专业学生使用，也可作为企业中计算机初级人员的自学和岗前培训教材。

图书在版编目（CIP）数据

Access 2010 数据库案例教程 / 林武杰，齐权主编. —北京：机械工业出版社，2014.8（2020.1 重印）
中等职业学校示范校建设成果教材
ISBN 978-7-111-47678-8

Ⅰ. ①A… Ⅱ. ①林… ②齐… Ⅲ. ①关系数据库系统－中等专业学校－教材 Ⅳ. ①TP311.138

中国版本图书馆 CIP 数据核字(2014)第 187348 号

机械工业出版社（北京市百万庄大街 22 号　邮政编码 100037）
策划编辑：李　兴　责任编辑：李　兴　陈瑞文
封面设计：赵颖喆　责任校对：李　丹
责任印制：张　博
北京铭成印刷有限公司印刷
2020 年 1 月第 1 版第 6 次印刷
184mm×260mm・14.75 印张・363 千字
标准书号：ISBN 978-7-111-47678-8
定价：35.00 元

凡购本书，如有缺页、倒页、脱页，由本社发行部调换

电话服务
服务咨询热线：010-88379833
读者购书热线：010-88379649

网络服务
机 工 官 网：www.cmpbook.com
机 工 官 博：weibo.com/cmp1952
教育服务网：www.cmpedu.com
金 书 网：www.golden-book.com

封面无防伪标均为盗版

前　言

数据库技术从20世纪60年代中期产生到今天仅有50多年的历史，但已经经历了4代演变，带动了一个巨大的软件产业及相关工具和解决方案。数据库技术是计算机科学技术中发展最快的领域之一，也是应用最广的技术之一，它已经成为计算机信息系统与应用的核心技术和重要基础。

Access是微软公司发布的Office办公数据库软件，具有强大的数据处理功能。掌握了Access，就可以轻而易举地开发经济实用的、适用于个人应用或小型商务活动的管理应用软件，是一个功能强大、简单易学且可视化操作的关系型数据库管理系统，是一种前后台结合互动的数据库系统。

为积极推动教育体制创新和制度创新，深化教育体制改革，促进职业教育的发展，本书根据中职学校计算机课程的基本要求，针对计算机专业学生的特点，坚持“做中学、做中教”的教学理念，从数据库的基础知识讲起，由浅入深、循序渐进地介绍了Access 2010。采用企业真实项目开发情景并结合全国计算机等级考试二级Access数据库程序设计的基本要求，概要介绍数据库系统的基本知识，突出实用性，重点培养实际操作能力。本书以应用为目的，以项目为引导，通过任务来驱动，以学生为主体，老师为主导，使学生在观察事物现象时唤起好奇心和求知欲，培养学生的创新意识和创新能力，鼓励学生根据自己的兴趣、愿望和能力，用自己的方法去操作、探究和学习。学生可以参照教材提供的知识和任务，轻松地掌握Access的基本功能和操作方法，并能完成小型数据库系统的开发。

全书分为七个模块，模块一主要介绍Access数据库的发展历史以及相关概念，模块二~模块七以“图书借阅管理系统”为例，介绍Access 2010的主要功能及使用方法。其中，模块一~模块六为重点教学内容，主要讲解Access数据库的创建方法以及常用对象的使用方法。模块七是对VBA编程进行简单介绍，并结合教材数据库进行简单的讲解，教师可根据实际情况讲解本模块的部分内容或全部内容。为帮助学生更好地理解和掌握数据库知识，每个项目后都有对应的题目，以帮助学生巩固所学知识。此外，本书配有实训指导书，以供学生上机练习使用，使学生在掌握理论知识的同时提高实践能力，真正的做到学以致用。

本书由林武杰、齐权任主编，陈晓峰、陈春华任主审。具体编写分工如下：模块一由林烨编写、模块二由王小红编写、模块三和模块四由林武杰编写、模块五和模块六由齐权编写、模块七由陈梨芳编写。

由于编者水平有限，加之计算机技术的发展日新月异，书中难免有不当之处，敬请读者指正，以便修订和完善。

编　者

目　录

前言

模块一　创建数据库和表……1

项目一　创建“图书借阅管理系统”空白数据库……1

任务一　设计与规划图书借阅管理系统……1

任务二　创建“图书借阅管理系统”数据库……10

项目二　创建“图书借阅管理系统”所需数据表……15

任务一　使用表设计器创建“借阅者表”……15

任务二　通过插入空白表创建“出版社表”……19

任务三　通过导入输入数据创建“图书表”……21

模块二　表的基本操作……31

项目一　维护“图书借阅管理系统”中的数据表……31

任务一　向“借阅者表”和“出版社表”中录入数据……31

任务二　编辑“借阅者表”中的内容……34

任务三　在“借阅者表”中添加计算字段……36

任务四　修改“借阅者表”的表结构……38

任务五　调整“出版社表”的外观……41

任务六　创建“借阅者表”“图书表”“借还书表”“出版社表”之间的关系……44

项目二　表的操作……50

任务一　查找和替换“借阅者表”中的记录数据……50

任务二　对“借阅者表”中的数据进行排序……52

任务三　对“图书表”和“借还书表”中的数据进行筛选……53

任务四　导出 Access 数据库中的数据……58

模块三　查询的创建与应用……68

项目一　选择查询的创建……68

任务一　利用查询向导创建“显示图书信息”查询……68

任务二　使用设计视图创建“显示借阅者信息”无条件查询……70

任务三　利用设计视图创建“未还书信息”“可借图书信息”有条件查询……73

任务四　创建计算型选择查询……78

项目二　为“图书借阅管理系统”创建灵活的参数查询 ……………………………… 89
任务一　创建“图书信息”参数查询 …………………………………………… 89
任务二　创建条件参数查询 ……………………………………………………… 92
项目三　为“图书借阅管理系统”创建操作查询 …………………………………… 97
任务一　创建生成“可借图书信息表”的操作查询 ……………………………… 97
任务二　将 2013 年 5 月之前购入的“清华大学出版社”出版的图书信息
追加到“t1”表中 ………………………………………………………… 99
任务三 将“出版社表”中编号为“CBS0007”的出版社信息删除 …………… 100
任务四　创建“借书信息更新”和“还书信息更新”查询 ……………………… 102
项目四　创建交叉表查询 ……………………………………………………………… 107
任务　创建“借阅者人数”查询 ………………………………………………… 107
模块四　窗体的创建与应用 …………………………………………………………… 112
项目一　自动创建窗体 ………………………………………………………………… 112
任务一　使用“其他窗体”工具快速创建窗体 …………………………………… 112
任务二　使用“窗体向导”创建窗体 ……………………………………………… 115
项目二　使用“设计视图”创建窗体 ………………………………………………… 123
任务一　使用“设计视图”创建“借阅者信息”窗体 …………………………… 123
任务二　使用“设计视图”创建主/子窗体 ……………………………………… 136
任务三　窗体及控件常用属性 ……………………………………………………… 141
任务四　修饰“图书借阅管理系统”数据内部窗体 ……………………………… 144
项目三　定制系统控制窗体 …………………………………………………………… 153
任务　创建导航窗体 ………………………………………………………………… 153
模块五　报表 ……………………………………………………………………………… 163
项目一　自动创建报表 ………………………………………………………………… 163
任务一　使用报表工具创建出版社报表 …………………………………………… 163
任务二　使用“报表向导”创建图书表报表 ……………………………………… 164
任务三　使用“标签”工具创建图书标签报表 …………………………………… 165
项目二　自定义报表 …………………………………………………………………… 168
任务一　使用“报表设计”创建借阅者报表 ……………………………………… 168
任务二　编辑报表内容 ……………………………………………………………… 174
任务三　将报表中的数据进行排序与分组 ………………………………………… 177
任务四　在报表中使用计算控件 …………………………………………………… 180
模块六　宏 ………………………………………………………………………………… 186
项目一　宏的创建与应用 ……………………………………………………………… 186
任务一　创建操作序列宏 …………………………………………………………… 187

任务二 创建宏组 …………………………………………………………………… 188
任务三 子宏的创建 ……………………………………………………………… 189
任务四 创建条件宏 ……………………………………………………………… 191
项目二 使用宏创建自定义菜单和快捷菜单 ……………………………………… 197
任务 创建“图书信息查询”窗体自定义菜单 ………………………………… 197
模块七 VBA 编程基础 …………………………………………………………… **208**
项目一 选择分支结构语句 ………………………………………………………… 208
任务一 使用 If 语句完成系统登录验证 ………………………………………… 208
任务二 使用 If 嵌套语句完成“登录系统”的选择打开 ……………………… 211
项目二 循环结构语句 ……………………………………………………………… 218
任务 使用循环结构语句实现图书损失计算 …………………………………… 218
参考文献 ………………………………………………………………………… **228**

模块一　创建数据库和表

项目一　创建“图书借阅管理系统”空白数据库

任务一　设计与规划图书借阅管理系统

一、任务分析

随着计算机技术的飞速发展，其应用已渗透到工作、生活等各个领域，已经成为人们学习和工作的得力助手。在学校，尤其是一些高校，图书馆是学校的一项重要资源，图书的管理也是学校一项重要的常规性工作。

为了方便对图书馆的图书、借阅者、借还书业务等进行高效的管理，现将设计一个“图书借阅管理系统”，以提高图书馆的借阅管理效率。

本次任务需完成“图书借阅管理系统”数据库的功能概要设计、系统模块设计、系统信息流程图设计以及原始数据的收集、整理与组织。

1）功能概要设计：要求包含“图书借阅管理系统”数据库所要实现的具体功能。

2）系统模块设计：根据系统的功能概要设计，绘制系统功能模块。

3）信息流程图：绘制出用户在使用该系统时信息在各个部件之间流动的情况。

4）原始数据的收集、整理与组织：通过对系统功能的设计并结合实际情况，确定该系统在基础表中使用的具体字段内容。

二、任务实施

1. 数据库功能需求分析

程序员小张与系统分析员根据“自上而下总体规划”的原则，根据客户的要求将管理系统需要实现的功能总结出来，然后将功能按照模块分类汇总。

图书借阅管理系统是为了满足图书馆管理图书借阅工作而设计的，它主要包含6个模块，分别为“系统登录”“图书信息管理”“借阅者信息管理”“借还书信息管理”“出版社信息管理”和“报表显示”。下面具体介绍6个模块的主要功能。

（1）系统登录模块

系统登录模块的主要功能是图书管理员通过该界面能进入图书借阅管理系统的主界面（见图1-1），通过在“用户名”和“密码”文本框中输入正确的数据并单击“登录”按钮，完成系统的登录。如果输了错误的“用户名”和“密码”，则系统会弹出如图 1-2 所示的错误提示框。

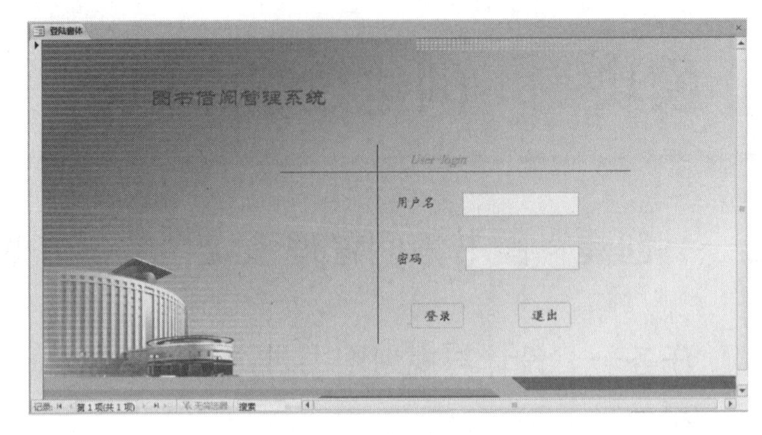

图 1-1　系统登录界面

图 1-2　错误提示信息

“用户名”与“密码”输入正确后进入如图 1-3 所示的系统主界面（用户名：admin，密码：admin）。

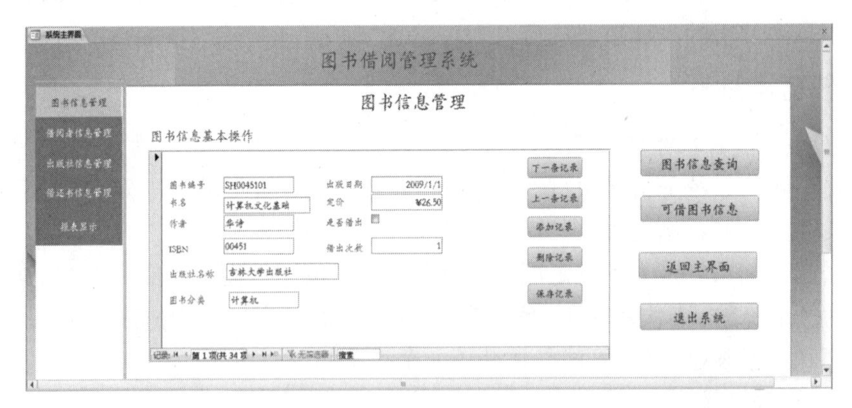

图 1-3　系统主界面

图书借阅管理系统主界面包含了数据库中的所有功能模块，根据需求单击左侧的导航按钮，在界面右侧就会显示相应的模块，然后可以完成相应的操作。

（2）图书信息管理模块　图书信息管理的主界面如图 1-4 所示。

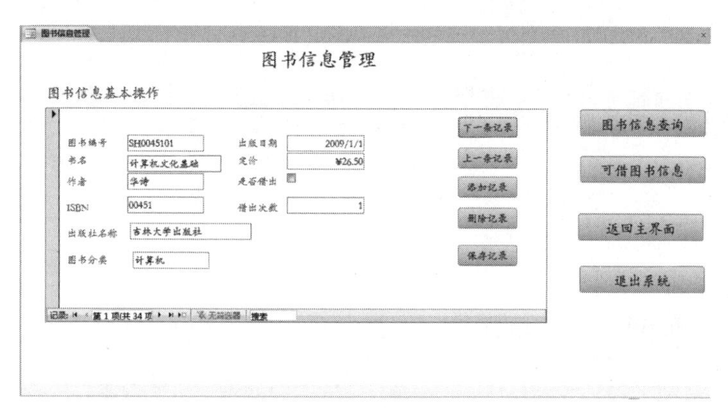

图 1-4　图书信息管理主界面

1）录入图书信息。在新书入库时能及时地将图书信息录入数据库，方便图书的管理。在图书信息管理主界面单击“添加记录”按钮可以添加新记录，添加完成后单击“保存记录”按钮实现对该图书的库存数量的修改。

2）删除图书信息。在图书的日常管理中需要定期地对图书进行整理，此时会涉及图书信息的更改，将不需要的图书信息删除，保证图书信息的时效性。删除记录后单击“保存记录”按钮实现对该图书库存数量的修改。

3）浏览图书信息。查看图书馆中所有图书的信息。在图书信息管理主界面上单击“上一条记录”或“下一条记录”按钮完成对记录的浏览。

4）查询图书信息。用于查找具体的某本或某类图书的信息，该功能又包括：按图书编号查找图书信息、按书名查找图书信息、按出版社查找图书信息、按图书分类查找图书信息。通过在“图书信息查询”界面（见图 1-5）选择查找方式并输入相应的数据，然后单击“查询”按钮可以完成查询操作。

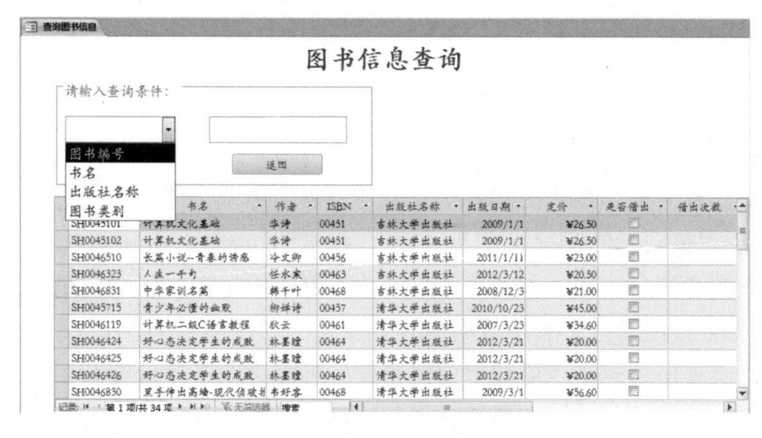

	书名	作者	ISBN	出版社名称	出版日期	定价	是否借出	借出次数
SH0045101	计算机文化基础	华诗	00451	吉林大学出版社	2009/1/1	¥26.50		
SH0045102	计算机文化基础	华诗	00451	吉林大学出版社	2009/1/1	¥26.50		
SH0046510	长篇小说--青春的诱惑	冷文卿	00456	吉林大学出版社	2011/1/11	¥23.00		
SH0046323	人生一千句	任水寒	00463	吉林大学出版社	2012/3/12	¥20.50		
SH0046831	中华家训名篇	韩千叶	00468	吉林大学出版社	2008/12/3	¥21.00		
SH0045715	青少年必懂的幽默	柳婵诗	00457	清华大学出版社	2010/10/23	¥45.00		
SH0046119	计算机二级C语言教程	秋云	00461	清华大学出版社	2007/3/23	¥34.60		
SH0046424	好心态决定学生的成败	林墨瞳	00464	清华大学出版社	2012/3/21	¥20.00		
SH0046425	好心态决定学生的成败	林墨瞳	00464	清华大学出版社	2012/3/21	¥20.00		
SH0046426	好心态决定学生的成败	林墨瞳	00464	清华大学出版社	2012/3/21	¥20.00		
SH0046830	黑手伸出高墙-现代侦破引	韦好客	00468	清华大学出版社	2009/3/1	¥56.60		

图 1-5　“图书信息查询”界面

5）查看可借图书信息。当借阅者来借书时，管理员需要在最快的时间内确定可借图书的信息，因此需要通过“可借图书信息”界面（见图 1-6）来完成对可借图书信息的浏览以及特定图书信息的查看。

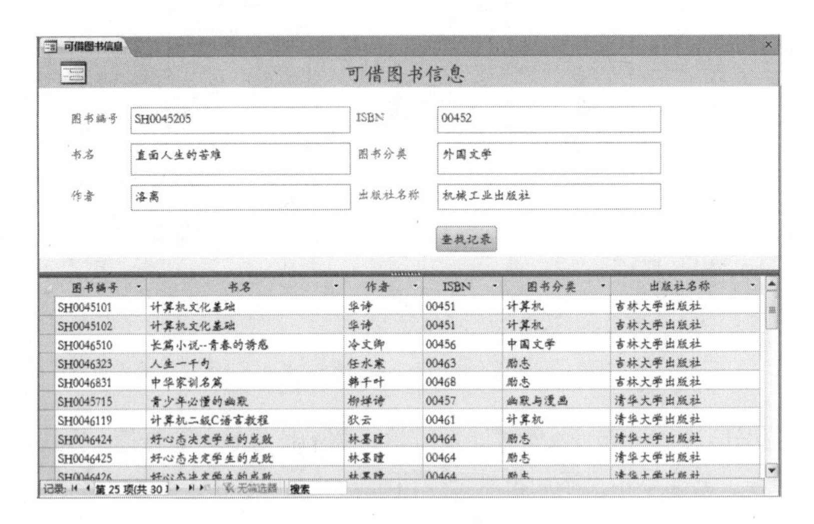

图 1-6　“可借图书信息”界面

（3）借阅者信息管理模块　“借阅者信息管理”界面如图 1-7 所示。

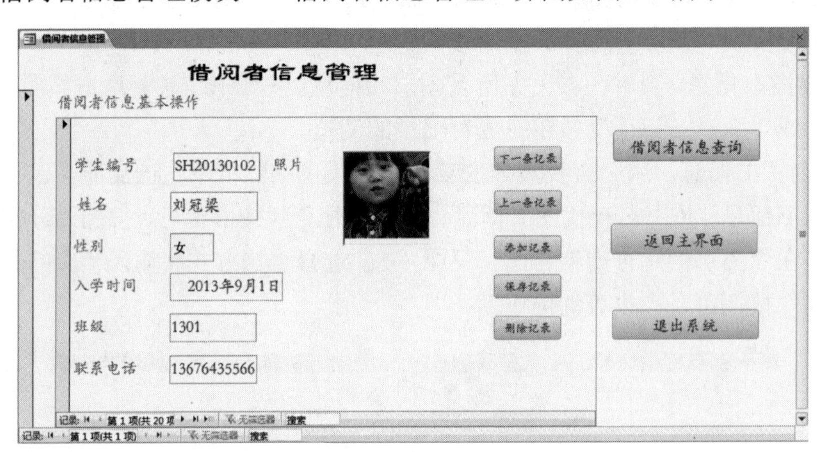

图 1-7　“借阅者信息管理”界面

1）录入借阅者信息。在“借阅者信息管理”界面中单击“添加记录”按钮录入新借阅者信息，实现对借阅者的管理。

2）删除借阅者信息。在“借阅者信息管理”界面中单击“删除记录”按钮删除旧的借阅者信息，保证借阅者信息表中数据的时效性。

3）查询借阅者信息。在“借阅者信息管理”界面中单击“借阅者信息查询”按钮，根据指定的条件查找借阅者信息，包括按借阅者学生编号查询和按照借阅者姓名查询。“借阅者信息查询”界面如图 1-8 所示。

图 1-8　“借阅者信息查询”界面

4）浏览借阅者信息。在“借阅者信息管理”界面上单击“上一条记录”或“下一条记录”按钮完成对记录的浏览。

（4）借还书信息管理模块　“借还书信息管理”界面如图 1-9 所示。

1）借书登记。在“借还书信息管理”界面上单击“借书登记”按钮，进入“借书登记”界面（见图 1-10），单击“新增记录”按钮添加新的借阅信息。在借阅者借书的同时，相应图书的借出数量会发生变化，因此在添加新记录后，要单击“提交记录”按钮实现对该图书借出数量的修改。

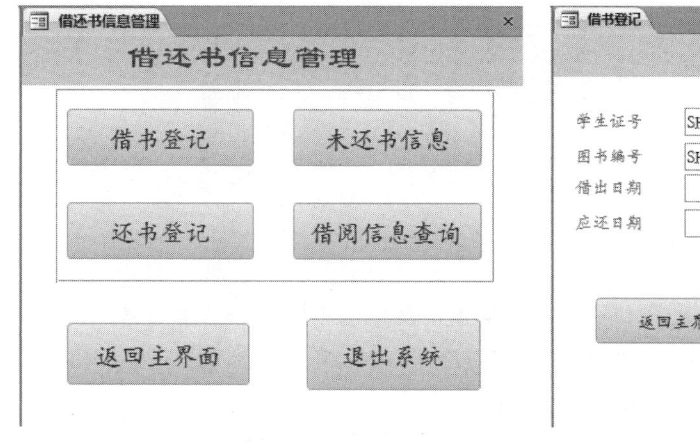

图 1-9　“借还书信息管理”界面

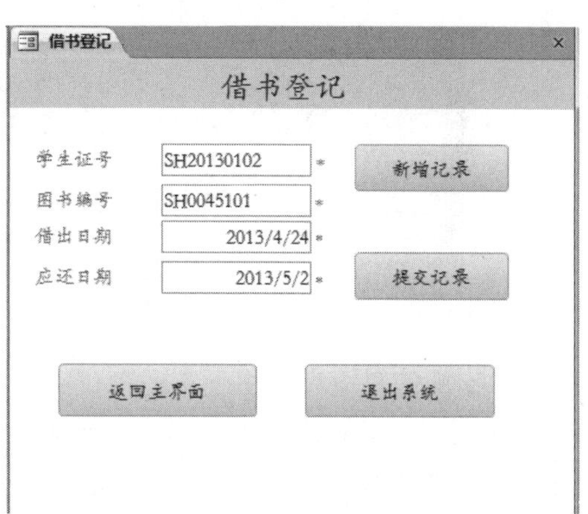

图 1-10　“借书登记”界面

2）还书登记。在“借还书信息管理”界面上单击“还书登记”按钮，进入“还书登记”界面（见图 1-11），输入相应的还书信息。在借阅者还书的同时，相应图书的数量会发生变化，且应修改其借书信息，因此在填写完还书信息后，要单击“提交记录”按钮，实现对该图书已借数量及借阅者借书信息的更新。

图 1-11 “还书登记”界面

3）未还书信息：用于浏览全部未还图书的信息，并实现对具体的某一条记录的浏览与及时督促借阅者按时还书。“未还书信息”界面如图 1-12 所示。

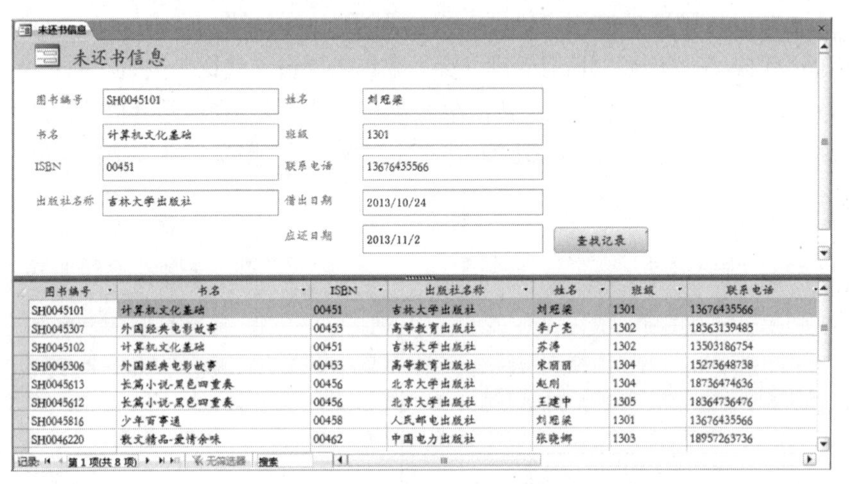

图书编号	书名	ISBN	出版社名称	姓名	班级	联系电话
SH0045101	计算机文化基础	00451	吉林大学出版社	刘冠梁	1301	13676435566
SH0045307	外国经典电影故事	00453	高等教育出版社	李广亮	1302	18363139485
SH0045102	计算机文化基础	00451	吉林大学出版社	苏涛	1302	13503186754
SH0045306	外国经典电影故事	00453	高等教育出版社	宋丽丽	1304	15273648738
SH0045613	长篇小说-黑色四重奏	00456	北京大学出版社	赵刚	1304	18736474636
SH0045612	长篇小说-黑色四重奏	00456	北京大学出版社	王建中	1305	18364736476
SH0045816	少年百事通	00458	人民邮电出版社	刘冠梁	1301	13676435566
SH0046220	散文精品-爱情余味	00462	中国电力出版社	张晓娜	1303	18957263736

图 1-12 “未还书信息”界面

4）借阅信息查询：用于实现查找借阅者的借书情况或某本图书的借出信息。在“借阅信息查询”界面选择查询方式，然后输入相应的查询数据，单击“查询”按钮即可完成查询操作。“借阅者信息查询”界面如图 1-13 所示。

（5）出版社信息管理模块　该模块的主要功能是实现各个图书出版社信息的录入、删除和修改。“出版社信息管理”界面如图 1-14 所示。

（6）报表显示模块　显示各类所需的报表，主要包括图书信息报表，出版社报表和借还书记录报表。在各选项卡中单击命令按钮可以实现相应的操作。“报表显示”界面如图 1-15 所示。

学生编号	姓名	性别	入学时间	班级	联系电话	照片
SH20130102	刘冠梁	男	2013年9月1日	1301	13676435566	Bitmap I
SH20130110	刘红	女	2013年9月1日	1301	13509187378	Package
SH20130205	李广亮	男	2013年9月1日	1302	18363139485	
SH20130206	张美丽	女	2013年9月1日	1302	17859373673	Package
SH20130207	张海刚	男	2013年9月1日	1302	18265743637	
SH20130208	苏涛	男	2013年9月1日	1302	13503186754	
SH20130301	段海兵	男	2013年9月1日	1303	15266142638	
SH20130302	史荣海	男	2013年9月1日	1303	18392876389	
SH20130303	张晓娜	女	2013年9月1日	1303	18957263736	Package

图 1-13 “借阅者信息查询”界面

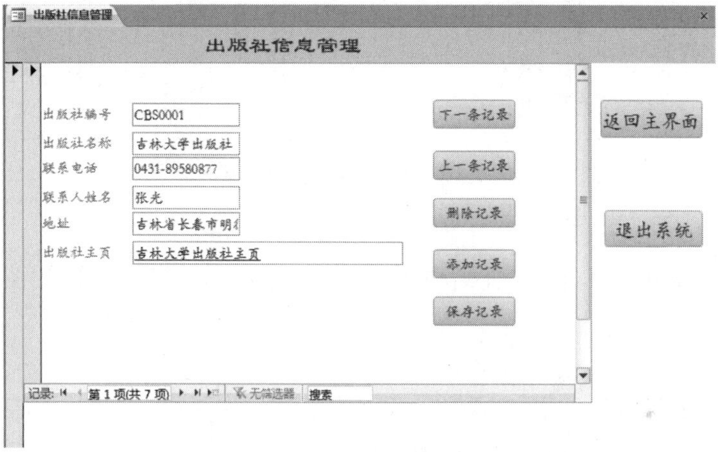

图 1-14 “出版社信息管理”界面

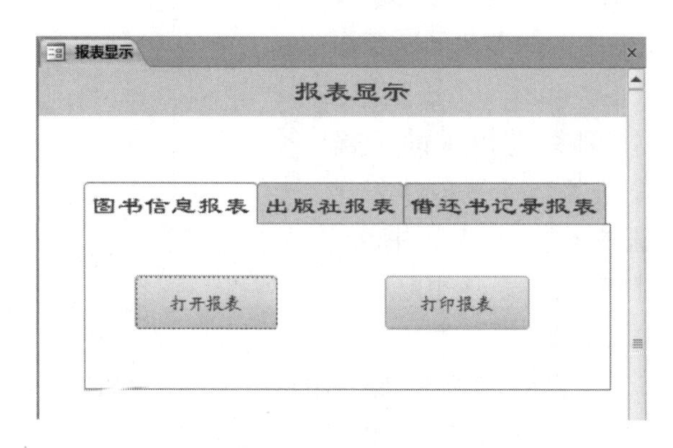

图 1-15 “报表显示”界面

2. 系统功能模块结构图

根据系统功能需求绘制系统功能模块结构图，具体如图 1-16 所示。

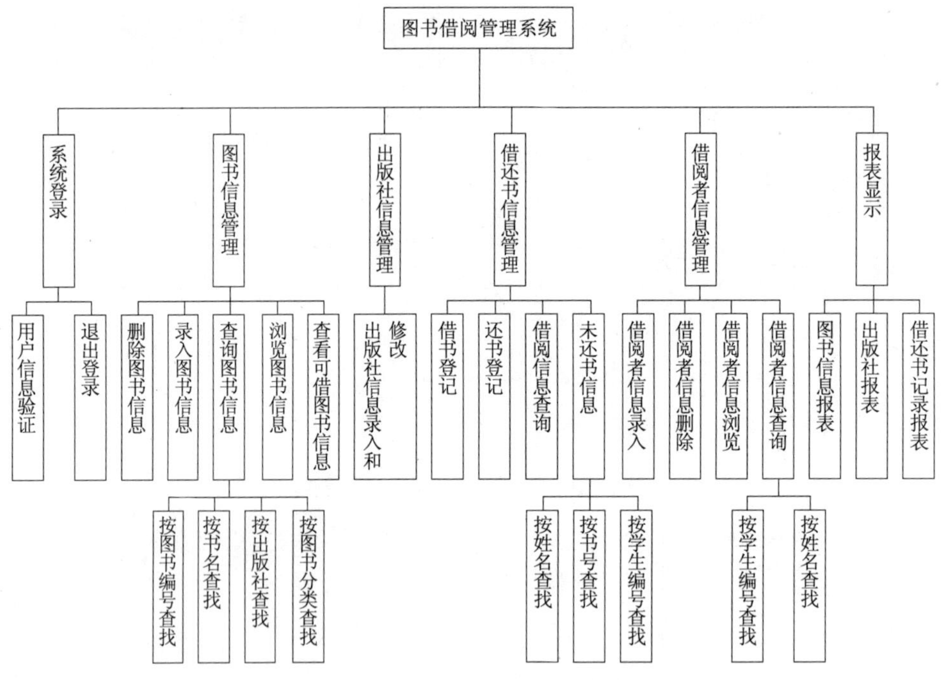

图 1-16　系统功能模块结构图

3. 系统信息流程图设计

根据系统功能分析和功能设计结构图，可以画出系统信息流程图，如图 1-17～图 1-19 所示。

4. 原始数据的收集、整理与组织

（1）原始数据的收集

对数据库而言，数据是指可以在计算机媒体上存储的记录。因此，任何具有意义的文字、数字、符号、图形、多媒体文件等都可以统称为数据。

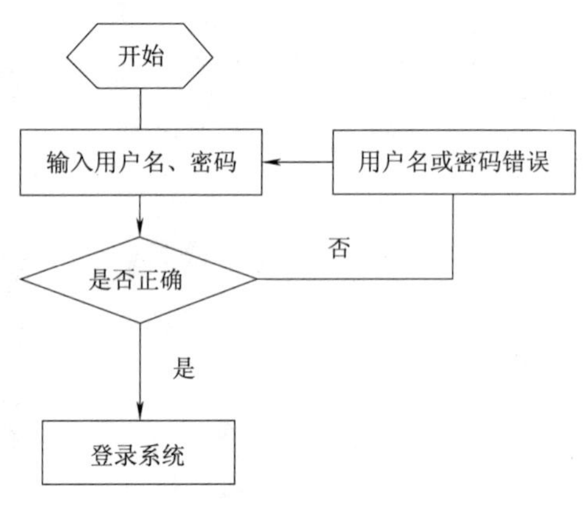

图 1-17　登录流程图

通过对图书借阅管理系统需求的了解与分析，可以知道该管理系统需要收集和管理的数据主要包括：图书（图书编号、书名、作者、出版社、出版日期、定价、图书号、进库日期、是否借出、借出次数），借阅者（学生编号、姓名、性别、入学日期、班级、联系电话、照片），借还书（借书 ID、学生证号、书号、借出日期、应还日期、实际还书日期、还书是否完好），库存信息（图书号、库存量、已借出数量）和出版社（出版社编号、出版社名称、联系电话、联系人姓名、地址、出版社主页）。

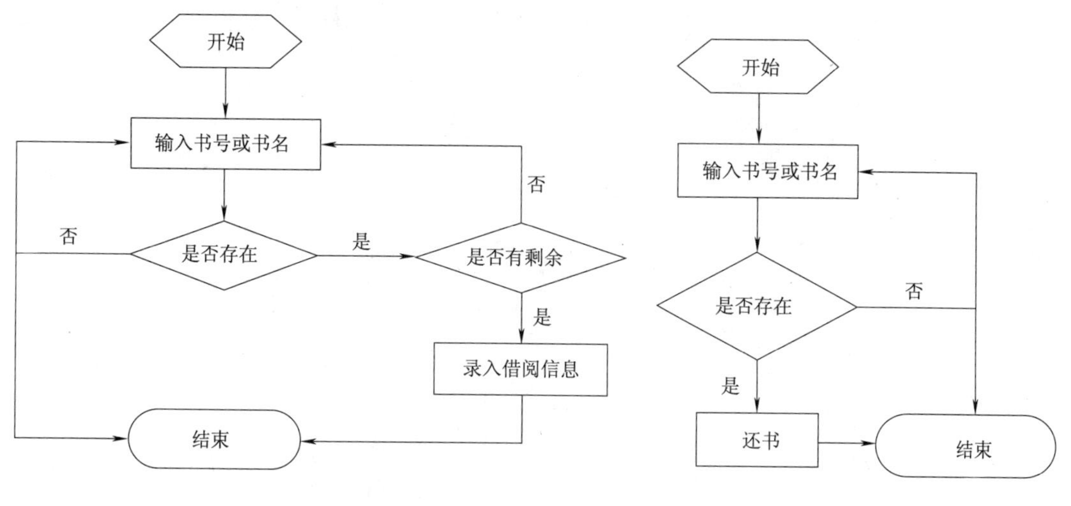

图 1-18　借书流程图　　　　图 1-19　信息流程图

（2）数据的整理与组织

如前所述，Access 2010 是一种关系型的数据库管理系统，关系模型数据库的特点就是使用二维表来存储数据。数据收集完毕后的任务是根据数据之间的关系建立多个二维表，将收集到的数据分开存储在不同的表中，并建立各个表之间的关系，这样便可实现对数据的高效管理。

针对本图书借阅管理系统，现将收集到的数据按不同的主体内容划分到 5 个二维表中，分别是“图书表”“借阅者表”“借还书表”“出版社表”“库存信息表”。如图 1-20～图 1-24 所示。

图书表

图书编号	书名	作者	ISBN	图书分类	出版社	出版日期	定价	进库日期	是否借出	借出次数
SH0045101	计算机文化基础	华诗	00451	计算机	CBS0001	2009/1/1	¥26.50	2012/1/1	☐	1
SH0045102	计算机文化基础	华诗	00451	计算机	CBS0001	2009/1/1	¥26.50	2012/1/1	☐	1
SH0045203	直面人生的苦难	洛离	00452	外国文学	CBS0006	2003/7/9	¥34.00	2009/3/3	☐	0
SH0045204	直面人生的苦难	洛离	00452	外国文学	CBS0006	2003/7/9	¥34.00	2009/3/3	☐	0
SH0045205	直面人生的苦难	洛离	00452	外国文学	CBS0006	2003/7/9	¥34.00	2009/3/3	☐	0
SH0045306	外国经典电影故事	孙祈钒	00453	外国文学	CBS0005	2006/12/1	¥23.00	2009/12/1	☐	1

图 1-20　图书表

借阅者表

学生编号	姓名	入学时间	性别	班级	联系电话	照片
SH20130101	刘红	2013/9/1	女	1301	13509187378	Package
SH20130102	刘冠梁	2013/9/1	男	1301	13676435566	
SH20130204	李广	2013/9/1	男	1302	15235634656	
SH20130205	李广亮	2013/9/1	男	1302	18363139485	
SH20130206	张美丽	2013/9/1	女	1302	17859373673	Package
SH20130207	张海刚	2013/9/1	男	1302	18265743637	
SH20130208	苏涛	2013/9/1	男	1302	13503186754	
SH20130301	段海兵	2013/9/1	男	1303	15266142638	
SH20130302	史荣海	2013/9/1	男	1303	18392876389	
SH20130303	张晓娜	2013/9/1	女	1303	18957263736	Package

图 1-21　借阅者表

借还书表

借书ID	学生证号	书号	借出日期	应还日期	实际还书日期	还书是否完
1	SH20130101	SH213110	2013/6/1	2013/6/20	2013/6/12	Yes
2	SH20130102	SH2131012	2013/6/3	2013/6/20	2013/6/19	No
3	SH20130204	SH213110	2013/4/2	2013/5/1		No
4	SH20130302	SH2131013	2013/1/1	2013/2/1	2013/2/1	Yes
5	SH20130401	SH2131012	2013/2/23	2013/2/10	2013/2/8	Yes
6	SH20130403	SH2131013	2013/2/23	2013/3/23	2013/3/19	Yes
7	SH20130205	SH2131020	2013/3/2	2013/4/2	2013/4/1	No

图 1-22　借还书表

出版社表

出版社名称	联系电话	联系人姓	地址	出版社主页
吉林大学出版社	0431-89580877	张光	吉林省长春市明德路501号	http://www.jlup.com.cn/
清华大学出版社	010-6277317	李海	北京清华大学学研大厦A 座	http://tuptsinghua.cn.gongchang.com/
人民邮电出版社	010-67132692	马涛	北京市崇文区夕照寺街14号a座	http://www.ptpress.com.cn/index.htm
中国电力出版社	010-5674326	张海港	北京市西城区三里河路6号	
高等教育出版社	010-7683647	苏涛	北京市西城区德外大街4号	
机械工业出版社	010-8264838	段海滨	北京.西城区百万庄大街22号	
北京大学出版社	010-8274643	张晓	北京市海淀区中关村成府路205号	

图 1-23　出版社表

将收集到的数据进行整理和组织，划分到不同的数据表中，实际上这是对数据库进行规范化设计的步骤，“规范化”的作用是合理地组织数据，其目的主要有以下两个。

1）维持数据的关系性。设计一个数据表时，表中各个字段的选取非常重要，应尽可能地把相关性较大的数据放在一个表中，使得数据的管理更加有效。

2）避免出现重复性数据。

库存信息

图书号	库存量	已借出数量
00451	2	
00452	3	
00453	3	
00454	1	
00456	5	2
00457	1	
00458	1	1
00459	1	
00460	1	
00461	1	
00462	3	1
00463	1	
00464	3	
00465	1	

图 1-24　库存信息表

任务二　创建“图书借阅管理系统”数据库

一、任务分析

完成了“图书借阅管理系统”的规划与设计后，小张便开始行动，投身到系统的开发中。下面和小张一起初步认识 Access 2010，并创建一个空白的“图书借阅管理系统”数据库。

创建空白数据库是整个项目正式实施的开始，只有创建好空白数据库，才能在创建的数据库中根据所需实现的功能创建所需的对象，以完成整体数据库的构建。

本任务将介绍创建空白的“图书借阅管理系统”数据库，并掌握如何打开和关闭已创建的数据库。

二、任务实施

1. 创建“图书借阅管理系统”空白数据库

步骤一：在 Windows 7 操作系统下，单击“开始”→“所有程序”→“Microsoft Office”→“Microsoft Office Access 2010”命令，进入 Access 2010 首界面。

步骤二：单击“文件”选项卡下的“新建”选项，在可用模板区域中选择“空数据库”选项，如图 1-25 所示。

图 1-25　创建空白数据库

步骤三：单击数据库首界面右侧的文件图标。

步骤四：在弹出的“文件新建数据库”对话框（见图 1-26）中依次确定数据库的保存位置、数据库名称和保存类型，然后单击“确定”按钮。

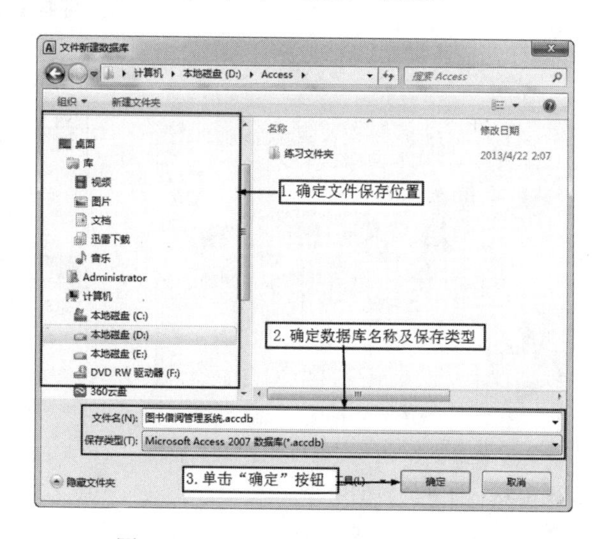

图 1-26　“文件新建数据库”对话框

步骤五：单击首界面右下方的“创建”按钮，完成对数据库的创建。

2. 打开已创建的“图书借阅管理系统”数据库

1）在 Access 管理系统中打开数据库。

步骤一：启动 Access 2010，进入首界面，单击“文件 ”选项卡下的“打开”命令。

步骤二：在弹出的“打开”对话框中，选择要打开的数据库文件，单击“打开”按钮，如图 1-27 所示。

2）通过双击数据库名称直接打开数据库。在 Windows 资源管理器中找到要打开的数据库文件，用鼠标双击即可，如图 1-28 所示。

3. 关闭已打开的数据库

在 Access 2010 首界面的“文件”选项卡下，选择“关闭数据库”命令，如图 1-29 所示。

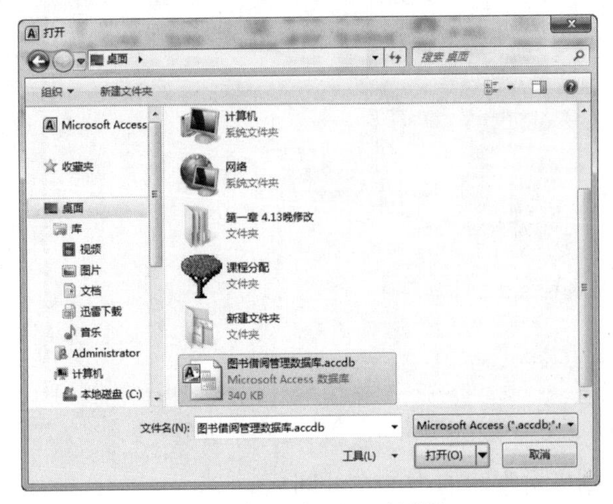

图 1-27　“打开”对话框

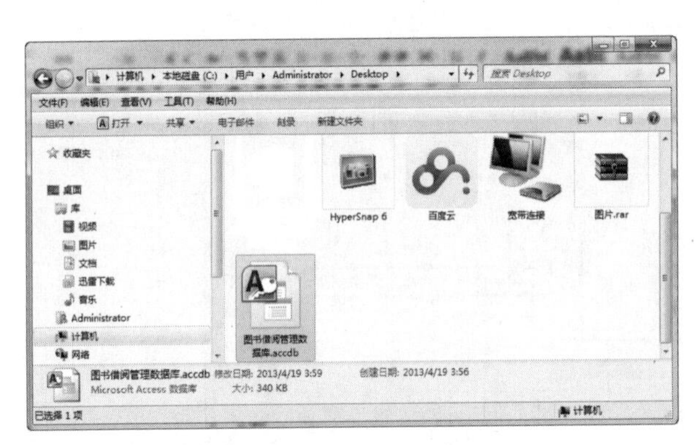

图 1-28　打开的数据库

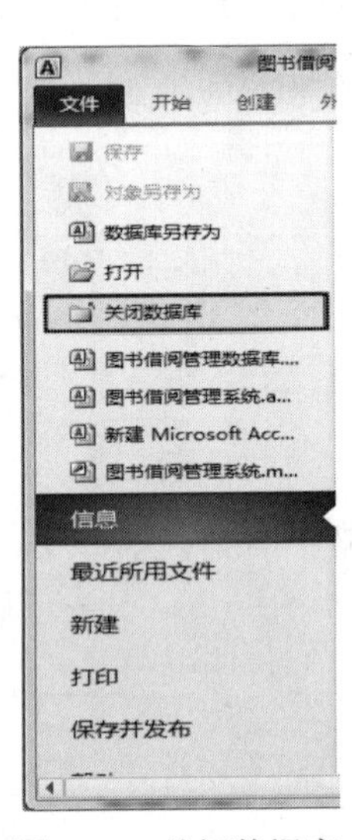

图 1-29　关闭数据库

项目拓展

一、数据库比较

在 Windows 操作系统中，Microsoft Access、Microsoft SQL Server 和 Oracle 是最常见的数据库，它们同时也应用于网络程序应用系统。一般情况下，Microsoft Access 比较适合小型或家庭型的应用程序，而 Microsoft SQL Server、Oracle 一般比较适合大型的应用程

序，三者之间的对比见表 1-1。下面以 Microsoft SQL Server 2000 和 Microsoft Access 2000 为例介绍这两类数据库。

1. Microsoft SQL Server 2000

Microsoft SQL Server 2000 是一个多关系数据管理系统。它不仅是一个完整的数据库，而且具有强大的扩展性，是 Windows 操作系统最为流行的数据库之一，比较适合作为中型或大型应用程序的后台数据库。同时也适用于电子商务、数据仓库和在线商业应用程序等。

2. Microsoft Access 2000

Microsoft Access 2000 数据库采用图形化界面，操作简单，容易学习，只需要编写少量代码便能完成系统设计。由于维护简单，目前很多小型数据交互网站都采用 Access 数据库作为后台。

表 1-1　3 种数据库的比较

数据库		Access	SQL Server	Oracle
特点		桌面数据库，适合处理数据量较少的应用，效率高，安装维护操作简单、易学，可以轻松地应用它来开发简单应用系统	SQL Server 是微软的产品，对 .net 程序的支持比较好，对于一般的应用来说都够用了。基本上.net 阵营中很少使用 SQL Server 以外的数据库产品	Oracle 是 Oracle 公司的数据库产品，它的体积比较庞大，可以在同一机器上运行多个实例，一般用来开发大型应用（如分布式）
优缺点对比	容量	容量 2 GB 为上限值，适用于 100 MB 以下容量的数据管理，容量大则非常影响性能	数据库大小为 524258 TB，文件大小(数据文件)为 16TB，文件大小(日志文件)为 2TB	无限，根据配置决定
	难易度	简单易上手，适合数据库初学者	容易，图形化的用户界面使得易用性和友好性较强	较难，偏复杂
	存储	没有存储过程语言	可存储	可存储
	备份	不支持热备份	可备份	可备份
	数据类型	部分 SQL 数据，不完全支持扩展	大部分 SQL 数据类型以及扩展	标量（scalar）、复合（composite）、引用（reference）和 LOB 4 种类型
	安全性	安全性低	没有获得任何安全证书	获得最高认证级别的 ISO 标准认证，数据安全级别为 C2 级（最高级）
	性能	处理小数据性能高	当用户连接多时，性能会变得很差，并且不够稳定，且并行实施和共存模型并不成熟	全面，完整，稳定，但一般数据量大，对硬件要求较高
	维护	方便简单	比较容易	复杂，工作量大

二、岗位任务

通过本课程的学习，要求掌握基本的数据库知识，可以为小型企业开发完整的数据库并完成数据库的管理工作。下面具体介绍各岗位人员的任务。

1. 数据库管理员（DBA）的任务

安装和升级数据库服务器（Microsoft Access）以及应用程序工具；为数据库设计系统存储方案，并制订未来的存储需求计划，一旦开发人员设计了一个应用，就需要 DBA 来创建数据库存储结构并创建数据库对象；根据开发人员的反馈信息，在必要的时候修改数据库结构；登记数据库的用户，维护数据库的安全；保证数据库的使用符合知识产权相关法规；控制和监控用户对数据库的存取访问；监控和优化数据库的性能。

2. 数据库开发人员的任务

设计、创建关系数据库模型 (逻辑及实体) 及数据库储存对象；使用用户定义的函式、触发程序、储存程序和 Microsoft Access 为服务器进行程序设计；使用简单的 SQL 查询语句来选取或修改数据，或优化查询。

项目测评

对于一个合格的数据库开发人员，前期数据库的设计与规划体现了该开发人员的整体水平。开发一个完整的数据库需要很长的一个周期，那么如何能打动客户最终实现与客户的签约，主要就是在前期通过对客户功能需求的分析，对数据库的开发进行一个详细的设计与规划，并将客户需求体现在各种结构图表中（项目测评表见表 1-2），以达到客户的期望值，最终实现签约。

表 1-2　项目测评表

项目名称	数据库的创建			
任务名称	知识点	完成任务	掌握技能	在本项目中所占的权重
设计与规划图书节约管理系统	——	根据客户需求设计系统功能；绘制功能设计结构图；绘制信息流程图；完成数据库中原始数据的采集与整理	掌握系统设计与规划的一般流程，能根据需要绘制系统中使用的图表	70%
创建“图书借阅管理系统”数据库	Access 2010 数据库的扩展名为.accdb	完成空白“图书借阅管理系统”数据库的创建	熟悉数据库的创建流程，掌握空白数据库的创建方法；使用 Access 2010 打开已创建的数据库	30%

项目小结

本项目主要通过两个任务使读者了解数据库的设计流程以及数据库的创建方法。

任务一向读者介绍了 Access 2010 数据库设计方法，在设计数据库的过程中要把握好先后次序，首先要对数据库应用系统的功能进行分析，了解客户需求以及系统需要实现的

功能，然后设计系统功能模块结构图，以模块的形式将系统的功能绘制出来，并完成各模块之间的信息流程图。根据设计，完成功能模块设计数据库中需要的表结构，收集表中数据并对数据进行组织、整理。

任务二主要介绍了如何创建空白数据库。创建空白数据库的方法比较简单，而且比较单一，但是并不是其因为简单就不重要，恰恰相反，一个数据库应用系统开发的第一步就是创建空白数据库，并且之后的所有操作以及所有的数据都要在该空白数据库的基础上完成。完成数据库的创建后，简单地介绍了打开、关闭数据库的方法。

项目二　创建“图书借阅管理系统”所需数据表

任务一　使用表设计器创建“借阅者表”

一、任务分析

在 Access 2010 中，表是最基本的数据库对象，数据库中的数据都存储在表中。同时，表也是查询窗体、报表等数据库对象的数据源，所以表是数据库的基础与核心，要创建一个好的数据库，表的设计是至关重要的。

通过前面的学习了解到“借阅者表”是用来存放借阅者基本信息的，如借阅者的姓名、性别、入学时间等。在图书借阅管理系统中，“借阅者表”是所有表的主表，其他表都直接或间接从属于“借阅者表”。

在 Access 2010 数据库中主要提供了 3 种创建表的方法：使用设计视图创建表、通过数据表视图创建表、通过导入外部文件创建表，本次任务将使用设计视图来完成“借阅者表”的创建。

本次任务要求完成以下操作，最终实现如图 1-30 所示的效果。

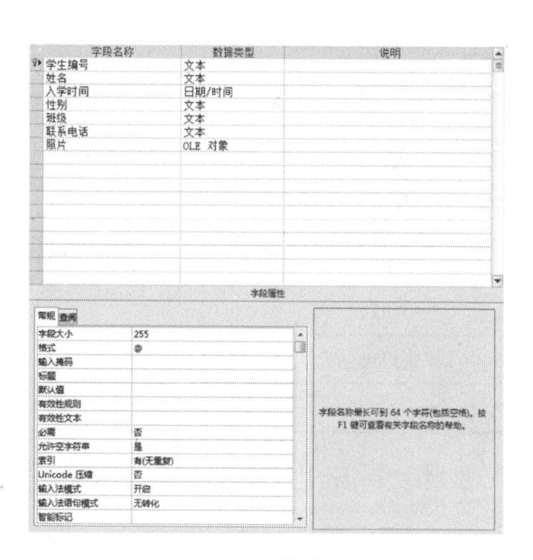

图 1-30　设计效果图

（1）录入字段名称。

（2）设置各字段的字段属性。

（3）设置“学生编号”为主键。

（4）将“性别”字段的数据类型设置为“查阅向导”类型。

二、任务实施

1. 进入表的设计视图

步骤一：打开“图书借阅管理系统”数据库。

步骤二：选择“创建”选项卡，在“表格”组中单击“表设计”按钮，如图 1-31 所示，然后弹出如图 1-32 所示的界面。

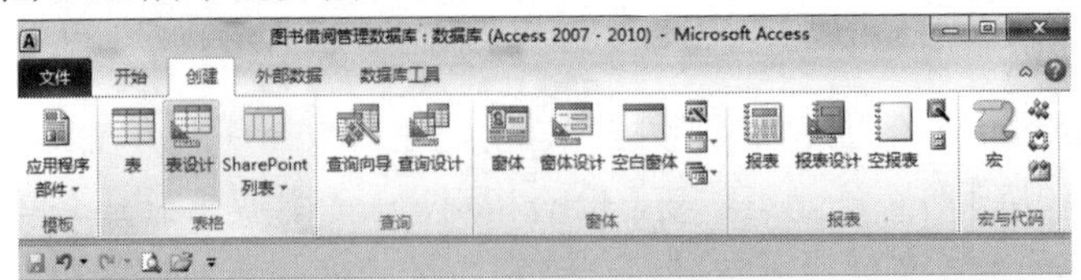

图 1-31　进入表设计器

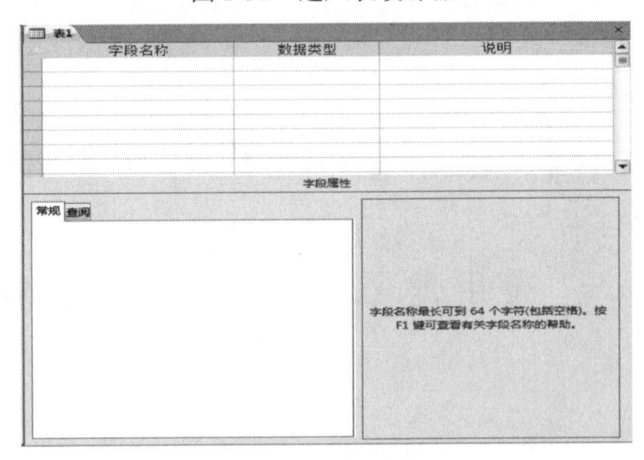

图 1-32　表设计视图

2. 设计表结构

根据表 1-3 设计“借阅者表”的结构。

表 1-3　“借阅者表”结构

字段名称	数据类型	备注
学生编号	文本	字段大小 10，主键
姓名	文本	字段大小 5
性别	文本	字段大小 10，主键
入学时间	日期/时间	短日期格式
班级	文本	字段大小 10
联系电话	文本	字段大小 11
照片	OLE 对象	

步骤一：在“字段名称”列输入字段的名称，如图 1-33 所示。

字段名称	数据类型	说明
学生编号	文本	

图 1-33　输入字段名称

步骤二：在“数据类型”下拉列表中选择对应字段的数据类型，如图 1-34 所示。

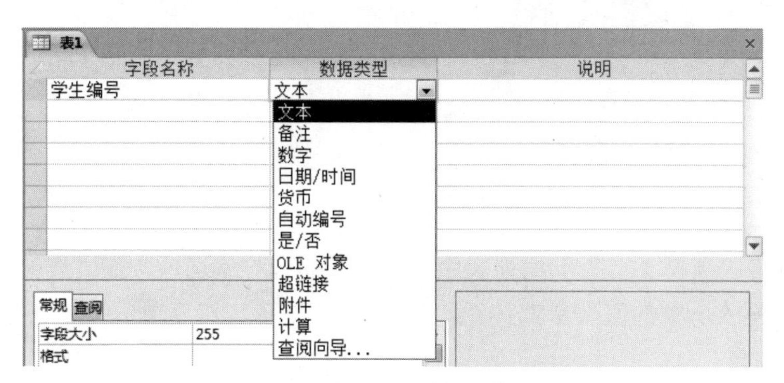

图 1-34　确定对应字段的数据类型

步骤三：在“字段属性”对话框的“常规”选项卡下设置“学生编号”字段的大小、格式等属性，如图 1-35 所示。

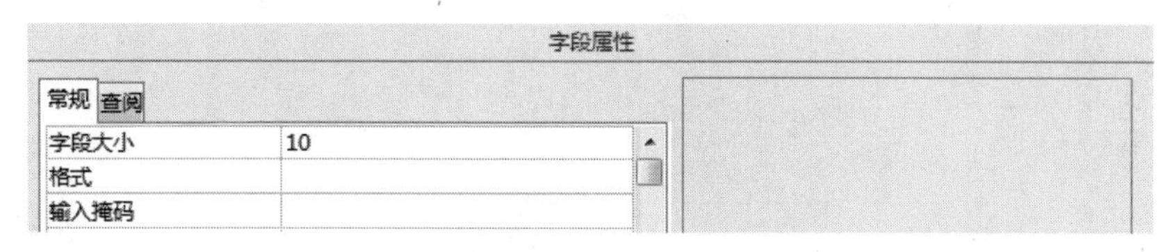

图 1-35　设置字段属性

在“借阅者表”中，一条记录代表一个不同的借阅者，每一个借阅者都有属于自己的一个学生编号且互不相同。因此，“学生编号”字段可以唯一标识表中的一条记录，可以将“学生编号”字段设置为主键。

主键设置方法一：选中“学生编号”字段，并单击鼠标右键，在弹出的快捷菜单中选择“主键”选项，如图 1-36 所示，主键设置完成后的效果如图 1-37 所示。

图 1-36　设置主键一

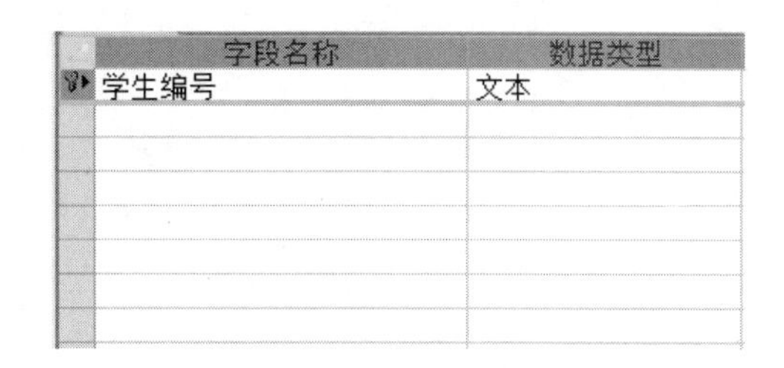

图 1-37　主键设置后的效果

主键设置方法二：选中“学生编号”字段，选择“设计”选项卡，单击工具组中的“主键”按钮，如图 1-38 所示。

提示：主键的取消方法与设置方法相同。

步骤四：根据上述步骤完成对其他字段的设置。

在“借阅者表”中，“性别”字段的值比较固定，只有“男”和“女”两个值，因此可以将“性别”字段的数据类型设置为“查阅向导”，设置步骤如下。

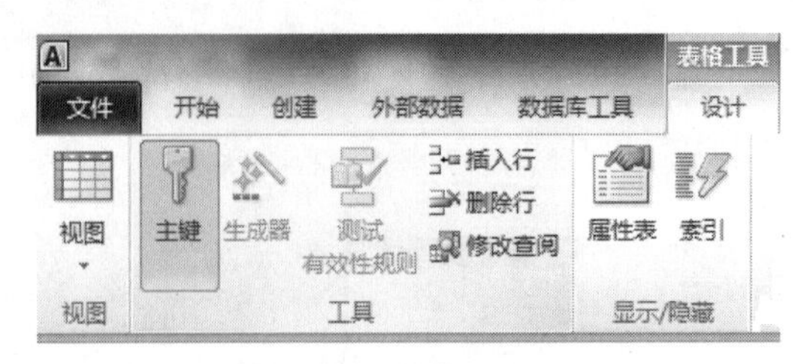

图 1-38　设置主键二

步骤一：在“数据类型”下拉列表中选择“查阅向导”选项，在“查阅向导”对话框中选中“自行键入所需的值”单选按钮，如图 1-39 所示，然后单击“下一步”按钮。

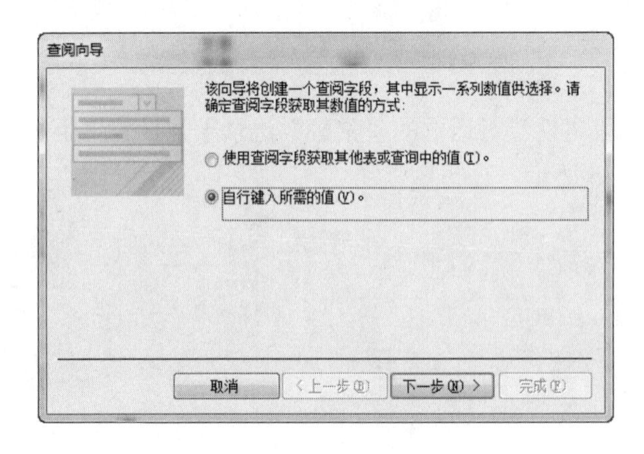

图 1-39　“查阅向导”对话框

步骤二：在第 1 列依次输入“男”“女”，如图 1-40 所示，单击“下一步”按钮。

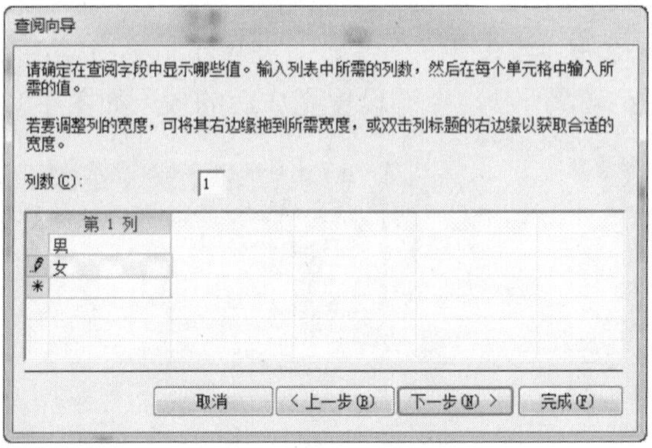

图 1-40　输入所需列数和值

步骤三：在指定标签下的文本框中输入“性别”，然后勾选“限于列表”复选框，单击“完成”按钮完成设置，如图 1-41 所示。

注意：

（1）“性别”字段设置完查阅向导后，其最终保存类型仍为文本型。

（2）在最后的完成界面中有两个复选框分别为“限于列表”和“允许多值”。

“限于列表”是指在设置查阅向导的字段只能选取下拉列表中的一个值作为该字段的数据。

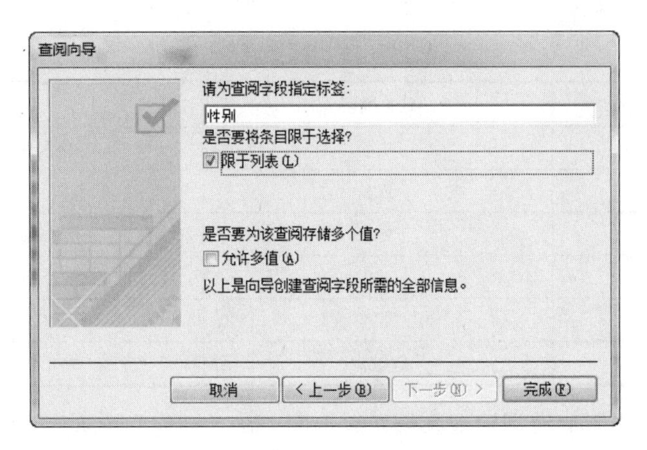

图 1-41　完成设置

“允许多值”是可以选取下拉列表中的多个值作为该字段的数据。

完对“借阅者表”的设计后，单击快速访问工具栏上的“保存”按钮。在弹出的“另存为”对话框中输入表名称“借阅者表”，如图 1-42 所示，单击“确定”按钮即可完成表的创建。

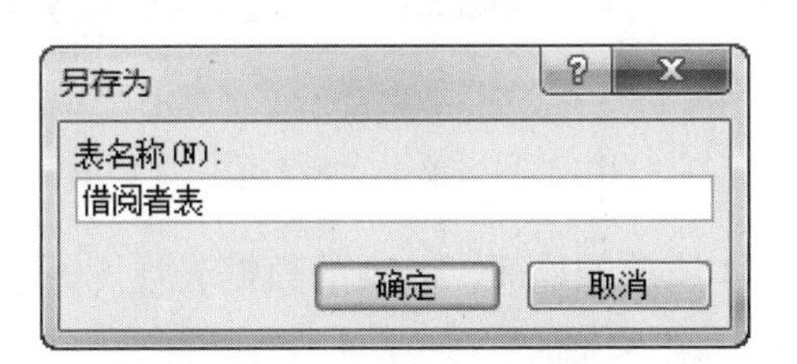

图 1-42　“另存为”对话框

任务二　通过插入空白表创建“出版社表”

一、任务分析

通过插入一张空白表来完成对表的结构的创建，其操作的整个过程都是在表的数据表视图中进行，因此在实际的应用中有一定的局限，如果要求的表结构很复杂，那么通过此方法创建完成后，还需将表切换到数据表视图中进行完善。本任务将通过创建“出版社表”来学习如何通过插入一张空白表创建表结构。

在“出版社表”中存储了“图书表”的所有图书的出版社信息，该表的存在降低了“图书表”表结构的复杂程度，且减少了“图书表”中数据的冗余。

本任务要求完成以下操作：

1）在数据表视图中设置字段的名称。

2）在数据表视图中设置字段的大小以及属性。

二、任务实施

根据表 1-4 所示的“出版社表”结构创建“出版社表”。

表 1-4　“出版社表”结构

字段名称	数据类型	备注
出版社编号	文本	字段大小 10，主键
出版社名称	文本	字段大小 20
联系电话	文本	字段大小 11
联系人姓名	文本	字段大小 5
地址	文本	字段大小 30
出版社主页	超链接	

步骤一：打开“图书借阅管理系统”数据库，在“创建”选项卡下的“表格”中单击“表”按钮，如图 1-43 所示。

图 1-43　单击“表”按钮

步骤二：弹出如图 1-44 所示的界面，即表的数据表视图。

图 1-44　数据表视图

在 ID 列上，Access 2010 会将 ID 字段的数据类型自动设置为自动编号并设置为主键，该字段会随着数据行的增加而自动递增，用户无法在该列输入或更改数据。

步骤三：选中 ID 列，在“字段”选项卡的“属性”组中单击“名称和标题”按钮，如图 1-45 所示。

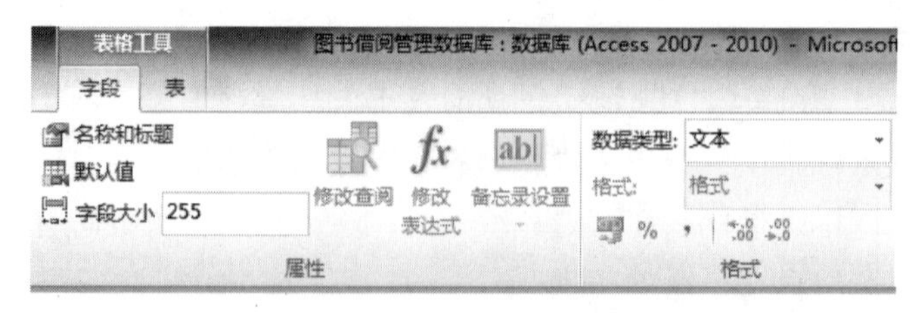

图 1-45　“字段”选项卡

步骤四：弹出 “输入字段属性” 对话框，在“名称”文本框中输入“出版社编号”，如图 1-46 所示单击“确定”按钮完成对字段的命名。

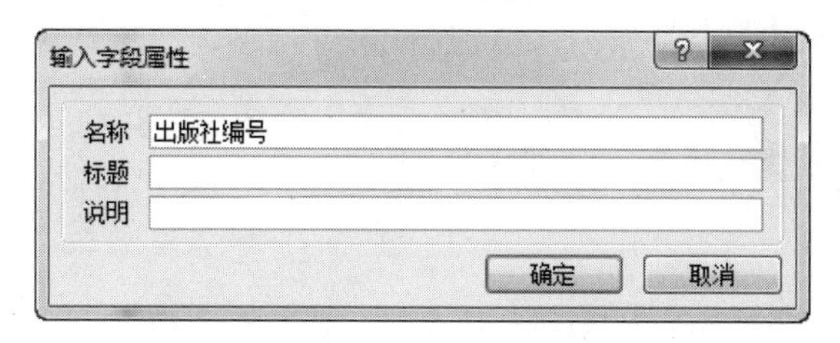

图 1-46 输入字段名称

步骤五：在“属性”组中设置“出版社编号”字段的字段大小为 10，在“格式”组中设置其数据类型为“文本”。

步骤六：单击“单击以添加”下拉列表（见图 1-47），选择 “出版社名称”字段的数据类型。确定数据类型后，列的名称会自动变为“字段 1”，并且在“字段 1”列后会自动增加一个“单击以添加”列，如图 1-48 所示。

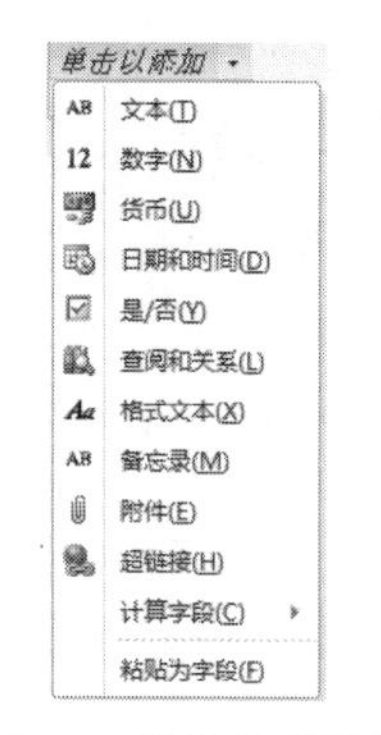

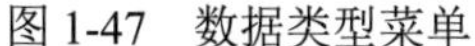

图 1-47 数据类型菜单

图 1-48 “字段 1”列

步骤七：重复步骤三～步骤六完成“出版社表”的创建，最后将表名称保存为“出版社表”。

任务三 通过导入输入数据创建“图书表”

一、任务分析

在数据库的实际应用中，可能已有一张表格或文本文件中存放着需要的数据，但在数据库中并没有相应的表对象，利用之前所学习的知识可以完成表的创建并且手动录入表格或文本文档中的数据，但是这样无疑增加了工作的难度。

Access 2010 数据库提供了与外部数据交流的功能，可以直接将数据库外部数据导入数据库已有的表中，或直接将表导入数据库中。此外，还可以实现数据库内部数据的导出。通过数据库的导入功能创建表是在实际应用中经常使用的方法，而且是数据库开发人员或数据库管理人员必须掌握的一项基本操作技能。

本任务将通过导入“图书表. xls”来完成“图书表”的创建，创建完成后的效果如图 1-49 所示。

本任务要求完成以下操作：

1）熟练掌握数据导入的步骤。

2）了解“第一行包含字段名称”复选框的作用。

二、任务实施

步骤一：打开“图书借阅管理系统”数据库，在“外部数据”选项卡的“导入并链接”组中单击“Excel”按钮，如图 1-50 所示。

图 1-49 创建后的效果

图 1-50 单击“Excel”按钮

步骤二：弹出“获取外部数据-Excel 电子表格”对话框，首先在“指定数据源”文本框中指定需导入的表格的文件路径。然后指定存储方式与存储位置，最后单击“确定”按钮，如图 1-51 所示。在图 1-51 中提供了以下 3 个单选按钮：

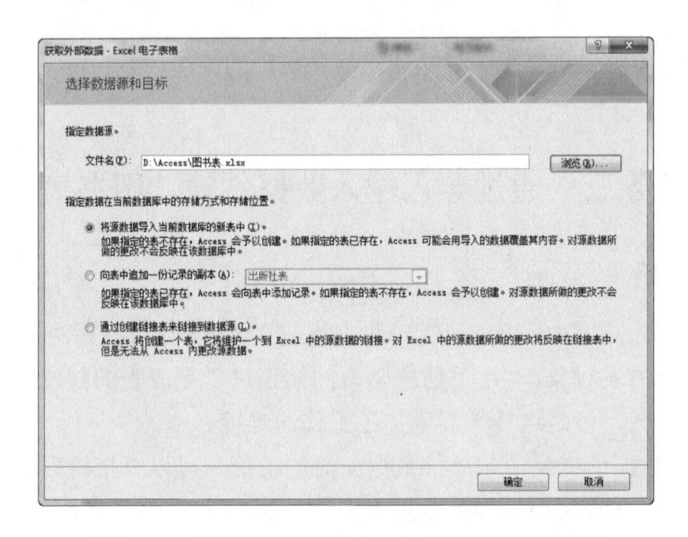

图 1-51 “获取外部数据-Excel 电子表格”对话框

1）将源数据导入当前数据库的新表中。在数据库中建立一张新表保存导入的数据源。

导入完成后，数据源与数据库中的新建表是独立的，对其中一方数据或结构的修改不影响另一方。

2）向表中追加一份记录的副本。将数据源中的数据导入数据库中相应的表中。导入完成后，数据源与数据库中接收数据的表是独立的，对其中一方数据或者结构的修改不影响另一方。

3）通过创建链接表来链接到数据源。通过类似于超链接的形式链接到数据源，并在数据库中显示该表。对数据源中的数据进行修改将影响链接表中的数据，但是无法从数据库中修改数据源中的数据。

步骤三：在弹出的“导入数据表向导”对话框中选中“显示工作表”单选按钮，如图 1-52 所示，然后单击“下一步”按钮。

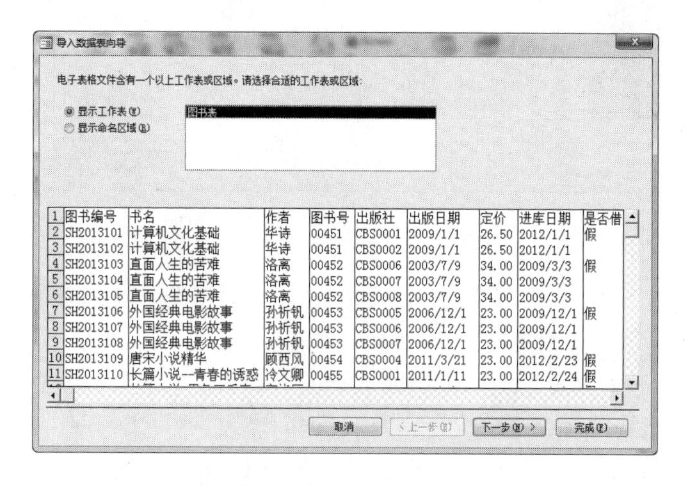

图 1-52　显示工作表

步骤四：勾选“第一行包含列标题”复选框，如图 1-53 所示，然后单击“下一步”按钮。

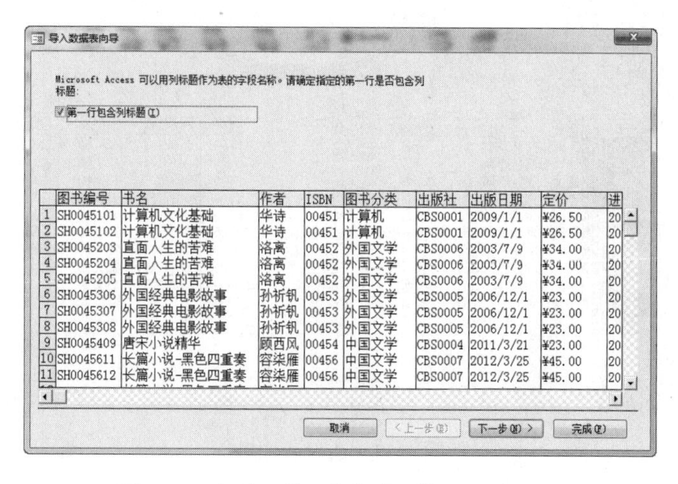

图 1-53　勾选“第一行包含列标题”复选框

“第一行包含列标题”是指将导入的文件中的第一条记录设置为字段名称。

步骤五：在“导入数据表向导”对话框中直接单击“下一步”按钮，页面如图 1-54 所示。

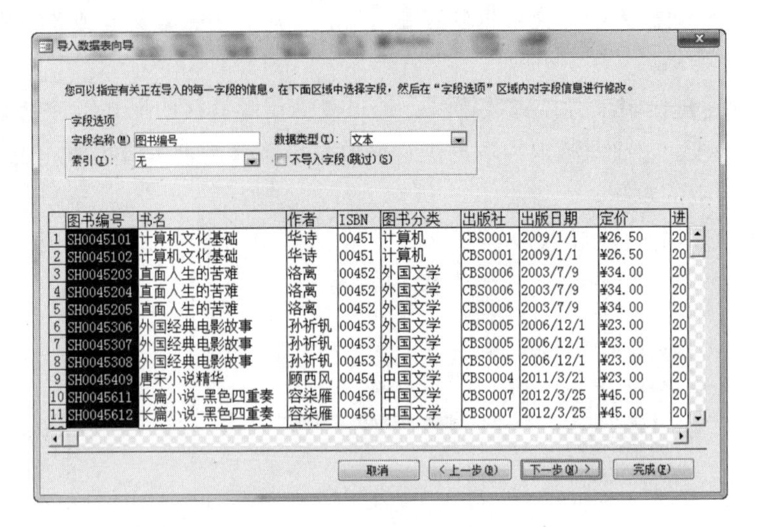

图 1-54　“字段选项”页

步骤六：选中“我自己选择主键”单选按钮，在对应的下拉列表中选择“图书编号”选项，如图 1-55 所示，然后单击“下一步”按钮。

步骤七：在“导入到表”文本框中输入表的名称“图书表”，单击“完成”按钮，此时弹出完成提示窗口，单击“确定”按钮完成表的导入。

步骤八：步骤七完成后会弹出图 1-56 所示的界面，根据需要选择是否保存导入步骤，最终效果如图 1-57 所示。

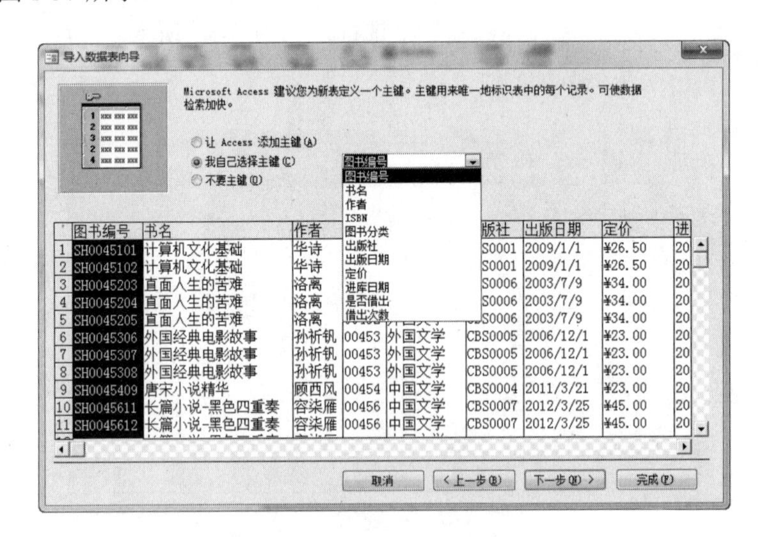

图 1-55　选择表主键

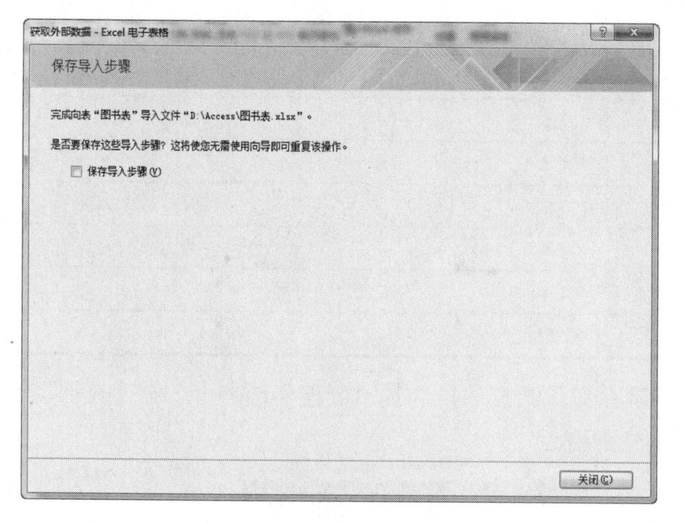

图 1-56　保存导入步骤

图 1-57　最终效果

应用 SQL 语言创建“图书借阅管理系统”数据库中的表结构

SQL 是一种面向数据库的通用数据处理语言规范，能完成以下几类功能：提取、查询数据，插入、修改、删除数据，生成修改和删除数据库对象，数据库安全控制，数据库完整性及数据保护控制。使用 SQL 语句创建表需要掌握部分 SQL 语句以及语句的书写格式。Access 对 SQL 语句的书写格式要求很严格，可能因为一个标点符号的书写错误就导致了整个程序的错误，因此在创建表时不推荐使用该方法。

在 SQL 语言中，可以使用 CREATE TABLE 创建表，语句的基本格式为：

CREATE TABLE <表名>（<字段 1><数据类型 1>，<字段 2><数据类型 2>，……

其中，CREATE 为 SQL 数据定义动词，TABLE 为表对象。

Access 2010 中常用的数据类型见表 1-5。

表 1-5　常用数据类型

数据类型	文本型	是/否型	货币	日期/时间型	数字（整型）	OLE 型
类型标识符	CHAR	BIT	MONEY	DATETIME	SMALLTNT	IMAGE
数据类型	数字（长整型）	数字（单精度）	数字（双精度）	数字（字节）	备注	
类型标识符	INT	REAL	PLOAT	BYTE	MEMO	

下面使用 SQL 语句完成“出版社表”的创建，其结构见表 1-6。

表 1-6　“出版社表”结构

字段名称	数据类型	备注
出版社编号	文本	字段大小 10，主键
出版社名称	文本	字段大小 20
联系电话	文本	字段大小 11
联系人姓名	文本	字段大小 5
地址	文本	字段大小 30
出版社主页	超链接	

步骤一：打开“图书借阅管理系统”数据库，选择“创建”选项卡，在“查询”组中单击“查询设计”按钮，如图 1-58 所示。

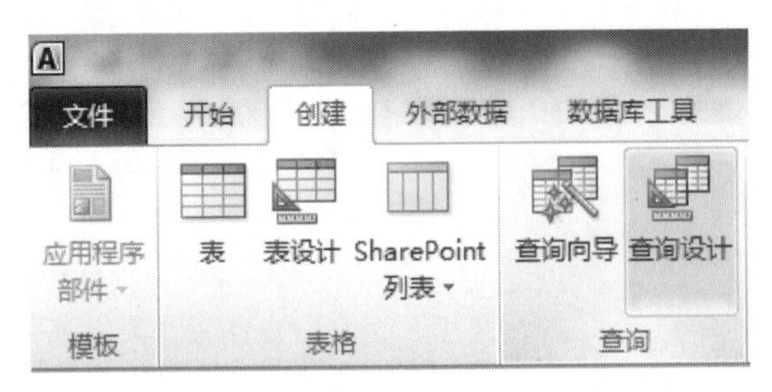

图 1-58　单击“查询设计”按钮

步骤二：弹出“显示表”对话框，单击“关闭”按钮。

步骤三：在“设计”选项卡的“查询类型”组中单击“数据定义”按钮，如图 1-59 所示。

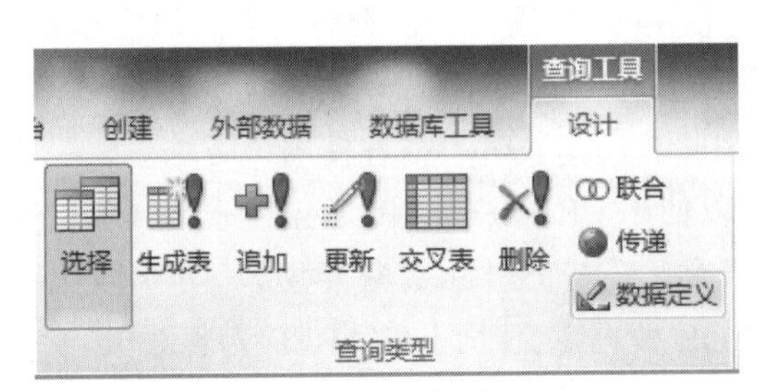

图 1-59　单击“数据定义”按钮

步骤四：输入 CREATE TABLE 语句，如图 1-60 所示。

查询1

```
CREATE TABLE 出版社表 (出版社编号 CHAR(10) PRIMARY KEY,出版社名称
CHAR(20),联系电话 CHAR(11),联系人姓名 CHAR(5),地址 CHAR(30))
```

图 1-60　输入 CREATE TABLE 语句

注意：使用 SQL 语句创建“出版社表”结构时不能创建超链接数据类型，需要自己手动在 Access 2010 中完成。

步骤五：书写完成 SQL 语句后，单击 Access 工具栏上的“运行”按钮，如图 1-61 所示。

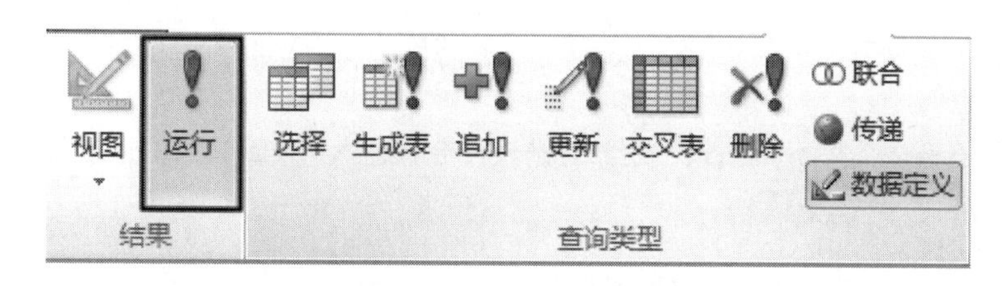

图 1-61　单击“运行”按钮

步骤六：运行后关闭对话窗口，此时弹出保存提示对话框，单击“否”按钮即可，如图 1-62 所示。

步骤七：在数据库导航窗格中查看运行结果，如图 1-63 所示。

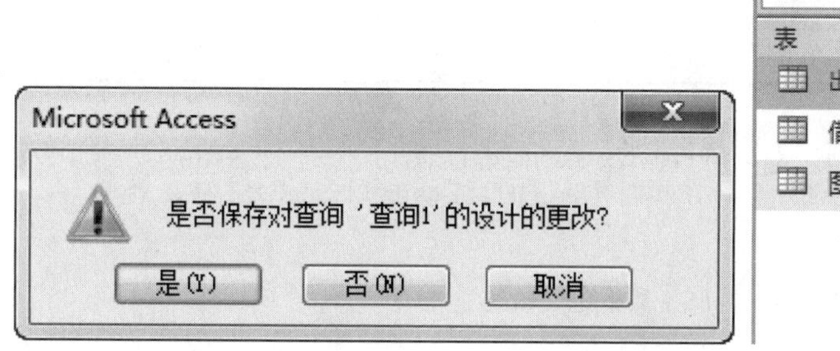

图 1-62　保存提示

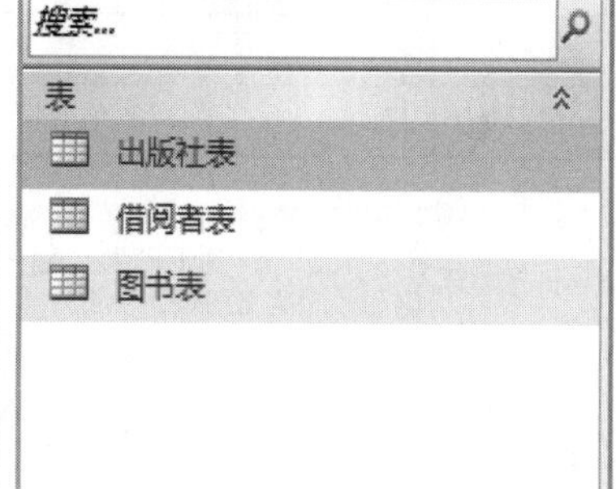

图 1-63　最终效果

按照上述步骤完成“借阅者表”“借还书表”“图书表”的创建。

创建“借阅者表”，“借阅者表”结构见表 1-7，进入“查询数据定义”对话框，输入如图 1-64 所示的数据定义语句。

表 1-7　“借阅者表”结构

字段名称	数据类型	备注
学生编号	文本	字段大小 10，主键
姓名	文本	字段大小 5
性别	文本	字段大小 10，主键
入学时间	日期/时间	短日期格式
班级	文本	字段大小 10
联系电话	文本	字段大小 11
照片	OLE 对象	

```
CREATE TABLE 借阅者表(学生编号 CHAR(10) PRIMARY KEY,姓名 CHAR(20),联系电话 CHAR(5),性别 CHAR(1),入学时间 DATETIME,班级 CHAR(10),联系电话
CHAR(11),照片 IMAGE)
```

图 1-64　数据定义语句 1

创建“借还书表”,“借还书表”结构见表 1-8，进入“查询数据定义”对话框，输入如图 1-65 所示的数据定义语句。

表 1-8　“借还书表”结构

字段名称	数据类型	备注
借书 ID	自动编号	主键
学生证号	文本	字段大小 10
书号	文本	字段大小 10
借出日期	日期/时间	短日期格式
应还日期	日期/时间	短日期格式
实际还书日期	日期/时间	短日期格式
还书是否完好	是否型	

```
CREATE TABLE 借还书表（借书ID COUNTER,学生证号 CHAR(10),书号 CHAR(10),
借出日期 DATETIME,应还日期 DATETIME,实际还书日期 DATETIME,还书是否完好
 BIT）
```

图 1-65　数据定义语句 2

创建“图书表”,“图书表”结构见表 1-9，进入“查询数据定义”对话框，输入如图 1-66 所示的数据定义语句。

表 1-9　“图书表”结构

字段名称	数据类型	备注
图书编号	文本	字段大小 10，主键
书名	文本	字段大小 30
作者	文本	字段大小 5
ISBN	文本	字段大小 5
图书分类	文本	字段大小 10
出版社	文本	字段大小 20
出版日期	日期/时间	日期/时间
定价	货币	小数位数 2 位
进库日期	日期/时间	短日期格式
是否借出	是/否	
借出次数	数字	整型

```
CREATE TABLE 图书表（图书编号 CHAR(10) PRIMARY KEY,书名 CHAR(10),作者 CHAR(5),ISBN CHAR(5),图
书分类 CHAR(10), 出版社 CHAR(20),出版日期 DATETIME,定价 MONEY,进库日期 DATETIME, 是否借出 BIT,
借出次数 SMALLINT)
```

图 1-66　数据定义语句 3

创建“图书表”，库存信息见表 1-10，进入“查询数据定义”对话框，输入如图 1-67 所示的数据定义语句。

表 1-10　库存信息

字段名称	数据类型	备注
图书号	文本	字段大小 15
库存数量	数字	整型
已借出数量	数字	整型

```
CREATE TABLE 库存信息（图书号 CHAR(10),库存数量 SMALLINT,已借出数
量 SMALLINT)
```

图 1-67　数据定义语句 4

在数据库的开发过程中，表的设计至关重要，完成表结构设计后应及时进行项目测评，项目测评表见表 1-11。

表 1-11　项目测评表

项目名称	数据表的创建			
任务名称	知识点	完成任务	掌握技能	在本项目中所占的权重
使用表设计器创建“借阅者表”	了解表的组成；主键的定义；熟悉表中的数据类型及其作用；掌握常用字段属性及其主要作用	通过表设计器完成“借阅者表”表结构的设计	掌握表设计器的使用方法，各数据类型的设置及设置效果；字段属性的设置方法和对应作用	60%
通过插入空白表创建“出版社表”	表的打开与关闭；表视图切换	完成“出版社表”的创建	掌握通过插入空白表创建表的基本步骤，熟悉“字段/表”选项卡中各命令的作用	20%
通过导入外部数据创建“图书表	——	通过导入“图书表.xls”完成“图书表”的创建	掌握导入表的操作步骤	20%

项目小结

本项目主要通过 3 个任务来学习如何创建数据库中的表对象。

任务一主要讲解了在数据库中使用“设计器”来创建表，了解了表的组成、表结构的组成以及一些字段的常用属性和设置方法。使用“设计器”创建表是最实用的方法之一，应重点掌握。

任务二介绍了如何使用“插入空白表”的方法创建表对象，这种创建方法有一定的局限性，在表的设计视图中部分字段属性无法设置，需要切换到设计视图中再对表结构进行完善，因此一般不使用这种方法，但是要掌握其设计思路。

任务三主要讲解了如何使用“导入数据”的方法来创建数据库中的表，该方法在数据库实际应用中经常使用，所以要求熟练掌握，该方法不仅可以保证创建表的准确性而且可以在很大程度上减少工作量。此外，通过导入外部数据创建表在全国计算机等级考试中考察频率较高。

模块二　表的基本操作

项目一　维护“图书借阅管理系统”中的数据表

任务一　向“借阅者表”和“出版社表”中录入数据

一、任务分析

一张完整的表是由结构和数据组成的，在完成表结构的创建后就需要完善表中的内容，向表中输入数据。由于表中各字段的数据类型不同，因此在向表中录入数据时，使用的输入方式也不同。在向表中录入数据时，必须在表的数据表视图中进行。

本任务需要完成以下操作：

1）OLE 数据类型字段数据的录入。

2）超链接数据类型字段数据的录入。

二、任务实施

1）向“借阅者表”中录入数据，“借阅者表”中的数据如图 2-1 所示。

借阅者表

学生编号	姓名	性别	入学时间	班级	联系电话	照片
SH20130102	刘冠梁	男	2013年9月1日	1301	13676435566	tmap Image
SH20130110	刘红	女	2013年9月1日	1301	13509187378	Package
SH20130205	李广亮	男	2013年9月1日	1302	18363139485	
SH20130206	张美丽	女	2013年9月1日	1302	17859373673	Package
SH20130207	张海刚	男	2013年9月1日	1302	18265743637	
SH20130208	苏涛	男	2013年9月1日	1302	13503186754	
SH20130301	段海兵	男	2013年9月1日	1303	15266142638	
SH20130302	史荣海	男	2013年9月1日	1303	18392876389	
SH20130303	张晓娜	女	2013年9月1日	1303	18957263736	Package
SH20130304	张晓杨	女	2013年9月1日	1303	13518264856	
SH20130305	张泽	男	2013年9月1日	1303	13524364583	
SH20130401	宋丽丽	女	2013年9月1日	1304	15273648738	
SH20130402	赵刚	男	2013年9月1日	1304	18736474636	
SH20130403	张广海	男	2013年9月1日	1304	18362673737	
SH20130405	马再强	男	2013年9月1日	1304	15273654736	
SH20130406	徐正	男	2013年9月1日	1304	18367253647	
SH20130501	王建巾	男	2013年9月1日	1305	18364736476	
SH20130503	李金丽	女	2013年9月1日	1305	18328749583	
SH20130607	张强	男	2013年9月1日	1306	18367152435	

图 2-1　“借阅者表”中的数据

步骤一：打开“图书借阅管理系统”，双击打开“借阅者表”，数据表视图如图 2-2 所示。

步骤二：根据图 2-1 所示的数据，向表中直接录入“学生编号”“姓名”“性别”“入学时间”“班级”和“联系电话”。

图 2-2　数据表视图

步骤三：选中学生编号为“SH20130101”的借阅者所对应的照片字段，单击鼠标右键，在弹出的快捷菜单中选择“插入对象”选项，如图 2-3 所示。

图 2-3　插入选项

步骤四：在弹出的对话框中选中“由文件创建”单选按钮，如图 2-4 所示。单击“浏览”按钮，选择照片存放的位置或直接输入照片路径，然后单击“确定”按钮，最终效果如图 2-5 所示。

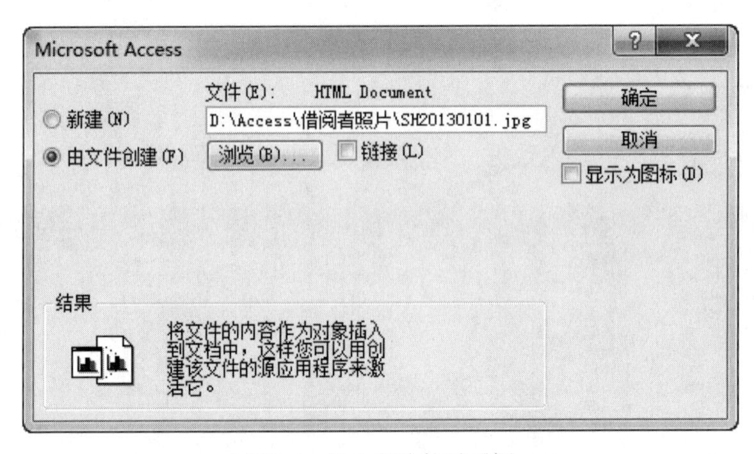

图 2-4　插入照片的对话框

图 2-5　最终效果

注意：在上述对话框中有“链接”复选框，如果不勾选则默认录入方式为“嵌入”。根据图片格式以及数据库版本的不同，在向 OLE 字段录入数据后，数据表视图中所显示的内容是不同的。

步骤五：按照上述步骤完成本表中其他数据的录入。

2）向“出版社表”中录入数据，数据如图 2-6 所示。

出版社名称	联系电话	联系人姓名	地址	出版社主页
吉林大学出版社	0431-89580877	张光	吉林省长春市明德路501号	吉林大学出版社主页
清华大学出版社	010-6277317	李海	北京清华大学学研大厦A 座	http://tuptsinghua.cn.gongchang.
人民邮电出版社	010-67132692	马涛	北京市崇文区夕照寺街14号a座	http://www.ptpress.com.cn/index.
中国电力出版社	010-5674326	张海港	北京市西城区三里河路6号	
高等教育出版社	010-7683647	苏涛	北京市西城区德外大街4号	
机械工业出版社	010-8264838	段海滨	北京. 西城区百万庄大街22号	
北京大学出版社	010-8274643	张晓	北京市海淀区中关村成府路205号	

图 2-6 “出版社表”中的数据

步骤一：在“图书借阅管理系统”中双击打开“出版社表”。

步骤二：根据图 2-6 所示的数据，依次录入“出版社名称”“联系电话”“联系人姓名”“地址”

步骤三：录入“出版社主页”数据，可以采用两种方法。

方法一：直接输入数据。

方法二：

①在“出版社主页”对应字段单击鼠标右键，在弹出的快捷菜单中选择“超链接”→“编辑超链接”选项，如图 2-7 所示。

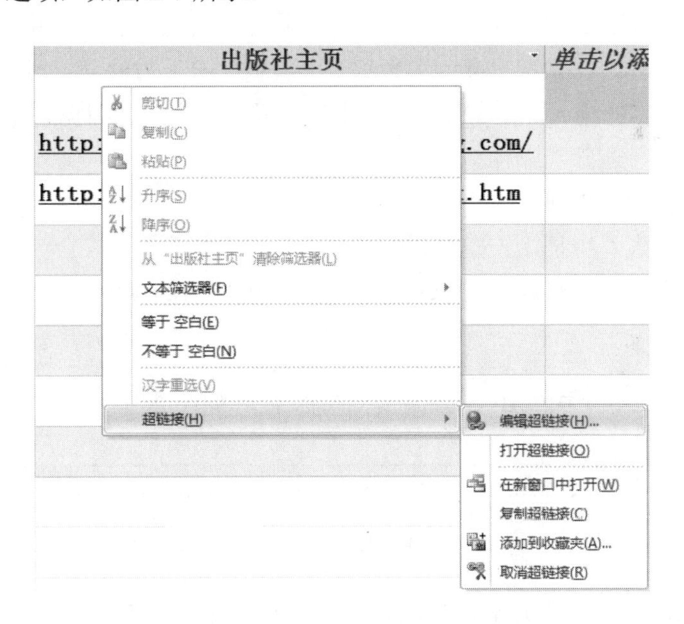

图 2-7 超链接菜单

②在弹出的“插入超链接”对话框（见图 2-8）的“地址”文本框中输入超链接地址。此外，还可以在“要显示的文字”文本框中设置屏幕提示信息。然后单击“确定”按钮即

可，最终效果如图 2-9 所示。

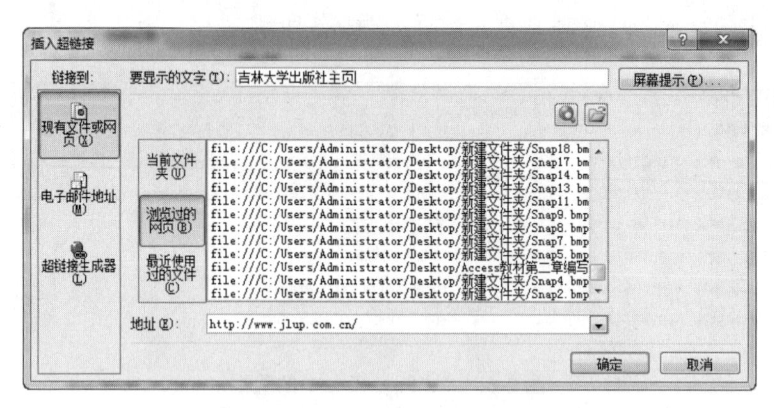

图 2-8 “插入超链接”对话框

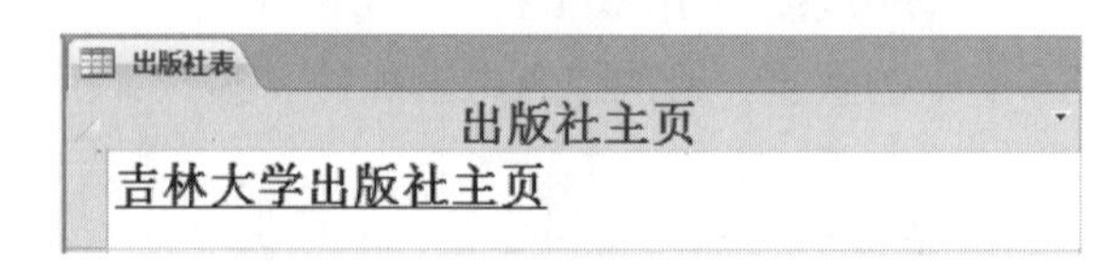

图 2-9 最终效果

任务二 编辑“借阅者表”中的内容

一、任务分析

通过任务一的学习，掌握了表中各数据类型数据的录入方法并完成了对“借阅者表”和“出版社表”内容的输入，在实际的应用中往往需要对表中的数据进行一些修改，如对已录入数据的修改、删除、添加新记录等。

本任务需要完成以下两个操作：

1）向“借阅者表”中插入一条新记录。

2）在“借阅者表”中删除学生编号为“SH20130503”的学生记录。

二、任务实施

1）向“借阅者表”中添加一条新记录，记录内容如图 2-10 所示。

SH20130606	王宝	男	2013/9/1	1306	18381827657

图 2-10 新数据

步骤一：打开“图书借阅管理数据库”，选择表对象，双击 “借阅者表”，以数据表视图方式打开。

步骤二：在“开始”选项卡下的“记录”组中单击“新建”按钮，如图 2-11 所示，此时光标移动到数据表的最后一行，如图 2-12 所示。

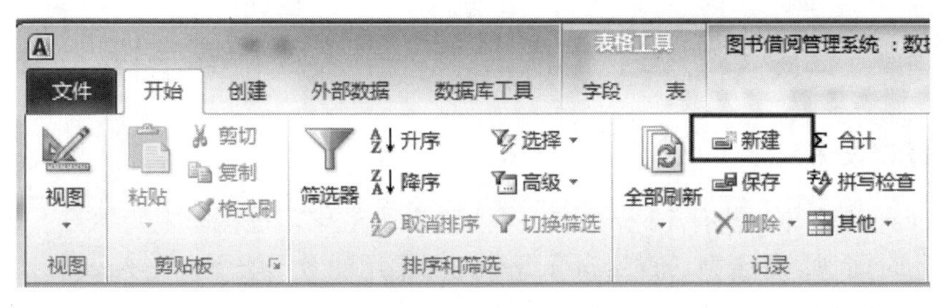

图 2-11　“新建”按钮

SH20130405	马再强	男		2013年9月1日	1304	15273654736
SH20130406	徐正	男		2013年9月1日	1304	18367253647
SH20130501	王建中	男		2013年9月1日	1305	18364736476
SH20130503	李金丽	女		2013年9月1日	1305	18328749583
SH20130607	张强	男		2013年9月1日	1306	18367152435
*						

图 2-12　添加新记录的位置

步骤三：在光标闪烁位置录入新记录，单击“保存”按钮，效果如图 2-13 所示。

SH20130501	王建中	男		2013年9月1日	1305	18364736476
SH20130503	李金丽	女		2013年9月1日	1305	18328749583
SH20130607	张强	男		2013年9月1日	1306	18367152435
SH20130606	王宝	男		2013年9月1日	1306	18381827657
*						

图 2-13　添加效果

任务提示

1）在向表中添加新记录时，只需以数据表视图的形式将表打开，然后直接在数据表尾部添加数据即可。

2）在数据表中选中任意一条记录，单击鼠标右键，在弹出的快捷菜单中选择“新记录”选项。将如图 2-14 所示的记录在“借阅者表”中删除，具体步骤如下。

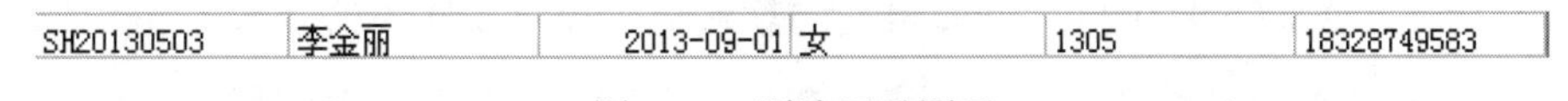

SH20130503	李金丽	2013-09-01	女	1305	18328749583

图 2-14　删除记录图示

步骤一：选中需要删除的记录，单击鼠标右键，在弹出的快捷菜单中选择“删除记录”选项，记录删除菜单如图 2-15 所示。

步骤二：弹出如图 2-16 所示的提示框，单击“是”按钮，然后单击“保存”按钮。

图 2-15　记录删除菜单

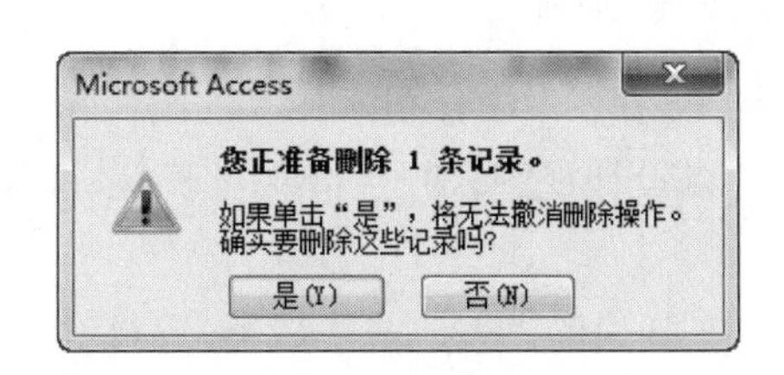

图 2-16　记录删除提示框

任务三　在“借阅者表”中添加计算字段

一、任务分析

在 Access 2010 中，共有 12 种数据类型，在前面的学习过程中主要学习了文本型、数字型、日期/时间型、是否型、查阅向导型等几种常用的数据类型，在 Access 2010 中还包含一种计算型数据类型，用于在表中直接添加计算字段。

虽然 Access 数据库一直支持查询中的计算列，但是在 Access 2010 版本的数据库中可以直接使用计算数据类型在表中执行计算，以便能在任何基于该表的对象中使用计算字段。下面简单地学习计算列的使用方法。

本任务将通过在“借阅者表”中添加“姓氏”和“名字”字段来学习计算字段的添加方法。“姓氏”即为姓名的第一个字符（不考虑复姓），名字即为除去姓氏之外的所有字符。

本任务主要完成以下操作：

1）在“借阅者表”中分别添加“姓氏”和“名字”字段，并通过姓名字段对其赋值，添加成功后的效果如图 2-17 所示。

借阅者表

学生编号	姓名	性别	入学时间	班级	联系电话	照片	姓氏	名字
SH20130101	刘红	女	2013/9/1	1301	13509187378	Package	刘	红
SH20130102	刘冠梁	男	2013/9/1	1301	13676435566	tmap Image	刘	冠梁
SH20130205	李广亮	男	2012/9/1	1302	18363139485		李	广亮
SH20130206	张美丽	女	2013/9/1	1302	17859373673	Package	张	美丽
SH20130207	张海刚	男	2013/9/1	1302	18265743637		张	海刚
SH20130208	苏涛	男	2013/9/1	1302	13503186754		苏	涛
SH20130301	段海兵	男	2013/9/1	1303	15266142638		段	海兵
SH20130302	史荣海	男	2013/9/1	1303	18392876389		史	荣海
SH20130303	张晓娜	女	2013/9/1	1303	18957263736	Package	张	晓娜
SH20130304	张晓杨	女	2013/9/1	1303	13518264856		张	晓杨
SH20130305	张泽	男	2013/9/1	1303	13524364583		张	泽
SH20130401	宋丽丽	女	2013/9/1	1304	15273648738		宋	丽丽
SH20130402	赵刚	男	2013/9/1	1304	18736474636		赵	刚
SH20130403	张广海	男	2013/9/1	1304	18362673737		张	广海
SH20130405	马再强	男	2013/9/1	1304	15273654736		马	再强
SH20130406	徐正	男	2013/9/1	1304	18367253647		徐	正
SH20130501	王建中	男	2013/9/1	1305	18364736476		王	建中
SH20130503	李金丽	女	2013/9/1	1305	18328749583		李	金丽
SH20130606	王宝	男	2013/9/1	1306	18381827657		王	宝
SH20130607	张强	男	2013/9/1	1306	18367152435		张	强
SH20130608	张三	男	2013/9/1	1306	18367157452		张	三

图 2-17　添加“姓氏”和“名字”效果

2）指定本年度的 5 月 1 日为进库日期的默认值，设置完成后的效果如图 2-18 所示。

图书表

图书编号	书名	作者	ISBN	图书分类	出版社	出版日期	定价	进库日期	是否借出
SH0046932	中外影视名星的故事	萧合凰	00469	励志	CBS0002	2008/4/2	¥32.00	2010/3/13	☐
SH0046933	中外影视名星的故事	萧合凰	00469	励志	CBS0002	2008/4/2	¥32.00	2010/3/13	☐
SH0046934	中外影视名星的故事	萧合凰	00469	励志	CBS0002	2008/4/2	¥32.00	2010/3/13	☐
*								2013/5/1	☐

图 2-18　设置效果

二、任务实施

1）在“借阅者表”中分别添加“姓氏”和“名字”字段，并通过姓名字段对其赋值。

步骤一：以设计视图打开“借阅者表”，添加“姓氏”字段，并将其数据类型设置为计算。

步骤二：在弹出的“表达式生成器”对话框中输入“Left([姓名],1)”，如图 2-19 所示，单击“确定”按钮。

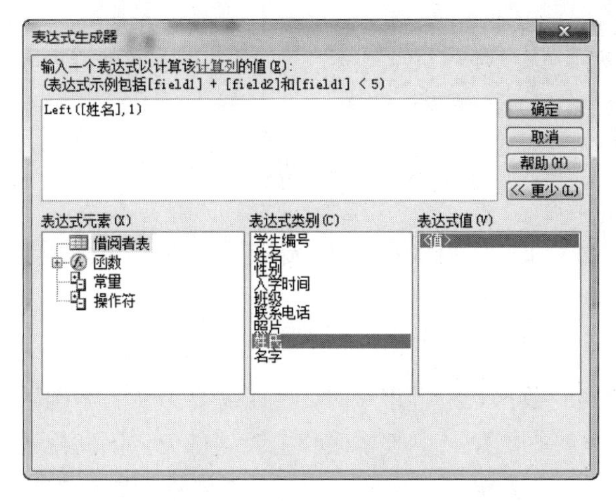

图 2-19　“表达式生成器”对话框

步骤三：添加“名字”字段，设置其数据类型为计算，在弹出的“表达式生成器”对话框中输入“Mid([姓名],2,4)”。

步骤四：将“借阅者表”切换到数据表视图，查看添加结果。

2）指定本年度的 5 月 1 日为进库日期的默认值。

步骤一：以设计视图打开“图书表”。

步骤二：选中“进库日期”字段，在其“默认值”属性中输入“DateSerial(Year(Date()), 5,1)”，如图 2-20 所示。

图书表

字段名称	数据类型	说明
出版日期	日期/时间	
定价	货币	
进库日期	日期/时间	
是否借出	是/否	
借出次数	数字	

字段属性

常规　查阅

格式	yyyy/m/d
输入掩码	
标题	
默认值	DateSerial(Year(Date()),5,1)
有效性规则	
有效性文本	
必需	否
索引	无
输入法模式	关闭
输入法语句模式	无转化
智能标记	
文本对齐	常规
显示日期选取器	为日期

字段名称最长可到 64 个字符(包括空格)。按 F1 键可查看有关字段名称的帮助。

图 2-20　“默认值”属性

步骤三：将“图书表”切换到数据表视图，查看设置效果，如图 2-21 所示。

图书表

图书编号	书名	作者	ISBN	图书分类	出版社	出版日期	定价	进库日期	是否借出
SH0046932	中外影视名星的故事	萧合凰	00469	励志	CBS0002	2008/4/2	¥32.00	2010/3/13	☐
SH0046933	中外影视名星的故事	萧合凰	00469	励志	CBS0002	2008/4/2	¥32.00	2010/3/13	☐
SH0046934	中外影视名星的故事	萧合凰	00469	励志	CBS0002	2008/4/2	¥32.00	2010/3/13	☐
*								2013/5/1	☐

图 2-21　默认值设置效果

任务四　修改“借阅者表”的表结构

一、任务分析

在对已经创建完成的数据表进行审核时，往往需要对表的结构做适当的调整。表的结构主要包括字段名称、数据类型、字段属性和主键 4 部分，因此修改表结构就是对上述 4 个部分进行修改和完善。在数据库的实际应用中，对表结构的修改是经常遇到的问题，因此应重点掌握。

本任务主要完成以下操作：

1）在“借阅者表”的“性别”和“入校日期”字段中间添加“年龄”字段。

2）删除“借阅者表”中的“年龄”字段。

3）交换“性别”和“入校日期”字段的位置。

4）将“借阅者表”中的“入学时间”字段的数据以“短日期”格式显示。

二、任务实施

1）在“性别”字段与“入学时间”字段中间添加“年龄”字段。

步骤一：打开“图书借阅管理系统”，在导航窗格的表对象中选中“借阅者表”，单击鼠标右键，在弹出的快捷菜单中选择“打开”选项，以数据表视图打开“借阅者表”。

步骤二：选中“入学时间”字段，单击鼠标右键，在弹出的快捷菜单中选择“插入行”选项，如图 2-22 所示，此时在“性别”和“入学时间”字段中间出现一个空白行，如图 2-23 所示。

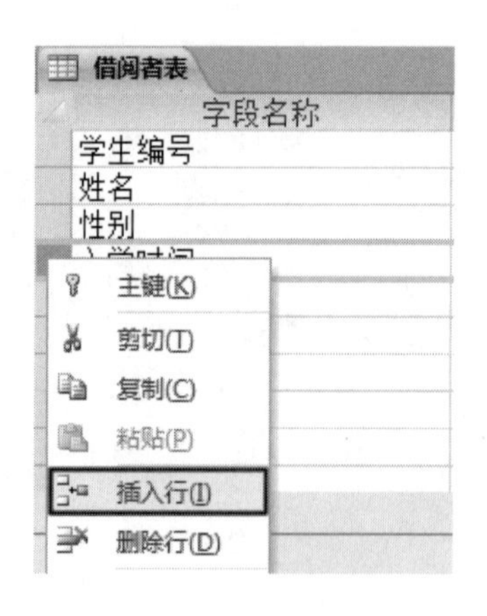

图 2-22　插入字段

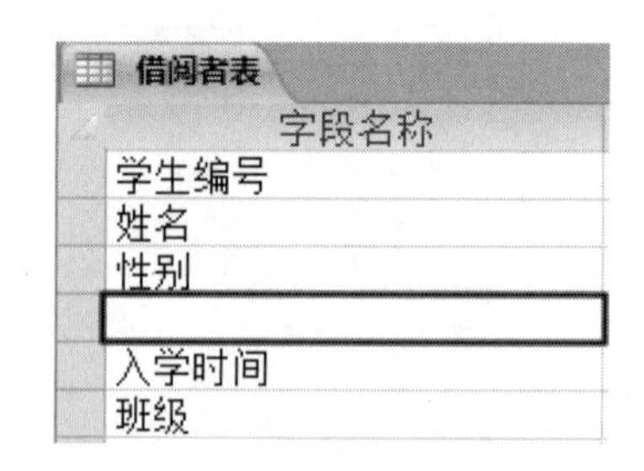

图 2-23　新插入空白行

步骤三：在新的空白行输入“年龄”，单击工具栏上的“保存”按钮，完成字段的插入，效果如图 2-24 所示。

借阅者表

字段名称	数据类型
学生编号	文本
姓名	文本
性别	文本
年龄	文本
入学时间	日期/时间
班级	文本
联系电话	文本
照片	OLE 对象

图 2-24　最终效果

添加新字段完成后，可根据要求设置其相关属性。

2）删除“借阅者表”中的“年龄”字段。

打开“借阅者表”的设计视图，选中“年龄”字段，并单击鼠标右键，在弹出的快捷菜单中选择“删除行”选项，如图 2-25 所示。

借阅者表

字段名称	数据类型
姓名	文本
性别	文本
	文本
	日期/时间
	文本
	文本
	OLE 对象

主键(K)
剪切(T)
复制(C)
粘贴(P)
插入行(I)
删除行(D)
属性(P)

图 2-25　删除行

如果在“年龄”字段中已经输入了数据，则在删除时会弹出如图 2-26 所示的提示框，单击“是”按钮，然后单击工具栏上的“保存”按钮即可，效果如图 2-27 所示。如果删除的字段中并没有数据则不会弹出提示框。

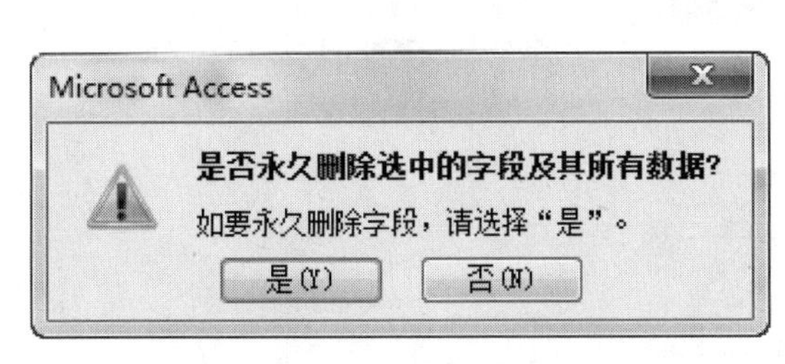

图 2-26　提示信息

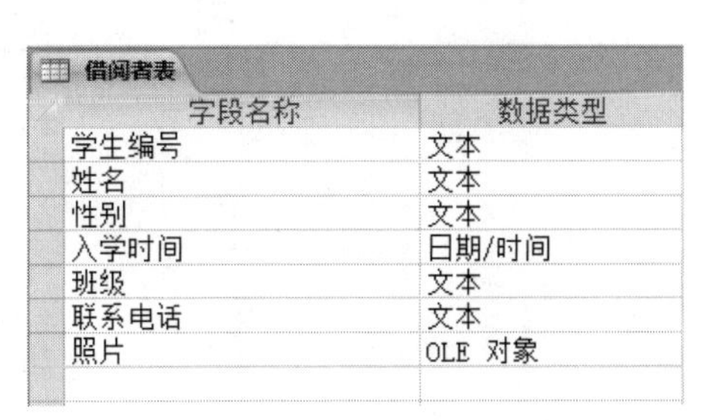
借阅者表

字段名称	数据类型
学生编号	文本
姓名	文本
性别	文本
入学时间	日期/时间
班级	文本
联系电话	文本
照片	OLE 对象

图 2-27　最终效果

3）将“性别”与“入校时间”字段互换位置。

以数据表视图方式进入“借阅者表”，选中“入学时间”字段，按住鼠标左键，向左拖动，此时就会发现在“性别”与“姓名”中间出现一条黑线，如图 2-28 所示，这时松开鼠标，单击“保存”按钮即可，效果如图 2-29 所示。

借阅者表

学生编号	姓名	性别	入学时间	班级
SH20130110	刘红	女	2013年9月1日	1301
SH20130102	刘冠梁	男	2013年9月1日	1301
SH20130205	李广亮	男	2013年9月1日	1302
SH20130206	张美丽	女	2013年9月1日	1302
SH20130207	张海刚	男	2013年9月1日	1302

图 2-28　字段拖动界面

借阅者表

学生编号	姓名	入学时间	性别	班级	联系电话	照片
SH20130110	刘红	2013年9月1日	女	1301	13509187378	Package
SH20130102	刘冠梁	2013年9月1日	男	1301	13676435566	tmap Image

图 2-29　互换效果

4）将“借阅者表”中的“入学时间”字段的数据以“短日期”格式显示。

步骤一：以设计视图打开“借阅者表”。

步骤二：选中“入学时间”字段，在“字段属性”窗格中的“格式”下拉列表中选择“短日期”属性，如图 2-30 所示，然后单击“保存”按钮。

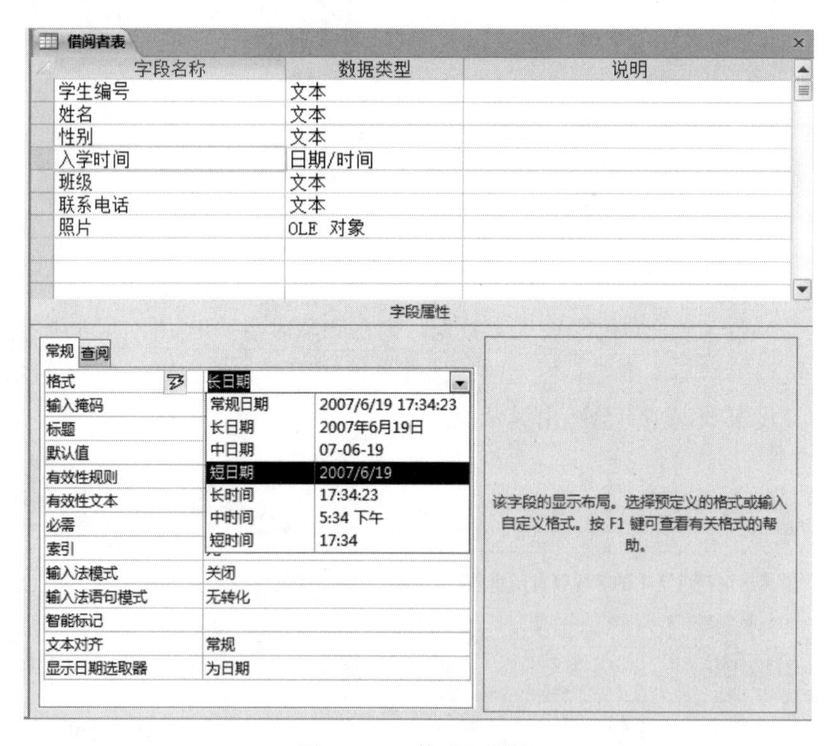

图 2-30　“格式”属性

步骤三：单击“文件”选项卡下的“视图”按钮，切换到数据表视图查看效果，如图 2-31 所示。

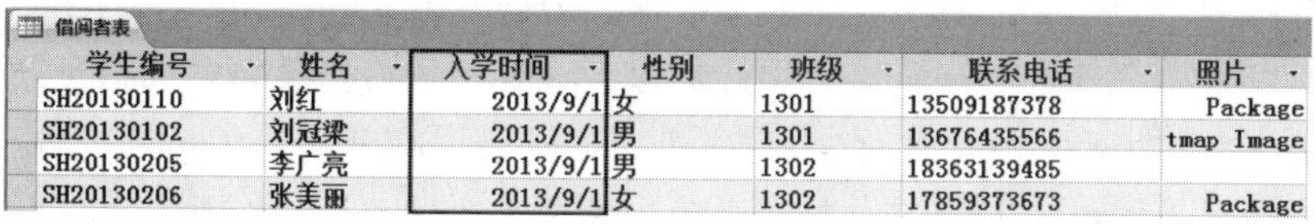

借阅者表

学生编号	姓名	入学时间	性别	班级	联系电话	照片
SH20130110	刘红	2013/9/1	女	1301	13509187378	Package
SH20130102	刘冠梁	2013/9/1	男	1301	13676435566	tmap Image
SH20130205	李广亮	2013/9/1	男	1302	18363139485	
SH20130206	张美丽	2013/9/1	女	1302	17859373673	Package

图 2-31　数据显示效果

5）判断并设置“借阅者表”的主键。

步骤一：以设计视图打开“借阅者表”。

步骤二：选中“学生编号”字段，单击鼠标右键，在快捷菜单中选择“主键”选项，如图 2-32 所示；或者选中“学生编号”字段，在“设计”选项卡下的“工具”组中单击“主键”按钮，如图 2-33 所示。

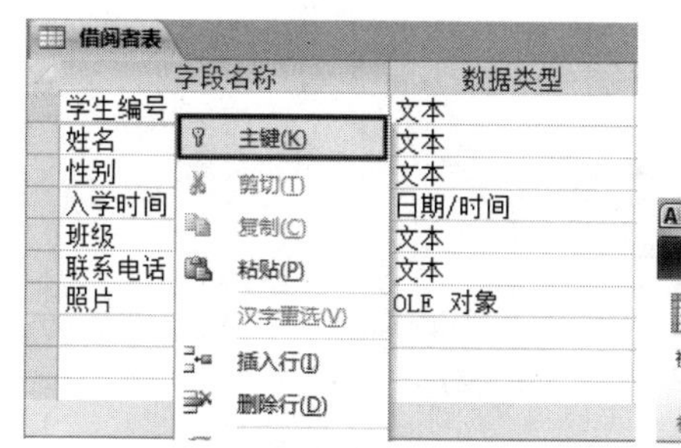

图 2-32　主键设置菜单

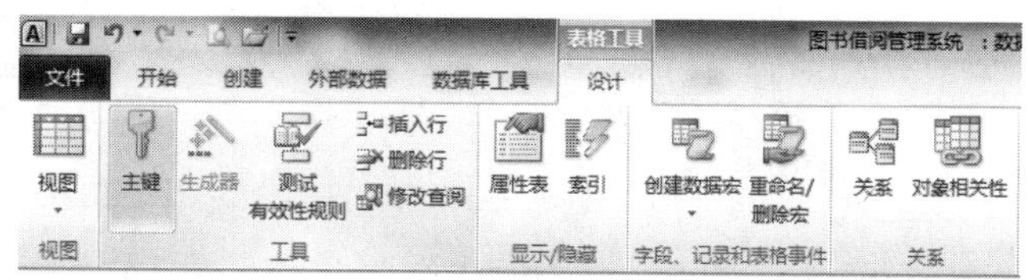

图 2-33　“主键”按钮

提示：要根据字段的作用来判断其是否适合作为表的主键，被设置为主键的字段必须可以唯一标识表中的每条记录。

任务五　调整“出版社表”的外观

一、任务分析

在完成表的创建以及记录的编辑后，可以适当调整表的外观样式。

所谓表的外观就是表在数据表视图中显示的外观样式。通过对数据表外观的调整可以达到对其美化的效果，对数据表外观的调整主要包括设置列宽和行高、隐藏列、冻结列、数据表显示格式。

本任务要求完成以下操作：

1）将“出版社表”中的“地址”列隐藏。

2）冻结“出版社表”中的“联系电话”列。

3）设置“出版社表”的行高为 15，设置“地址”列的列宽为 20。

4）将“图书表”的单元格效果设置为“凸起”。

二、任务实施

1）将“出版社表”中的“地址”列隐藏。

步骤一：双击“出版社表”表名称，以数据表视图方式打开。

步骤二：选中“地址”列，单击鼠标右键，在弹出的快捷菜单中选择“隐藏字段”，选项，如图 2-34 所示。

步骤三：单击工具栏上的“保存”按钮，并查看结果。

2）冻结“出版社表”中的“联系电话”列。

步骤一：以数据表视图方式打开“出版社表”。

步骤二：选中“联系电话”列，在“开始”选项卡下的“记录”组中单击“其他”按钮，在下拉列表中选择“冻结字段”选项，如图 2-35 所示。

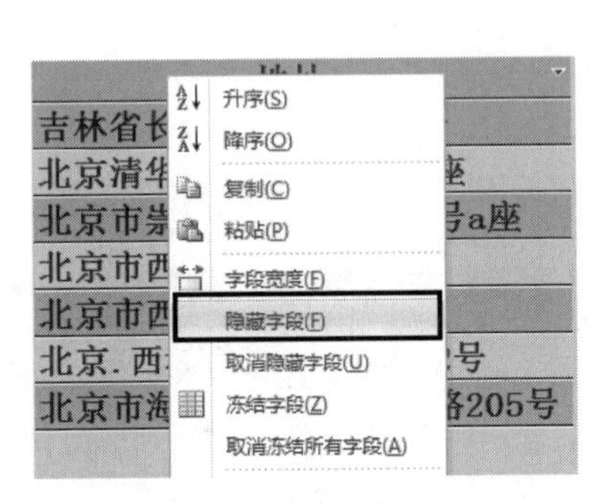

图 2-34　隐藏字段

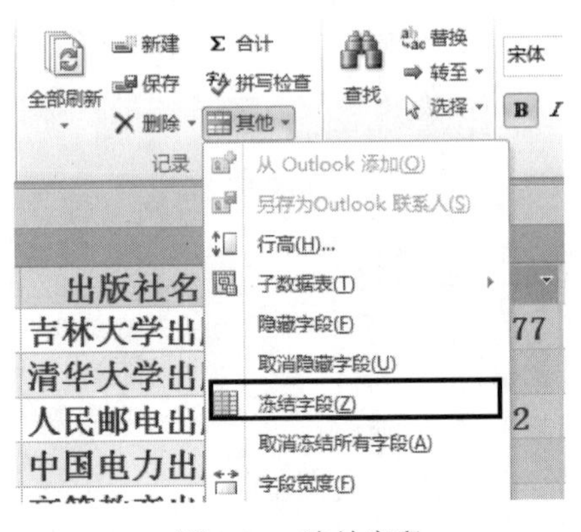

图 2-35　冻结字段

步骤三：单击工具栏上的“保存”按钮，查看冻结效果（也可以拖动右下方的水平滚动条查看其效果）。

若取消对列的冻结，则可以在“其他”下拉列表中选择“取消冻结所有字段”选项。

注意：取消冻结后，该列不会回到原来的位置，而且一旦取消将取消表中所有冻结的列。

3）设置“出版社表”的行高为 20，“地址”列的列宽为 30。

步骤一：双击“出版社表”表名称，以数据表视图打开“出版社表”。

步骤二：在“开始”选项卡下的“记录”组中单击“其他”按钮，在下拉列表中选择“行高”选项，弹出“行高”对话框，在文本框中输入 20，如图 2-36 所示，单击“确定”按钮。

步骤三：将光标移动到“地址”列的任意位置，在“其他”下拉列表中选择“字段宽度”选项，在弹出的“列宽”对话框中输入 30，如图 2-37 所示，单击“确定”按钮。

步骤四：单击工具栏上的“保存”按钮，查看效果。

4）将“图书表”的单元格效果设置为凸起效果。

步骤一：以数据表视图方式打开“图书表”。

步骤二：在“开始”选项卡下的“文本格式”组中单击右下角的箭头，如图 2-38 所示。

图 2-36　“行高”对话框

图 2-37　“列宽”对话框

图 2-38　“文本格式”组

步骤三：此时弹出“设置数据表格式”对话框，如图 2-39 所示，根据要求进行设置。完成设置后单击“确定”按钮并保存，查看设置效果，如图 2-40 所示。

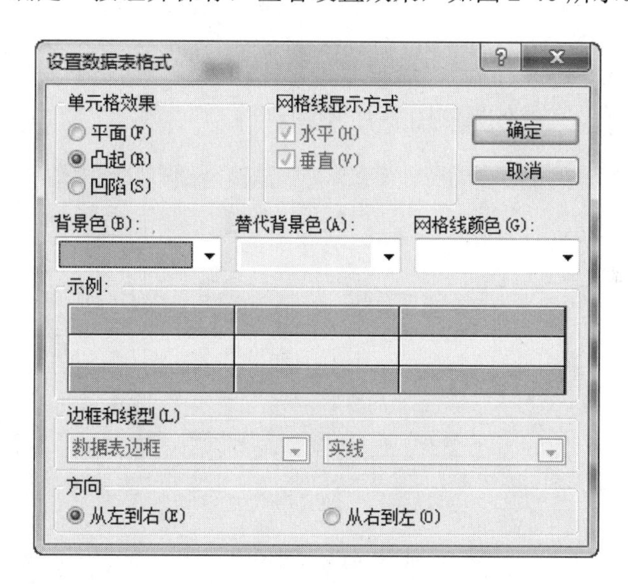

图 2-39　“设置数据表格式”对话框

出版社表

联系电话	出版社编	出版社名称	联系人姓名	地址
0431-89580877	CBS0001	吉林大学出版社	张光	吉林省长春市明德路501号
010-6277317	CBS0002	清华大学出版社	李海	北京清华大学学研大厦A 座
010-67132692	CBS0003	人民邮电出版社	马涛	北京市崇文区夕照寺街14号a座
010-5674326	CBS0004	中国电力出版社	张海港	北京市西城区三里河路6号
010-7683647	CBS0005	高等教育出版社	苏涛	北京市西城区德外大街4号
010-8264838	CBS0006	机械工业出版社	段海滨	北京.西城区百万庄大街22号
010-8274643	CBS0007	北京大学出版社	张晓	北京市海淀区中关村成府路205号

图 2-40　设置效果

任务提示

在 Access 数据中，只要是对表对象的外观进行设计，都是在系统“格式”菜单下进行相应的选择。如果“单元格效果”设置为“凸起”或“凹陷”，那么“背景色”“网格线颜色”“边框和线条样式”选项将不可用。此外，在“格式”菜单下还可设置数据表中字体的显示样式。

任务六　创建“借阅者表”“图书表”“借还书表”“出版社表”之间的关系

一、任务分析

此前创建的 4 张表是完全独立的，它们之间没有任何的联系，无法实现表中数据之间的互通，那么如何使完全独立的 4 张表实现彼此之间的互通，以供将来使所用呢，那就要为它们创建关系。数据库中表之间的关系十分重要，表之间必须建立好关系才可以使用，否则无法创建查询。

本任务要求完成“出版社表”“借阅者表”“图书表”“借还书表”之间关系的创建，并且实施参照完整性，完成效果如图 2-41 所示。

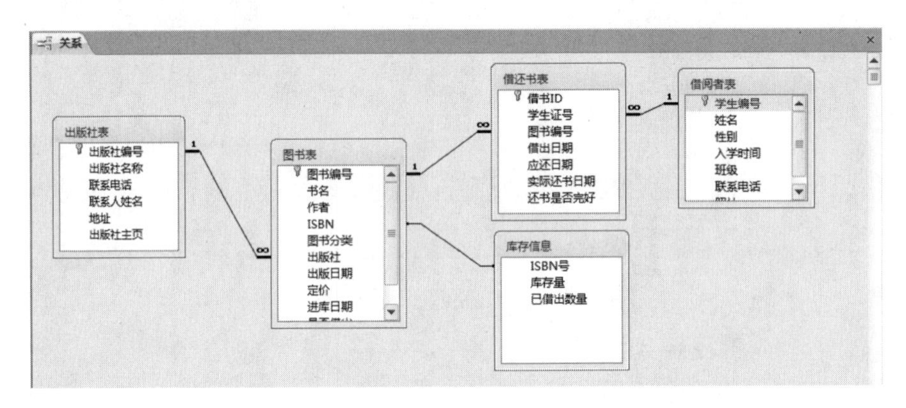

图 2-41　完成效果

二、任务实施

1. 创建关系

步骤一：首先关闭与建立关系相关的所有表。

步骤二：在“数据库工具”选项卡下的“关系”组中单击“关系”按钮，如图 2-42 所示。

步骤三：在弹出的“显示表”对话框中添加需要建立关系的表，添加完成后的效果如图 2-43 所示。

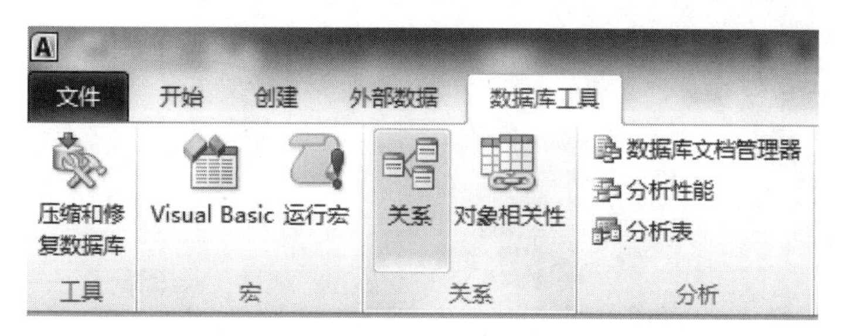

图 2-42　“关系”按钮

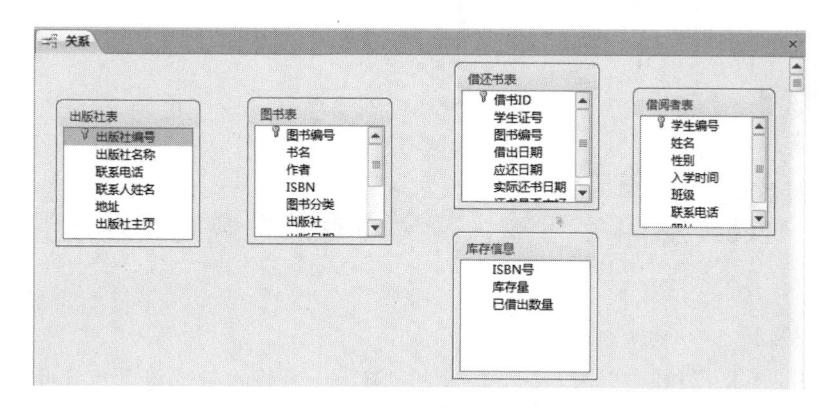

图 2-43　添加效果

步骤四：添加完毕后，将表中的相关字段拖动到另一个表的相关字段中，每拖动一次就会弹出如图 2-44 所示的“编辑关系”对话框。在该对话框中设置关系属性并单击“创建”按钮，实施参照完整性（实施参照完整性需要将 3 个复选框全部勾选）。

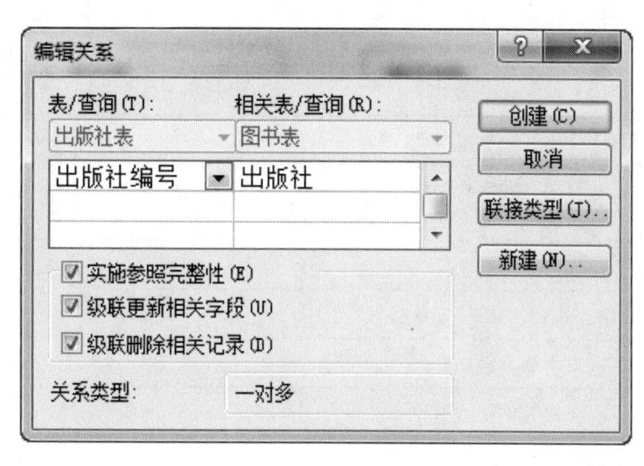

图 2-44　“编辑关系”对话框

2. 编辑关系

选中要编辑的关系（选中黑线），单击鼠标右键，在弹出的快捷菜单中选择“编辑关系”选项，如图 2-45 所示，在弹出的“编辑关系”对话框中完成关系的编辑。

3. 隐藏表

在建立关系时，如果最终有没用到的表，则需要将其隐藏起来，只需右键单击要隐藏的表，在弹出的快捷菜单中选择“隐藏表”选项即可，如图 2-46 所示。

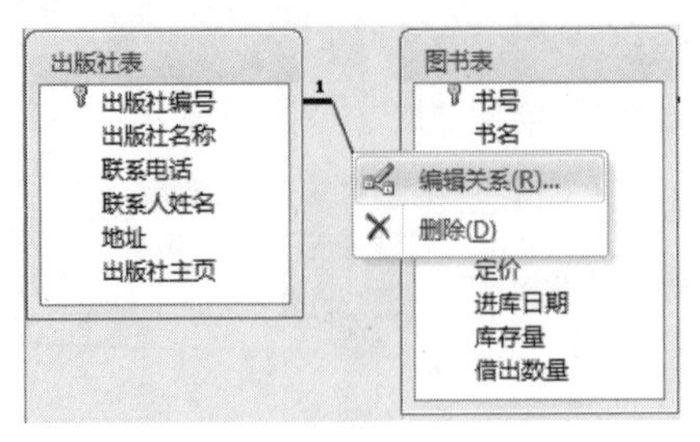

图 2-45　编辑关系

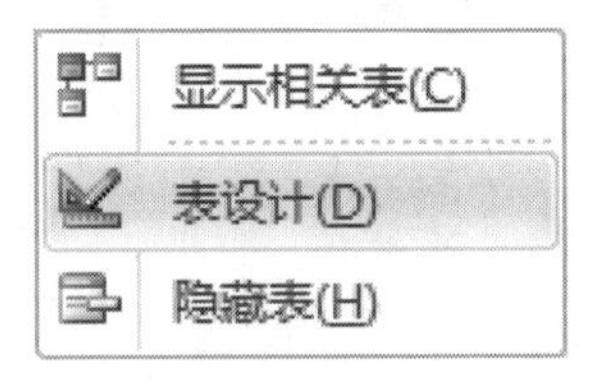

图 2-46　隐藏表

Access 2010 字段输入掩码与有效性规则属性设置

1. 输入掩码

“输入掩码”是指控制向字段输入数据的字符。一个输入掩码可以包含原义显示的字符（如括号、点、空格、连字线等）和掩码字符。输入掩码主要用于文本型和日期型字段，并且提供了输入掩码向导，但也可以用于数字型和货币型字段。

输入掩码属性所使用的字符含义见表 2-1。

表 2-1　输入掩码

字　符	说　明
0	必须输入数字（0～9）
9	可以选择输入数字或空格
#	可以选择输入数字或空格（在“编辑”模式下空格以空白显示，但在保存数据时将空白删除，允许输入加号和减号）
L	必须输入字母（A～Z）
?	可以选择输入字母（A～Z）
A	必须输入字母或数字
a	可以选择输入字母或数字
&	必须输入任何的字符或一个空格
C	可以选择输入任何的字符或一个空格
. : ; - /	小数点占位符及千位、日期与时间的分隔符（实际的字符将根据“Windows 控制面板”的“区域设置属性”中的设置而定）
<	将<右边的所有字符转换为小写
>	将>右边的所有字符转换为大写
!	使输入掩码从右到左显示，而不是从左到右显示，可以在输入掩码中的任何地方输入感叹号
\	使接下来的字符以原义字符显示（如\A 只显示为 A）

1）将“借阅者表”中“入学时间”字段的“输入掩码”属性设置为“短日期（中文）”。

步骤一：以设计视图方式打开“借阅者表”。

步骤二：选中“入学时间”字段，在“字段属性”窗格中单击“输入掩码”属性，此时在属性右侧会出现导航按钮[...]。

步骤三：单击导航按钮，在弹出的“输入掩码向导”对话框中选择“短日期（中文）”选项，如图 2-47 所示，单击“下一步”按钮。

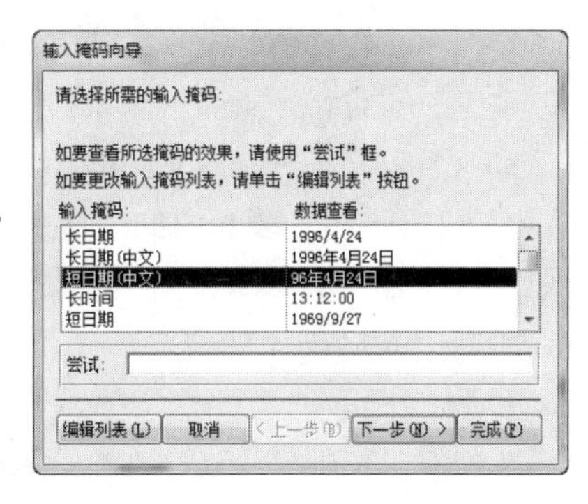

图 2-47　“输入掩码向导”对话框

步骤四：在弹出的界面中输入掩码并单击“下一步”按钮，如图 2-48 所示。然后，单击“完成”按钮，如图 2-49 所示，设置效果如图 2-50 所示。

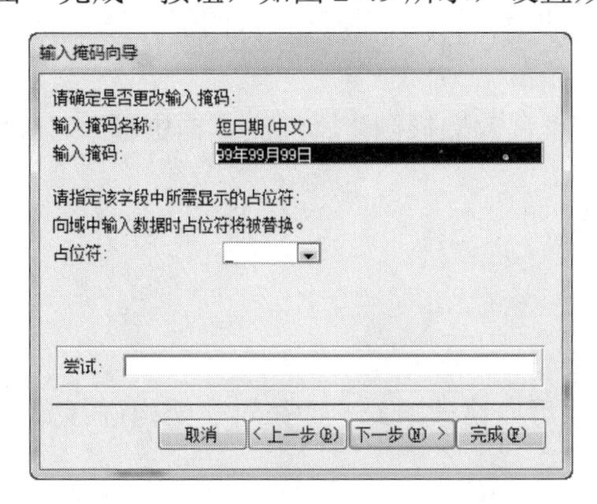

图 2-48　输入掩码界面

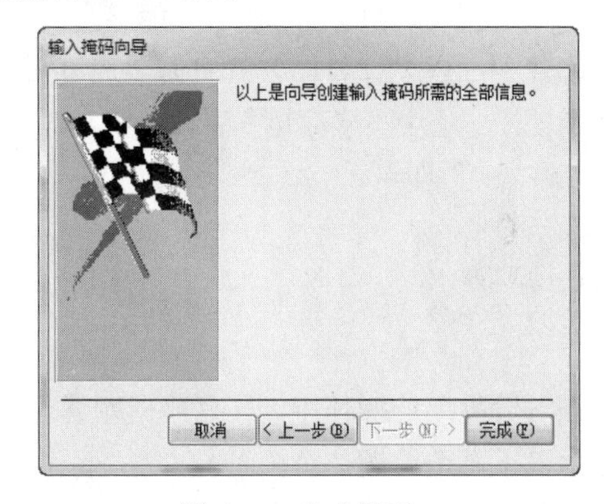

图 2-49　完成界面

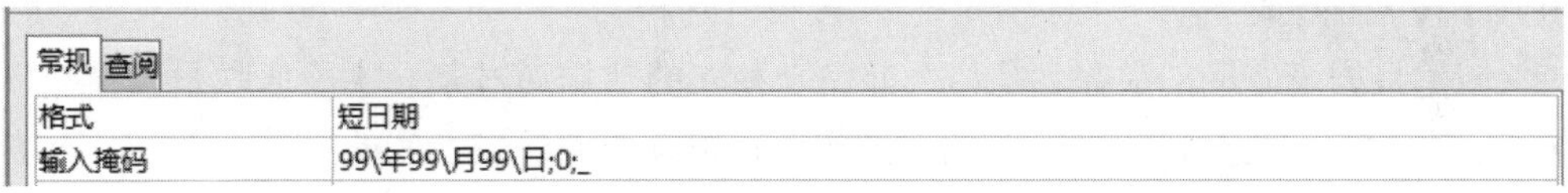

常规	查阅
格式	短日期
输入掩码	99\年99\月99\日;0;_

图 2-50　设置效果

2）定义“出版社表”中“联系电话”字段的输入掩码属性，使其输入格式为：前 4 位为“010-”，后 7 位为数字。

步骤一：以设计视图方式打开“出版社表”。

步骤二：选中“联系电话”字段，在其对应的“输入掩码”属性文本框中输入““010-”0000000”。其中，引号部分为自动输出部分。7 个零代表“联系电话”字段的后 7 位只能输入 7 位 1～9 的数字。

步骤三：将“出版社表”切换到数据表视图中查看效果。

2. 有效性规则

有效性规则主要用来规范字段的输入值，即设定的一个规定，所有这个字段内的值都不允许违反这个规定。

常用属性值：

空值——Is Null

非空——Is Not Null

非空且非负——Is Not Null And >=0

1）将“借阅者表”中的“性别”字段设置为只能输入“男”或“女”，如输入错误则提示“只能输入男或女，请重新输入！”信息。

步骤一：以设计视图方式打开“借阅者表”。

步骤二：选中“性别”字段，在字段属性窗格中找到“有效性规则”属性，输入“"男"Or"女"”；在“有效性文本”属性文本框中输入“只能输入男或女，请重新输入！”。然后，单击“保存”按钮。

设置完成后，将表切换到数据表视图下，在“性别”字段输入除“男”“女”之外的其他数据查看设置效果。

2）设置“库存信息”表中“库存量”字段的相关属性，使其输入的值非空且非负。

步骤一：以设计视图方式打开“库存信息”表。

步骤二：选中“库存量”字段，在其对应的“有效性规则”属性文本框中输入“Is Not Null And >=0”即可。

项目测评

在对数据库的操作中，只有数据库管理员才可以修改表结构，在对表结构进行操作时要注意以下几个问题：

1）在数据表中，字段或记录一旦被删除将无法恢复，需要重新建立或重新录入，因此在删除字段或记录时都会弹出提示信息，应慎重选择。

2）创建数据表之间的关系，是将之前完全独立的数据通过某一字段值联系在一起，在创建查询时，表间关系将起到至关重要的作用，如果不创建表之间的关系，那么将无法实现查询功能。

3）在建立表间关系时，如果实施了参照完整性，则对表中记录的操作不得违反参照完整性，否则无法进行。特别是向表中添加记录时，若实施了参照完整性则必须确定是否符合其意义。

数据表完成维护后应及时进行测评，测试表见表 2-2。

表 2-2　项目测评表

项目名称	维护“图书借阅管理系统”中的数据表			
任务名称	知识点	完成任务	掌握技能	在本项目中所占的比重
向表中录入数据	向 OLE 数据类型字段添加数据时，嵌入与链接的区别	向“借阅者表”“出版社表”中添加数据	OLE 数据类型数据的录入方法；超链接数据类型数据的录入方法	10%

（续）

项目名称	维护“图书借阅管理系统”中的数据表			
编辑“借阅者表”的内容	记录的添加位置；记录一旦被删除将无法恢复	完成 “借阅者表”中数据的添加与删除	掌握新记录的添加与删除方法	10%
在“借阅者表”中添加“姓氏”和“名字”计算字段	计算列常用的内置函数以及每个函数的使用方法	在“借阅者表”中分别添加“姓氏”和“名字”字段，并通过“姓名”字段对其赋值；制定本年度的5月1日为进库日期的默认值	掌握计算字段的添加；正确使用 Access 内置函数	10%
修改“借阅者表”的表结构	字段插入点的判断；主键的分类	完成“借阅者表”中“年龄”字段的添加与删除；交换“性别”和“入校时间”字段的位置	熟练掌握字段的添加和删除方法，以及多字段的选中方法	15%
调整“出版社表”的外观	隐藏列的作用；冻结列的作用	隐藏“出版社表”中的“地址”列；冻结“出版社表”中的“联系电话”字段；调整“出版社表”的外观样式	掌握字段隐藏与冻结的方法；掌握调整数据表外观样式的方法	15%
创建“借阅者表”“图书表”“借还鼠标”“出版社表”之间的关系	实体相关概念；实体间关系的种类；参照完整性的意义	完成“图书表”“借阅者表”“出版社表”“借还书表”之间关系的创建	实体间关系的判断；掌握表间关系的创建方法，以及关系的编辑	40%

项目小结

本项目主要通过6个任务来学习如何对表进行维护。

任务一重点讲解了 OLE 数据类型数据以及超链接类型数据的录入方法，重点区分向 OLE 数据类型字段输入数据时嵌入与链接两种方式的区别。

任务二主要讲解了数据表中记录的添加与删除方法。

任务三主要讲解了在表中计算字段的添加方法，计算字段常用的内置函数以及各函数的使用方法与作用。任务三需要重点掌握内置函数的意义。

任务四通过对“借阅者表”表结构的修改，学习了如何添加和删除字段，互换字段位置，以及修改字段的相关属性。

任务五：主要学习了数据表外观调整的基本方法。

任务六：首先学习了实体的相关概念，并通过建立“出版社表”“图书表”“借阅者表”“借还书表”之间的关系掌握关系建立的基本方法。任务六要重点掌握实体间的联系、关系建立的方法以及参照完整性的意义。

1）通过本项目的学习可以总结出在表的设计视图中可以完成以下操作：修改字段名称、字段数据类型、字段的属性和表的主键；添加与删除字段。

2）在表的数据表中可以进行以下操作：修改字段的名称、字段数据类型、字段属性，添加与删除字段。但是，在表的设计视图中字段的数据类型以及字段的常用属性并不完整，因此表结构的修改通常在表的设计视图中进行。此外，在表的数据表视图中还可以完成数据的输入、修改、排序，并且还可以完成表外观的修改。

项目二　表的操作

任务一　查找和替换“借阅者表”中的记录数据

一、任务分析

完成“图书借阅管理系统”数据库中表的维护后发现，随着工作的需要往往可能要查找某一具体的数据或替换表中的数据，如果仅靠人为的查找和替换显然是十分麻烦的，为了提高数据维护的效率和准确性，本任务将讲解如何对表中的数据进行查找和替换。

本任务需要完成以下操作：

1）查找“借阅者表”中学生编号为 SH20130102 的学生。

2）将“借阅者表”中的学生编号 SH20130101 替换为 SH20130110。

二、任务实施

1）查找“借阅者表”中学生编号为 SH20130102 的学生。

步骤一：双击“借阅者表”，以数据表方式打开。

步骤二：将鼠标光标放到“学生编号”列的任意位置，在“开始”选项卡下的“查找”组中单击“查找”按钮，如图 2-51 所示，或使用快捷键<Ctrl+F>。

图 2-51　“查找”按钮

步骤三：在弹出的“查找和替换”对话框中选择“查找”选项卡，在“查找内容”文本框中输入“SH20130102”，在“查找范围”下拉列表中选择“当前字段”选项，在“匹配”下拉列表中选择“整个字段”选项，如图 2-52 所示。然后单击“查找下一个”按钮。

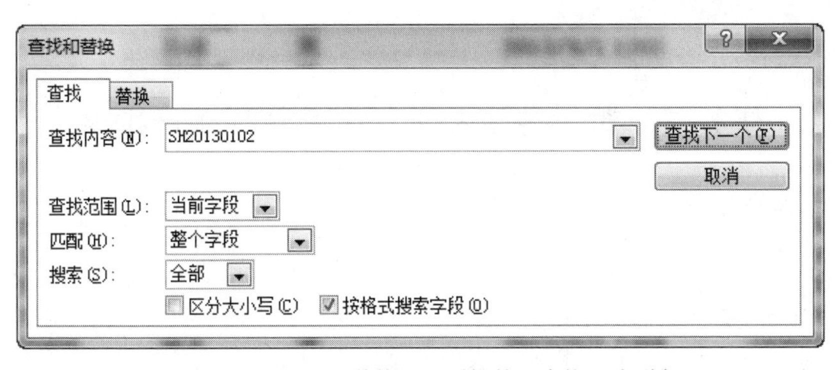

图 2-52　“查找和替换”对话框的“查找”选项卡

步骤四：关闭“查找和替换”对话框，此时查找出来的满足条件的记录背景色会被标黑显示，如图 2-53 所示。

借阅者表

学生编号	姓名	性别	入学时间	班级	联系电话	照片	单击以添加
SH20130102	刘冠梁	男	2013/9/1	1301	13676435566	tmap Image	
SH20130110	刘红	女	2013/9/1	1301	13509187378	Package	
SH20130205	李广亮	男	2012/9/1	1302	18363139485		

图 2-53　最终效果

2）将“借阅者表”中的学生编号“SH20130101”替换为“SH20130110”。

步骤一：将鼠标光标放到“学生编号”列的任意位置，打开“查找和替换”对话框。

步骤二：选择“替换”选项卡，在“查找内容”文本框中输入“SH20130110”，在“替换为”文本框中输入“SH20130101”。在“查找范围”下拉列表中选择“当前字段”选项，在“匹配”下拉列表中选择“整个字段”选项，如图 2-54 所示。然后单击“查找下一个”按钮，再单击“替换”按钮即可。

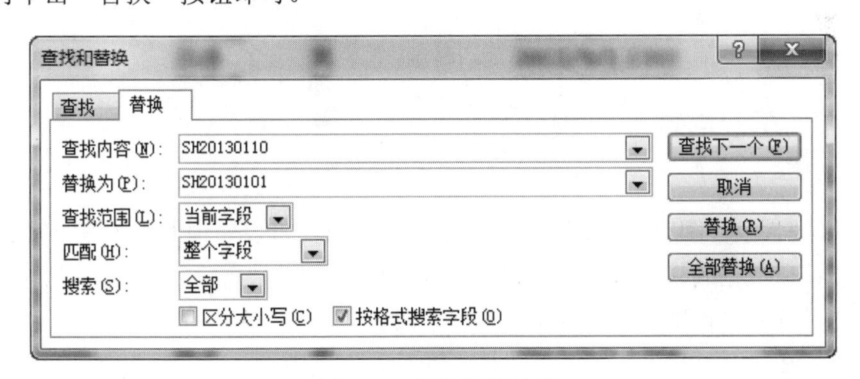

图 2-54　替换设置界面

任务提示

替换表中数据时，如果只替换一条数据则可以直接单击“替换”按钮，如果需要替换多条数据，则可以直接单击“全部替换”按钮。

任务二　对“借阅者表”中的数据进行排序

一、任务分析

一般地，表中数据的显示是根据当初输入时的顺序进行排序的。但是有些情况下，表中数据的排列顺序并不符合要求，需要根据实际需求对表中的数据进行排序。本任务将学习如何对表中的数据进行排序，以掌握表中数据排序的基本方法。通过本任务的学习掌握基本的排序准则以及排序的优先级等相关概念。

本任务要求完成以下操作：

1）按照“性别”字段对“借阅者表”中的记录进行升序排序。

2）按照“性别”和“入学时间”两个字段对“借阅者表”中的记录进行升序排序。

3）按照“出版日期”降序和“进库日期”升序对“图书表”表中的记录进行排序。

二、任务实施

1）按照“性别”字段对“借阅者表”中的记录进行升序排序。

步骤一：以数据表视图方式打开“借阅者表”。

步骤二：选中“性别”字段，在“开始”选项卡下的“排序和筛选”组中单击“升序”按钮，如图 2-55 所示。

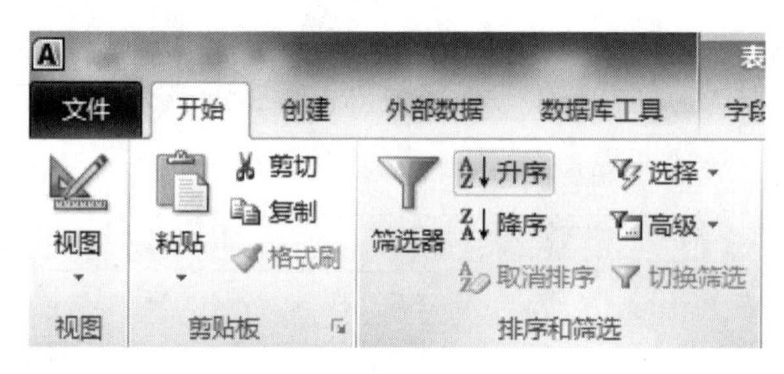

图 2-55　“升序”按钮

2）按照“性别”和“入学日期”两个字段对“借阅者表”中的记录进行升序排序。

步骤一：以数据表视图方式打开“借阅者表”。

步骤二：选中“性别”和“入学日期”字段。

步骤三：在“开始”选项卡下的“排序和筛选”组中单击“升序”按钮。

3）按照“出版日期”降序和“进库日期”升序对“图书表”表中的记录进行排序。

使用多字段排序有很大的局限性，如果要求按不相邻的两个字段，以不同的次序进行排序，则需要使用高级筛选和排序。

步骤一：以数据表视图方式打开“图书表”。

步骤二：在“排序和筛选”组中单击“高级”按钮，选择“高级筛选/排序”选项，如图 2-56 所示。

步骤三：弹出“筛选”对话框，分别双击“出版日期”和“进库日期”字段，添加到字段行，根据要求在排序行设置其排序准则，如图 2-57 所示。

图 2-56 “高级筛选/排序”选项

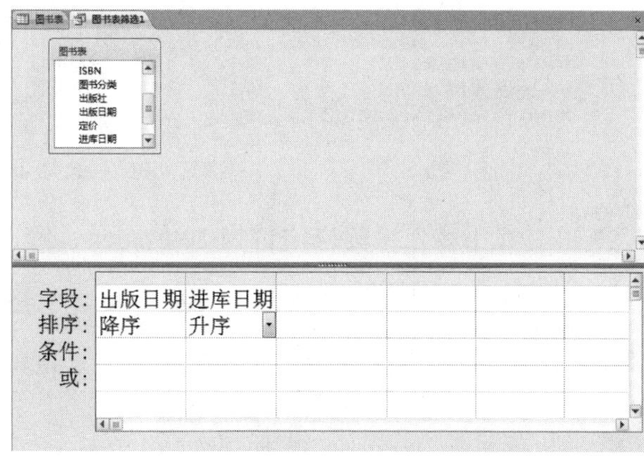

图 2-57 设置排序准则

步骤四：设置完成后，单击“高级”按钮，选择“应用筛选/排序”选项，如图 2-58 所示，设置完成后的效果如图 2-59 所示。

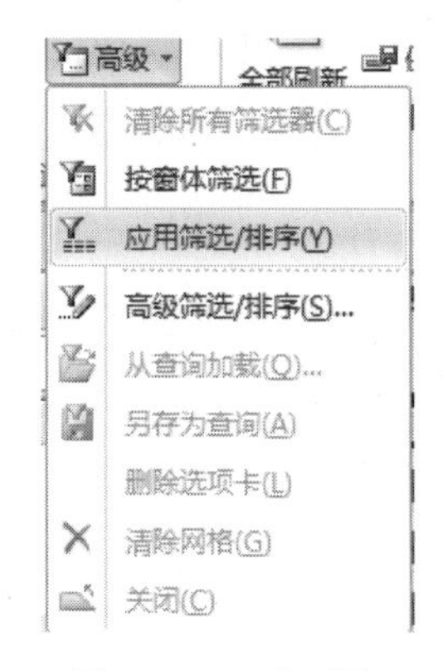

图 2-58 “应用筛选/排序”选项

图书编号	书名	作者	ISBN	图书分类	出版社	出版日期	定价	进库日期	是否借出	借出次数
SH0045816	少年百事通	顾莫言	00458	中国文学	CBS0003	2013/4/24	¥45.00	2013/5/1	☑	1
SH0046729	学会感恩学会爱	夏舒征	00467	励志	CBS0006	2013/3/3	¥32.40	2013/5/1	☐	0
SH0046628	高考状元经验谈	袁冠南	00466	中国文学	CBS0007	2013/2/21	¥34.80	2013/5/1	☐	0
SH0045611	长篇小说-黑色四重奏	容染雁	00456	中国文学	CBS0007	2012/3/25	¥45.00	2013/4/5	☐	0
SH0045612	长篇小说-黑色四重奏	容染雁	00456	中国文学	CBS0007	2012/3/25	¥45.00	2013/4/5	☑	1
SH0045613	长篇小说-黑色四重奏	容染雁	00456	中国文学	CBS0007	2012/3/25	¥45.00	2013/4/5	☑	1
SH0045614	长篇小说-黑色四重奏	容染雁	00456	中国文学	CBS0007	2012/3/25	¥45.00	2013/4/5	☐	0

图 2-59 排序效果

按多字段进行排序时，首先应根据第一个字段按照指定的顺序进行排序。当第一个字段的值相同时，再按照第二个字段进行排序，依次类推。

任务三 对“图书表”和“借还书表”中的数据进行筛选

一、任务分析

在 Access 中，可以对表中的数据进行特定的搜索，然后把符合条件的数据显示出来，这个过程称为筛选。在数据库的构建过程和使用过程中使用得并不多，但是对于一个数据库管理员来讲筛选对于数据的维护至关重要，因此必须熟练掌握。

本任务要求完成以下操作：

1）在“图书表”中筛选书名包含 “计算机”3 个字的记录，筛选结果如图 2-60 所示。

图书表

图书编号	书名	作者	ISBN	图书分类	出版社	出版日期	定价	进库日期	是否借出	借出次数
SH0045101	计算机文化基础	华诗	00451	计算机	CBS0001	2009/1/1	¥26.50	2012/1/1	☐	1
SH0045102	计算机文化基础	华诗	00451	计算机	CBS0001	2009/1/1	¥26.50	2012/1/1	☐	1
SH0046119	计算机二级C语言教程	狄云	00461	计算机	CBS0002	2007/3/23	¥34.60	2013/2/1	☐	0

图 2-60　筛选结果 1

2）在“图书表”中筛选定价为 20 的记录，筛选结果如图 2-61 所示。

图书表

图书编号	书名	作者	ISBN	图书分类	出版社	出版日期	定价	进库日期	是否借出	借出次数
SH0046424	好心态决定学生的成败	林墨瞳	00464	励志	CBS0002	2012/3/21	¥20.00	2013/5/23	☐	0
SH0046425	好心态决定学生的成败	林墨瞳	00464	励志	CBS0002	2012/3/21	¥20.00	2013/5/23	☐	0
SH0046426	好心态决定学生的成败	林墨瞳	00464	励志	CBS0002	2012/3/21	¥20.00	2013/5/23	☐	0

图 2-61　筛选结果 2

3）在“借还书表”中筛选 ISBN 为“00453”且出版社为“CBS0005”的记录，筛选结果如图 2-62 所示。

借还书表

借书ID	学生证号	书号	借出日期	应还日期	实际还书日期	还书是否完好
1	SH20130110	SH213110	2013/6/1	2013/6/20	2013/6/12	☑
*						☐

图 2-62　筛选结果 3

4）在“图书表”中筛选进库日期为“2013/1/2”以前的记录，筛选结果如图 2-63 所示。

图书表　图书表筛选1

图书编号	书名	作者	ISBN	图书分类	出版社	出版日期	定价	进库日期	是否借出	借出次数
SH0045101	计算机文化基础	华诗	00451	计算机	CBS0001	2009/1/1	¥26.50	2012/1/1	☐	1
SH0045102	计算机文化基础	华诗	00451	计算机	CBS0001	2009/1/1	¥26.50	2012/1/1	☐	1
SH0045203	直面人生的苦难	洛离	00452	外国文学	CBS0006	2003/7/9	¥34.00	2009/3/3	☐	0
SH0045204	直面人生的苦难	洛离	00452	外国文学	CBS0006	2003/7/9	¥34.00	2009/3/3	☐	0
SH0045205	直面人生的苦难	洛离	00452	外国文学	CBS0006	2003/7/9	¥34.00	2009/3/3	☐	0
SH0045306	外国经典电影故事	孙祈钒	00453	外国文学	CBS0005	2006/12/1	¥23.00	2009/12/1	☐	1
SH0045307	外国经典电影故事	孙祈钒	00453	外国文学	CBS0005	2006/12/1	¥23.00	2009/12/1	☐	1

图 2-63　筛选结果 4

二、任务实施

1）在“图书表”中筛选书名包含“计算机”3 个字的记录。

步骤一：以数据表视图方式打开“图书表”。

步骤二：找到任何一个包含“计算机”3 个字的记录，然后用鼠标选中“计算机”3 个字，在“开始”选项卡下的“排序和筛选”组中单击 “选择”按钮，选择“包含‘计算机’”选项，如图 2-64 所示，筛选效果如图 2-65 所示。

选中“计算机”3 个字后，也可以单击鼠标右键，在弹出的快捷菜单中选择“包含‘计算机’”选项。

若要取消对记录的筛选，可以单击“高级”按钮，选择“清除所有筛选”选项。

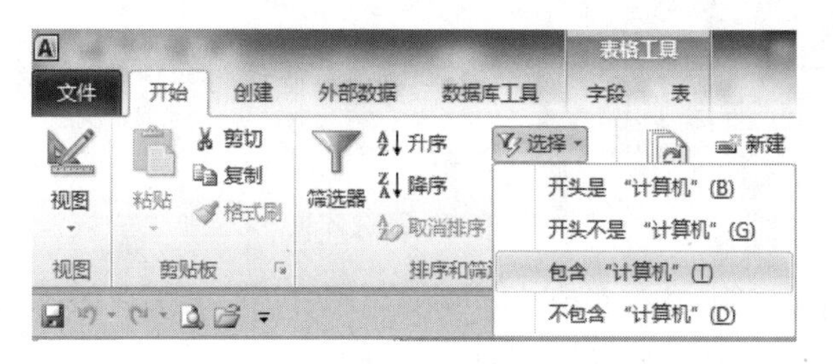

图 2-64　按选定内容进行筛选

图书表

图书编号	书名	作者	ISBN	图书分类	出版社	出版日期	定价	进库日期	是否借出	借出次数
SH0045101	计算机文化基础	华诗	00451	计算机	CBS0001	2009/1/1	¥26.50	2012/1/1	☐	1
SH0045102	计算机文化基础	华诗	00451	计算机	CBS0001	2009/1/1	¥26.50	2012/1/1	☐	1
SH0046119	计算机二级C语言教程	狄云	00461	计算机	CBS0002	2007/3/23	¥34.60	2013/2/1	☐	0

图 2-65　筛选效果

2）在“图书表”中筛选定价为 20 的记录。

步骤一：以数据表视图方式打开“图书表”。

步骤二：将鼠标光标放到“定价”列的任意位置，在“开始”选项卡下的“排序和筛选”组中单击“筛选器”按钮，选择“数字筛选器”选项，如图 2-66 和图 2-67 所示。

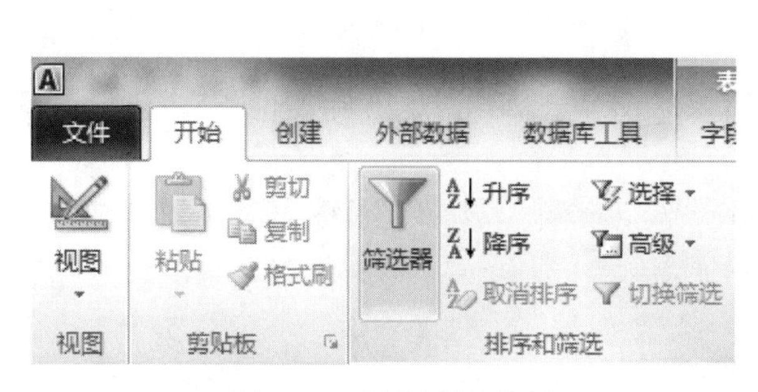

图 2-66　“筛选器”按钮

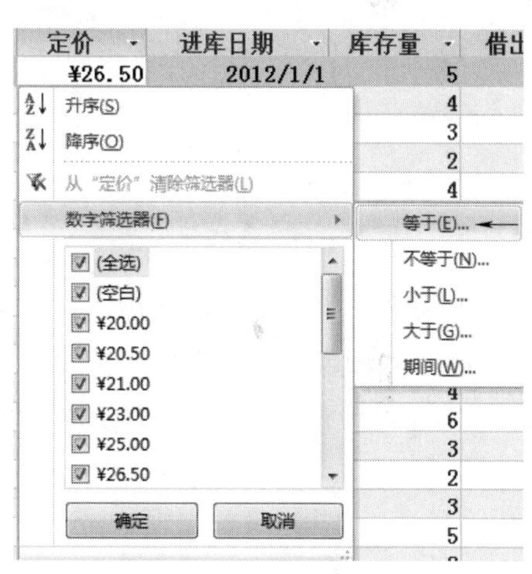

图 2-67　数字筛选器

步骤三：在“数字筛选器”选项的扩展菜单中选择“等于”选项。

步骤四：在弹出的“自定义筛选”对话框中输入 20，单击“确定”按钮，如图 2-68 所示，筛选效果如图 2-69 所示。

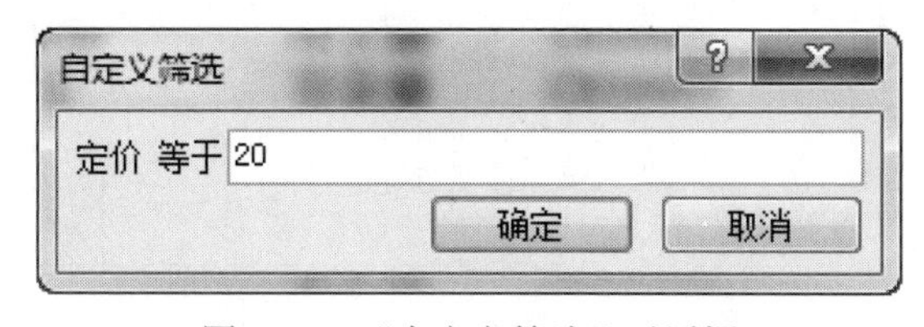

图 2-68　“自定义筛选”对话框

图书表

图书编号	书名	作者	ISBN	图书分类	出版社	出版日期	定价	进库日期	是否借出	借出次数
SH0046424	好心态决定学生的成败	林墨瞳	00464	励志	CBS0002	2012/3/21	¥20.00	2013/5/23	☐	0
SH0046425	好心态决定学生的成败	林墨瞳	00464	励志	CBS0002	2012/3/21	¥20.00	2013/5/23	☐	0
SH0046426	好心态决定学生的成败	林墨瞳	00464	励志	CBS0002	2012/3/21	¥20.00	2013/5/23	☐	0

图 2-69　筛选效果

3）在“借还书表”中筛选 ISBN 为“00453”且出版社为“CBS0005”的记录。

步骤一：以数据表视图方式打开“借还书表”。

步骤二：在“排序和筛选”组中单击“高级”按钮，选择“按窗体筛选”选项，如图 2-70 所示。

步骤三：在弹出的“按窗体筛选”对话框中，在 ISBN 下拉列表中选择“00453”选项，在“出版社”下拉列表中选择“CBS0005”选项，如图 2-71 所示。

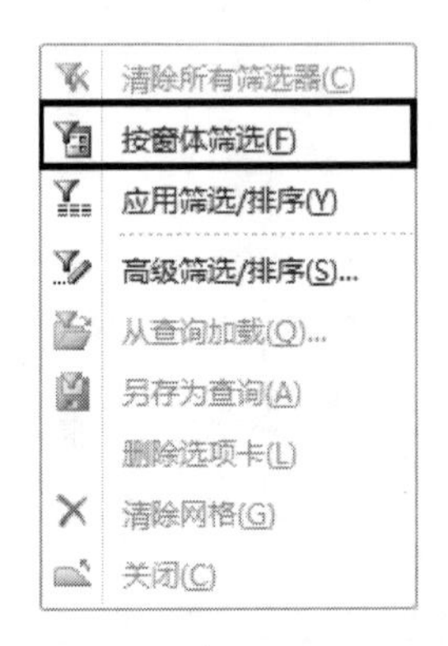

图 2-70　“按窗体筛选”选项

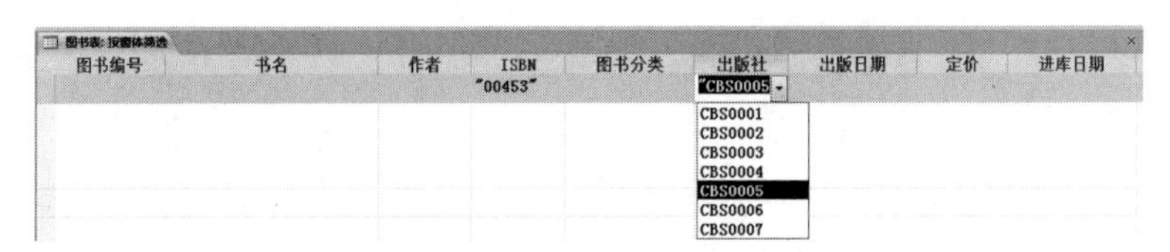

图 2-71　筛选条件设置

步骤四：条件设置完成后，单击“高级”按钮，选择“应用筛选/排序”选项，如图 2-72 所示，筛选效果如图 2-73 所示。

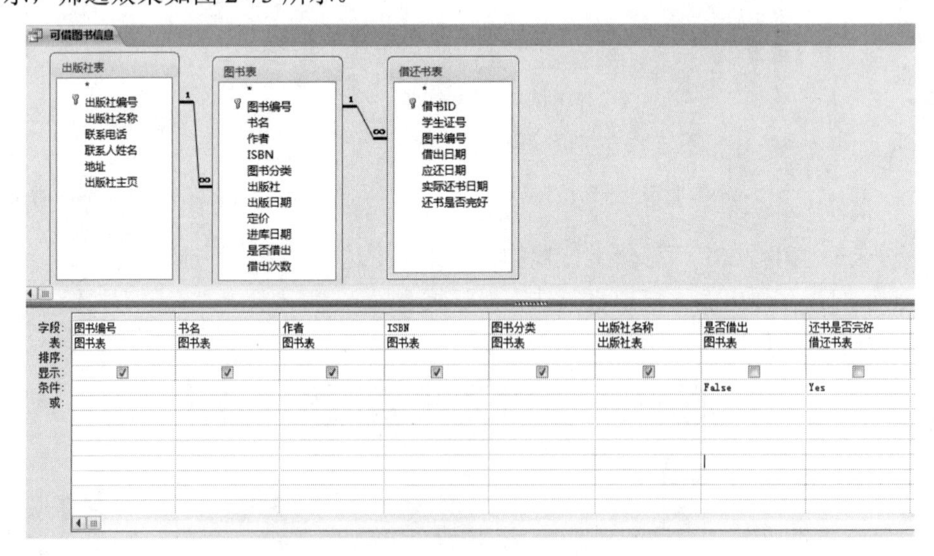

图 2-72 应用筛选

图书编号	书名	作者	ISBN	图书分类	出版社	出版日期	定价	进库日期	是否借出	借出次数
SH0045306	外国经典电影故事	孙祈钒	00453	外国文学	CBS0005	2006/12/1	¥23.00	2009/12/1	☐	1
SH0045307	外国经典电影故事	孙祈钒	00453	外国文学	CBS0005	2006/12/1	¥23.00	2009/12/1	☐	1
SH0045308	外国经典电影故事	孙祈钒	00453	外国文学	CBS0005	2006/12/1	¥23.00	2009/12/1	☐	0

图 2-73　筛选效果

4）在“图书表”中筛选进库日期为“2013/1/2”以前的记录。

步骤一：以数据表视图方式打开“图书表”。

步骤二：在“排序和筛选”中单击“高级”按钮，选择“高级筛选/排序”选项，如图 2-74 所示，弹出如图 2-75 所示的界面。

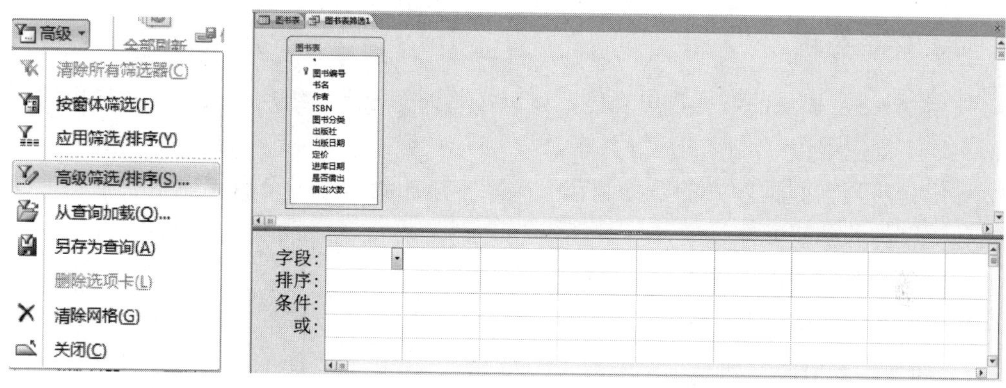

图 2-74 高级筛选排序　　图 2-75　“高级筛选/排序”对话框

步骤三：在字段行添加“入库日期”字段，在条件行输入“<#2013/1/2#”，如图 2-76 所示。然后，单击“高级”按钮，选择“应用筛选/排序”选项，效果如图 2-77 所示。

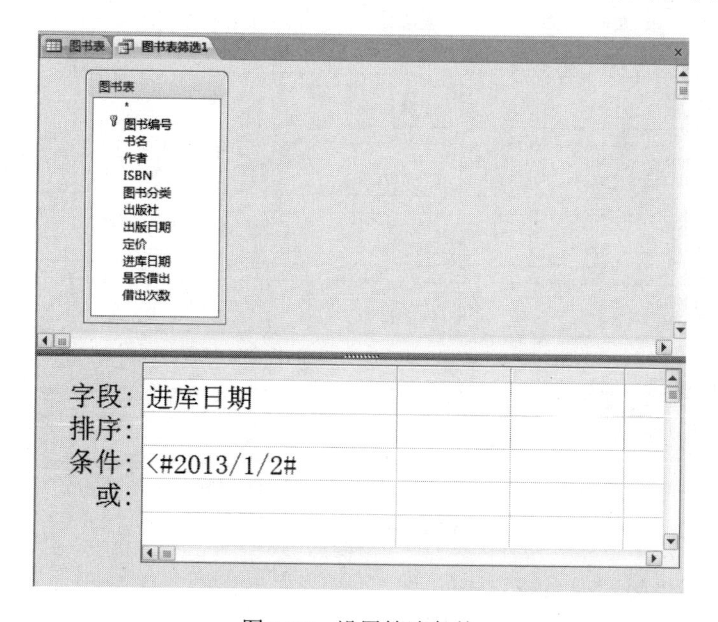

图 2-76　设置筛选条件

图书编号	书名	作者	ISBN	图书分类	出版社	出版日期	定价	进库日期	是否借出	借出次数
SH0045101	计算机文化基础	华诗	00451	计算机	CBS0001	2009/1/1	¥26.50	2012/1/1	☐	1
SH0045102	计算机文化基础	华诗	00451	计算机	CBS0001	2009/1/1	¥26.50	2012/1/1	☐	1
SH0045203	直面人生的苦难	洛离	00452	外国文学	CBS0006	2003/7/9	¥34.00	2009/3/3	☐	0
SH0045204	直面人生的苦难	洛离	00452	外国文学	CBS0006	2003/7/9	¥34.00	2009/3/3	☐	0
SH0045205	直面人生的苦难	洛离	00452	外国文学	CBS0006	2003/7/9	¥34.00	2009/3/3	☐	0
SH0045306	外国经典电影故事	孙祈钒	00453	外国文学	CBS0005	2006/12/1	¥23.00	2009/12/1	☐	1
SH0045307	外国经典电影故事	孙祈钒	00453	外国文学	CBS0005	2006/12/1	¥23.00	2009/12/1	☐	1

图 2-77　筛选效果

高级筛选不仅可以完成记录的筛选还可以对记录进行排序。

任务四　导出 Access 数据库中的数据

一、任务分析

使用 Access 提供的数据导出功能，可以按照外部应用系统所需要的格式导出数据，从而实现不同应用程序之间的数据共享。

导出是将当前数据库中的数据制作一个副本添加到另外一个数据库中或独立生成一个其他类型的外部新文件。

本任务主要完成以下操作:

1）将“图书借阅管理系统”中的“图书表”导出到“D\Access\导出文件\samp1.accdb”中。

2）将“图书借阅管理系统”中的“借阅者表”导出到“D\Access\导出文件”中，并保存为文本文件，导出效果如图 2-78 所示。

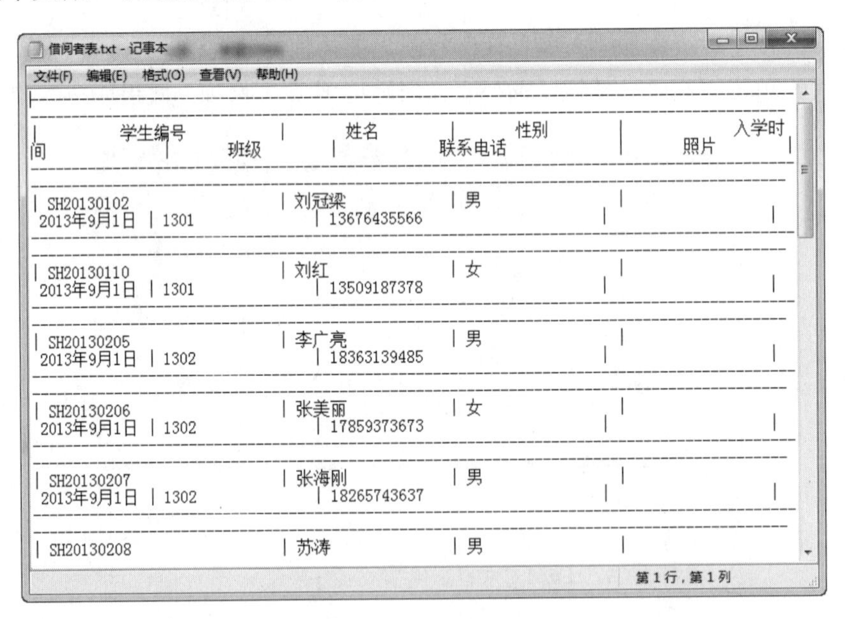

图 2-78　导出效果 1

3）将“图书借阅管理系统”中的“出版社表”导出到“D\Access\导出文件”中，并以 Excel 文件形式保存，导出效果如图 2-79 所示。

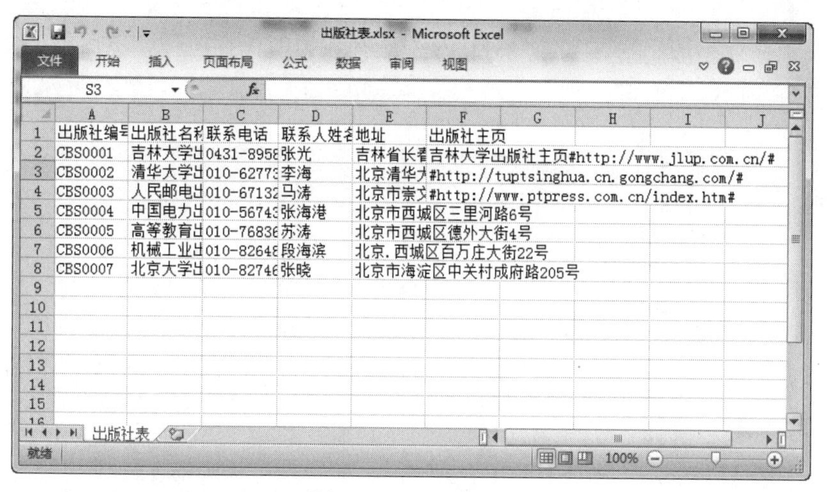

图 2-79　导出效果 2

4）将“图书借阅管理系统”中的“借还书表”导出到“D\Access\导出文件”中，并以 PDF 文件格式保存，导出效果如图 2-80 所示。

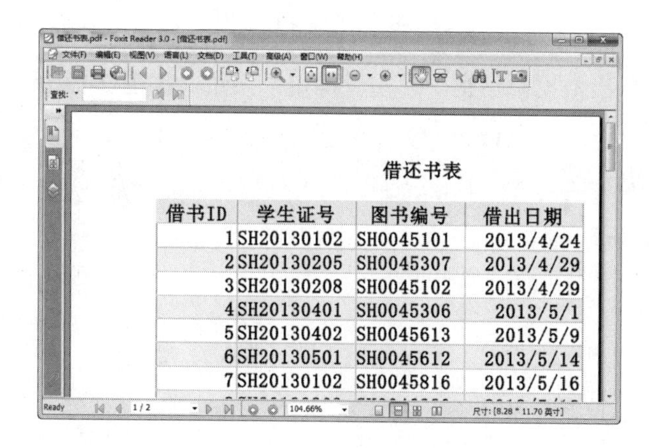

借还书表

借书ID	学生证号	图书编号	借出日期
1	SH20130102	SH0045101	2013/4/24
2	SH20130205	SH0045307	2013/4/29
3	SH20130208	SH0045102	2013/4/29
4	SH20130401	SH0045306	2013/5/1
5	SH20130402	SH0045613	2013/5/9
6	SH20130501	SH0045612	2013/5/14
7	SH20130102	SH0045816	2013/5/16

图 2-80　导出效果 3

二、任务实施

1）将“图书借阅管理系统”中的“图书表”导出到“D\Access\导出文件\samp1.accdb”中。

步骤一：打开“图书借阅管理系统”，选中“图书表”。

步骤二：在“外部数据”选项卡下的“导出”组中单击“Access”按钮，如图 2-81 所示。

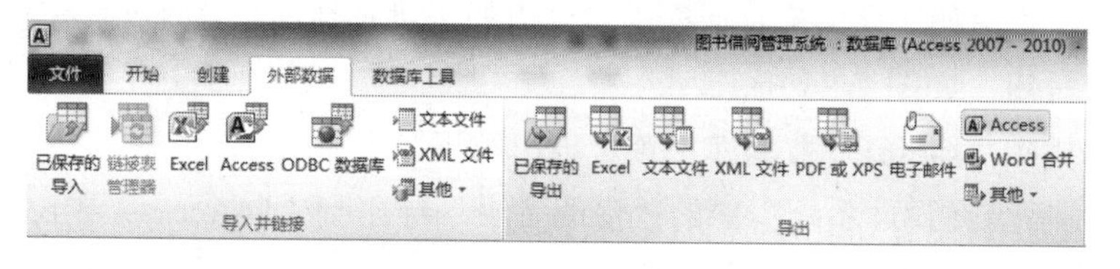

图 2-81　单击“Access”按钮

步骤三：在弹出的“保存文件”对话框中选择数据的保存位置，然后单击“保存”按钮，如图 2-82 所示。

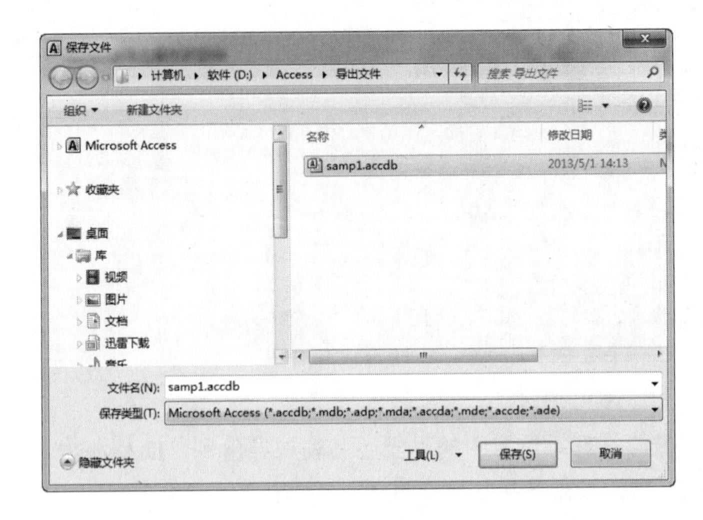

图 2-82　选择保存位置

步骤四：弹出导出数据对话框，单击“确定”按钮，如图 2-83 所示。

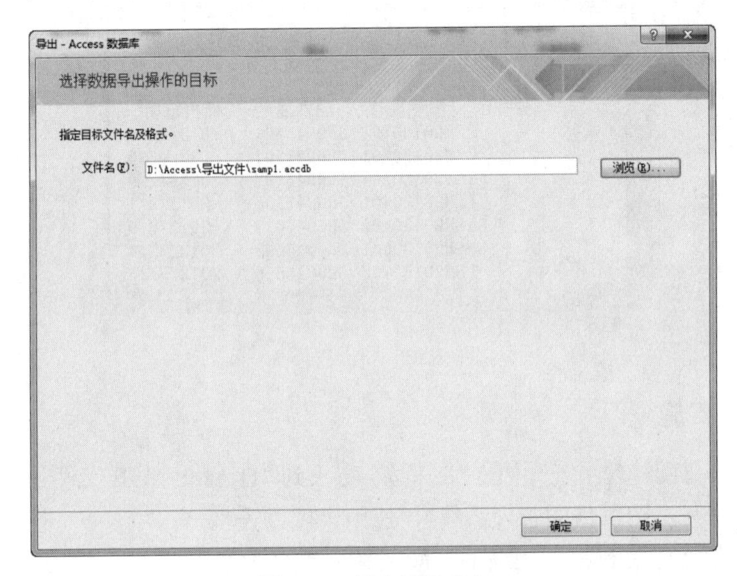

图 2-83　导出目标确定

步骤五：在弹出的“导出”对话框中对导出的表进行命名，并选择导出的类型，然后单击“确定”按钮，如图 2-84 所示。

步骤六：找到“samp1”数据库，查看导出结果。

2）将“图书借阅管理系统”中的“借阅者表”导出到“D\Access\导出文件”中，并保存为文本文件。

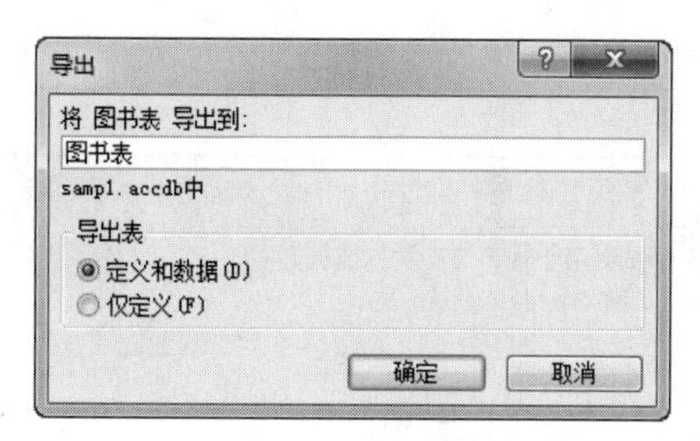

图 2-84　“导出”对话框

步骤一：打开“图书借阅管理系统”，选中“借阅者表”。

步骤二：在“外部数据”选项卡下的“导出”组中单击“文本文件”按钮，如图 2-85 所示。

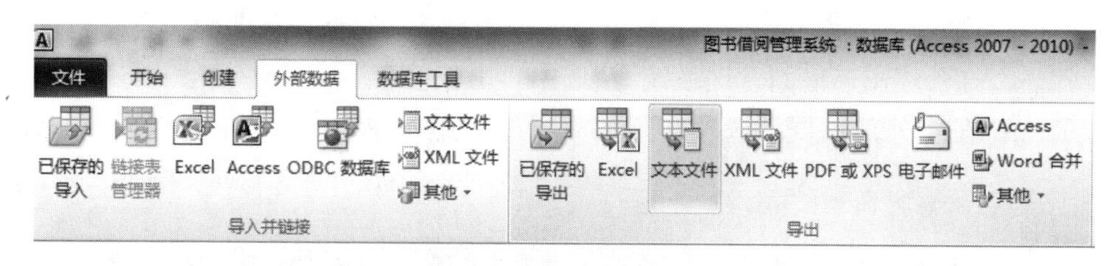

图 2-85　“文本文件”按钮

步骤三：在弹出的“导出-文本文件”对话框中单击“浏览”按钮，选择文件保存位置，并指定导出选项，然后单击“确定”按钮，如图 2-86 所示。

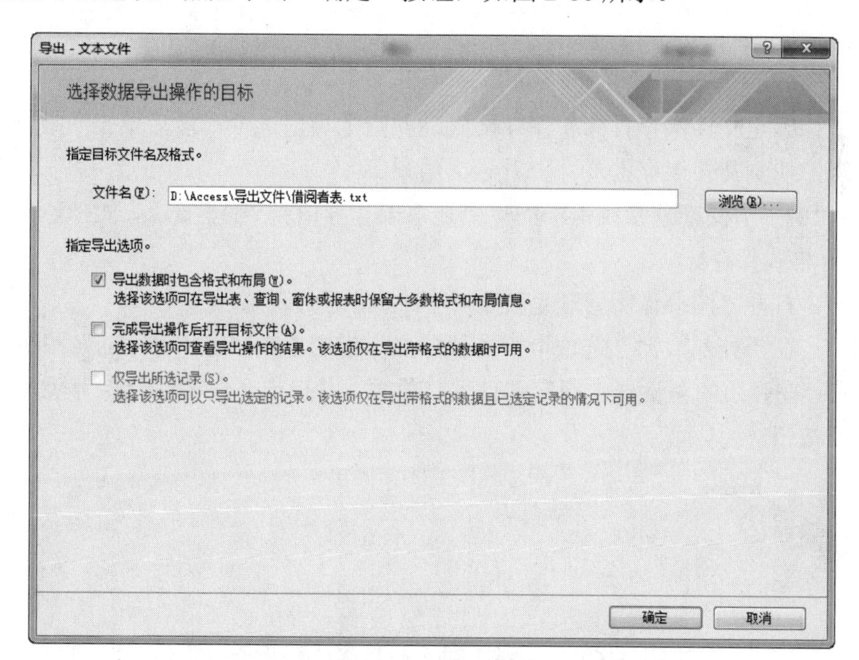

图 2-86　操作目标选择

步骤四：在弹出的编码方式选择界面中，选中“Windows（默认）”单选按钮，单击“确定”按钮，如图 2-87 所示。

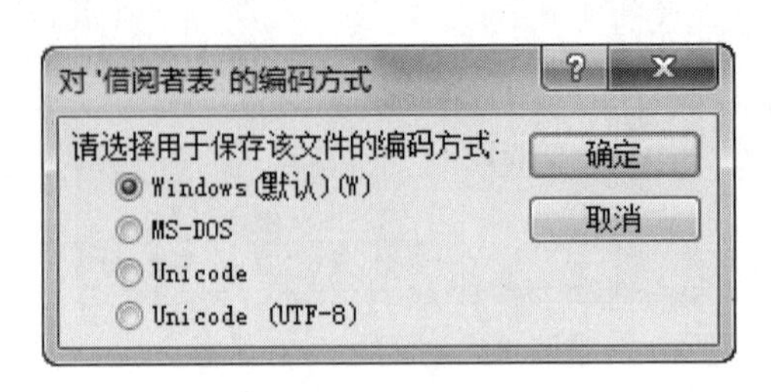

图 2-87　编码方式选择

步骤五：找到文件保存位置，查看导出结果。

3）将“图书借阅管理系统”中的“出版社表”导出到“D\Access\导出文件”中，并以 Excel 文件形式保存。

步骤一：打开“图书借阅管理系统”，选中“出版社表”。

步骤二：在“外部数据”选项卡下的“导出”组中单击“Excel”按钮，如图 2-88 所示。

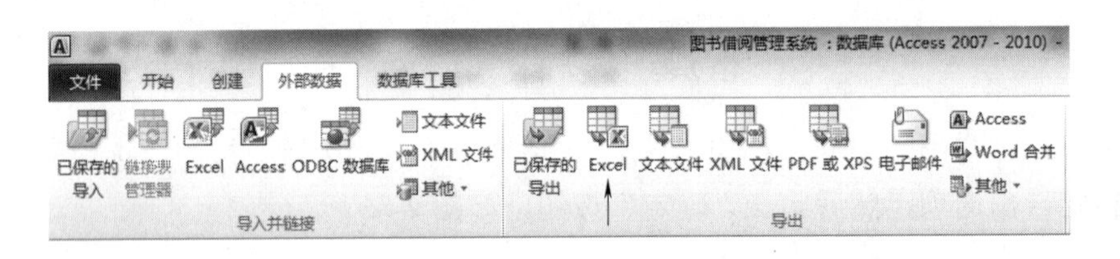

图 2-88　“Excel”按钮

步骤三：确定文件保存目标和保存格式，并指定导出选项，然后单击“确定”按钮。

步骤四：找到文件保存位置，查看导出结果。

4）将“图书借阅管理系统”中的“借还书表”导出到“D\Access\导出文件”中，并以 PDF 文件格式保存。

步骤一：打开“图书借阅管理系统”，选中“借还书表”。

步骤二：在“外部数据”选项卡下的“导出”组中单击“PDF 或 xps”按钮。

步骤三：在弹出的对话框中指定文件保存位置，并指定文件名以及保存类型，然后单击“发布”按钮。

应用 SQL 语句进行表的修改和操作

在 Access 中，可以通过 SQL 语句来实现对表结构的修改以及对表中数据的操作，但是使用 SQL 语句进行上述操作相对比较麻烦且容易出错，因此在实际操作中不建议使用该方法，下面简单地介绍一下如何使用 SQL 语句来实现对表结构以及表中内容的编辑。

通过 SQL 语句实现对表的维护主要使用以下关键字：

1. ALTER 语句

创建后的表一旦不满足使用需求就需要进行修改，可以使用 ALTER TABLE 语句修改已经完成的表结构，其基本语句格式为：

ALTER TABLE<表名>

[ADD<新字段名><数据类型>] 添加新字段

[DROP[<字段名>]……] 删除字段

2. INSERT 语句

INSERT 语句实现数据的插入功能，可以将一条新记录插入到指定表中,其语句格式为：

INSERT INTO<表名>[<字段 1><字段 2><字段 3>……]

VALUSE（<常量 1>）[<常量 2>……]

其中，INSERT INTO<表名>说明向<表名>指定的表中插入记录，当插入记录不完整时，可以用<字段 1><字段 2><字段 3>……指定字段，VALUSE（<常量 1>）[<常量 2>……]给出具体的数值。

3. UPDATE 语句

UPDATE 语句实现数据的更新功能，能够对指定表中的所有记录或满足条件的记录进行更新操作，其语句格式为：

UPDATE<表名>

SET<字段名 1>=<表达式 1>[<字段 2>=<表达式 2 >]

其中，<表名>是指定要进行更新数据的表的名称。<字段名>=<表达式>是用表达式的值替换对应字段的值，且一次可以修改多个字段。一般使用 WHERE 语句来指定被更新记录字段值所满足的条件，如果不使用 WHERE 语句则更新全部记录。

4. DELETE 语句

DELETE 语句实现书库的删除功能，能够对指定表中的所有记录或满足条件的记录进行删除操作，其语句格式为：

DELETE FROM <表名>

[WHERE<条件>]；

其中，FROM 子句指定从哪个表中删除数据，WHERE 语句指定被删除的记录所满足的条件，如果不使用 WHERE 语句，则删除表中所有的记录。

下面利用 SQL 语句完成以下任务：

1）在“借还书表”中添加一个“备注”字段，数据类型为“备注”。

步骤一：打开“图书借阅管理系统”，在“创建”选项卡下的“查询”组中单击“查询设计”按钮，如图 2-89 所示。

步骤二：弹出“显示表”对话框，选择“借还书表”，单击“关闭”按钮，关闭“显示表”对话框，如图 2-90 所示。

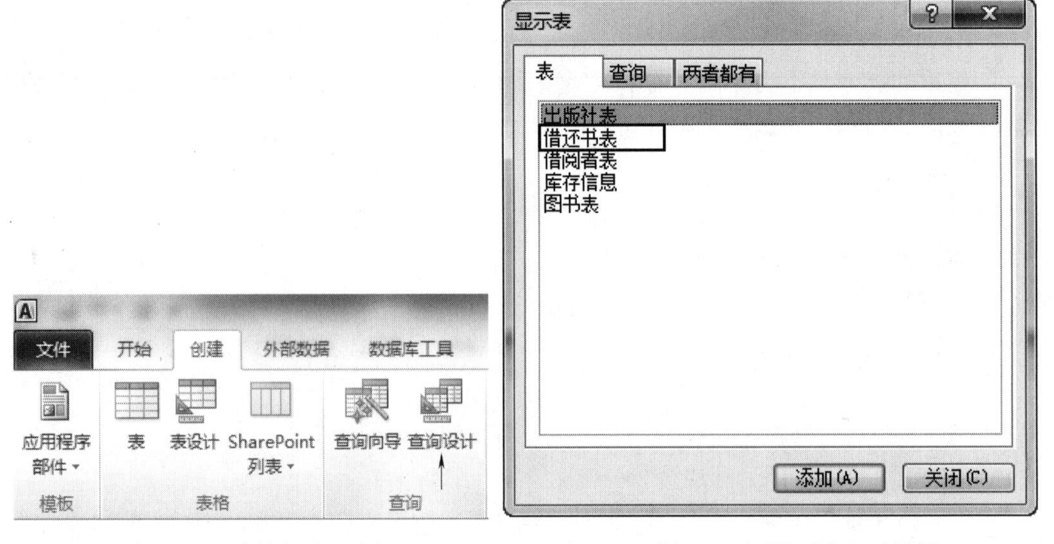

图 2-89　“查询设计”按钮　　图 2-90　“显示表”对话框

步骤三：单击“查询类型”组中的“数据定义”按钮，如图 2-91 所示。

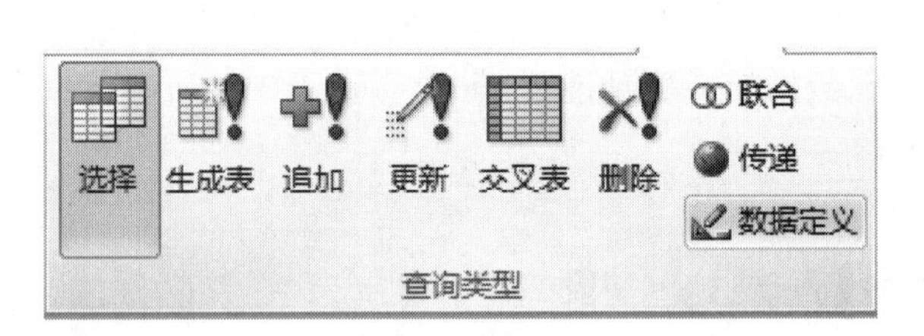

图 2-91　“数据定义”按钮

步骤四：在查询窗口中输入如图 2-92 所示的语句，单击“结果”组中的运行按钮。

图 2-92　数据定义 1

步骤五：关闭查询界面，打开“借还书表”查看添加结果。

2）删除“借还书表”中的“备注”字段。

步骤一：按照图 2-89～图 2-92 所示的方法进入数据定义窗口。

步骤二：在查询窗口中输入如图 2-93 所示的 SQL 语句，单击“结果”组中的运行按钮。

```
ALTER TABLE 借还书表 DROP 备注
```

图 2-93 数据定义 2

步骤三：关闭查询界面，打开“借还书表”查看结果。

3）向“借阅者表”中添加如图 2-94 所示的记录。

SH20130608	张三	男	2013/9/1	1306	18367157452

图 2-94 添加记录信息

步骤一：进入数据定义窗口。

步骤二：在查询窗口中输入如图 2-95 所示的 SQL 语句，单击“结果”组中的运行按钮。

```
INSERT INTO 借阅者表 ( 学生编号, 姓名, 性别, 入学时间, 班级, 联系电话 )
VALUES ("SH20130608", "张三", "男", "2013-9-1", "1306",
"18367157452");
```

图 2-95 数据定义 3

步骤三：弹出追加信息提示框，单击“是”按钮，如图 2-96 所示。

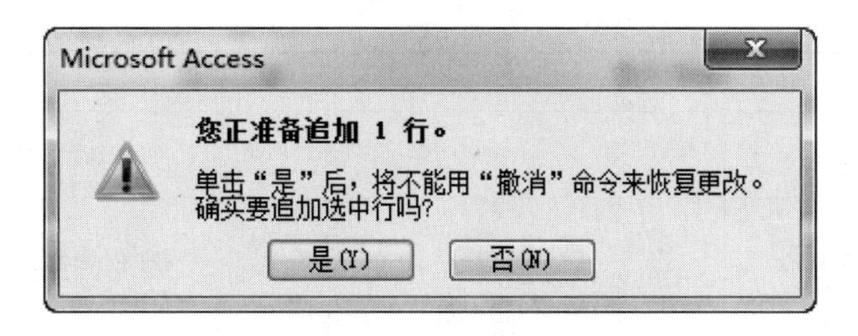

图 2-96 追加信息提示框

步骤四：关闭查询界面，打开“借阅者表”查看结果。

4）将“借阅者表”中姓名为“李广亮”的入校日期改为“2012-9-1”。

步骤一：进入数据定义窗口。

步骤二：在查询窗口中输入如图 2-97 所示的 SQL 语句，单击“结果”组中的运行按钮。

```
UPDATE 借阅者表 SET 入学时间=#2012-9-1# WHERE 姓名="李广亮"
```

图 2-97 数据定义 4

步骤三：弹出更新信息提示框，单击“是”按钮即可。

步骤四：关闭查询界面，根据需要选择是否保存，然后打开“借阅者表”查看结果。

5）删除“借阅者表”中姓名为“张三”的借阅者信息。

步骤一：进入数据定义窗口。

步骤二：在查询窗口中输入如图 2-98 所示的 SQL 语句，单击“结果”组中的运行按钮。

查询5

```
DELETe FROM 借阅者表 WHERE 姓名="张三"
```

图 2-98　数据定义

步骤三：在弹出的删除信息提示框中单击“是”按钮即可。

步骤四：关闭查询窗口，根据需要选择是否保存，然后打开“借阅者表”查看结果。

项目测评

1）对于记录的排序，超链接型和 OLE 对象型不能作为排序条件。

2）对于文本型的字段，如果它的取值有数字字符，那么 Access 将数字视为字符串，排序时不是按照数值本身的大小进行排列。

3）对于已排序的记录，如果又按照新的规则进行排序，则原来的排序结果自动取消。

在数据库系统使用过程中，对于数据的查找、替换以及记录的排序和筛选使用得并不多，但是作为数据库开发人员必须熟练掌握。本项目的测评表见表 2-3。

表 2-3　项目测评表

项目名称	表的操作			
任务名称	知识点	完成任务	掌握技能	在本项目中所占的比重
查找和替换“借阅者表”中的记录数据	常用通配符及其作用	查找“借阅者表”中学生编号为 SH20130102 的学生；将“借阅者表”中学生编号为 SH20130110 的替换为 SH20130101	熟练掌握查找与替换的操作方法；了解通配符的使用环境以及产生的效果	15%
对“借阅者表”中的数据进行排序	数据排序准则；排序分类及特点	按“性别”字段对表“借阅者表”中的记录进行升序排序；按照“性别”和“入学时间”两个字段对“借阅者表”中的记录进行升序排序；按照“出版日期”降序和“进库日期”升序对“图书表”表中的记录进行排序	熟练掌握 3 种数据排序方法，理解各排序方法的使用环境	30%
对“图书表”和“借还书表”中的数据进行筛选	数据筛选的分类	筛选书名中包含“计算机”3 个字的记录；筛选定价为 20 的记录；筛选 ISBN 为“00453”且出版社为“CBS0005”的记录；筛选 2013/1/2 以前入库的记录	熟练掌握 3 种数据筛选的方法，了解各方法的特点	15%
导出 Access 数据库中的数据	Access 2010 数据导出类型以及各类型的区别	将“图书借阅管理系统”中的“图书表”导出到“D\Access\导出文件\sample.accdb”中；将“图书借阅管理系统”中的“借阅者表”导出到“D\Access\导出文件”中，并保存为文本文件；将“图书借阅管理系统”中的“出版社表”导出到“D\Access\导出文件”中，并以 Excel 文件形式保存；将“图书借阅管理系统”中的“借还书表”导出到“D\Access\导出文件”中，并以 PDF 文件格式保存	熟练掌握数据库对象或数据导出的操作方法	40%

项目小结

本项目主要通过 4 个任务来学习表的基本操作。

任务一通过对“借阅者表”中数据的查找与替换，学习了查找与替换数据的基本方法，了解了查找与替换之间的联系。本任务完成后要熟练掌握通配符的意义及其使用方法，是全国计算机等级二级考试必考的知识点。

任务二通过对“借阅者表”中数据的排序，了解了排序的分类、区别、各类排序的实际操作方法，以及不同数据类型数据的排序准则。

任务三主要通过对“图书表”和“借还书表”中数据的筛选，了解了筛选的类型，并通过对表中数据的筛选操作掌握了各类筛选的使用方法。表中数据的筛选操作在全国计算机等级二级考试中出现频率很低，但是在实际操作中应用十分广泛。

任务四主要讲解了数据库对象的导出方法，本任务要重点理解各导出类型的作用以及导出对象或数据的基本操作流程，数据的导出为全国计算机等级二级考试重点考察的内容，需要重点掌握。

模块三　查询的创建与应用

项目一　选择查询的创建

任务一　利用查询向导创建“显示图书信息”查询

一、任务分析

完成数据库中基础对象表的创建后，应为数据库创建查询，查询体现了数据库的设计目的，使用查询可以对数据进行一系列的操作。例如，查找满足某个条件的数据，对表中的数据进行汇总计算，将多个表中的的数据集中显示，对表中的数据进行更新、删除、修改等操作。

查询向导是 Access 数据库提供的快速创建查询的工具，但是使用查询向导创建查询存在一定的局限性，有些情况下使用向导创建完查询后还需要在设计视图中对查询进行修改，因此对于使用向导创建查询的方法只需简单了解即可。

本任务将通过创建“显示图书信息”查询，学习如何使用向导创建查询。通过创建查询为后期创建图书信息管理窗体提供数据源。“显示图书信息”要求显示出图书的基本信息，设计视图效果如图 3-1 所示。

显示图书信息

图书编号	书名	作者	ISBN	出版日期	定价	是否借出	借出次数	出版社名称
SH0045611	长篇小说-黑色四重奏	容柒雁	00456	2013/3/1	45.00		0	吉林大学出版社
SH0045614	长篇小说-黑色四重奏	容柒雁	00456	2013/3/1	45.00		0	吉林大学出版社
SH0046628	高考状元谈经验	袁冠南	00466	2013/2/21	34.80		0	北京大学出版社
SH0045817	朱自清文集	秦水支	00459	2013/4/2	25.00		0	北京大学出版社
SH0045101	计算机文化基础	华诗	00451	2013/3/1	26.50		1	吉林大学出版社
SH0045102	计算机文化基础	华诗	00451	2013/7/9	26.50		1	吉林大学出版社
SH0045203	直面人生的苦难	洛离	00452	2013/4/1	34.00		0	机械工业出版社
SH0045204	直面人生的苦难	洛离	00452	2013/3/21	34.00		0	机械工业出版社
SH0045205	直面人生的苦难	洛离	00452	2013/3/11	34.00		0	机械工业出版社
SH0045306	外国经典电影故事	孙祈钒	00453	2013/3/25	23.00		1	高等教育出版社
SH0045307	外国经典电影故事	孙祈钒	00453	2013/3/1	23.00		1	高等教育出版社
SH0045308	外国经典电影故事	孙祈钒	00453	2013/4/24	23.00		0	高等教育出版社
SH0045409	唐宋小说精华	顾西风	00454	2013/2/23	23.00		0	中国电力出版社

记录：第 1 项(共 34 项 无筛选器 搜索

图 3-1　最终效果

二、任务实施

创建一个名为“显示图书信息”的简单查询，显示“图书编号”“书名”“作者”“ISBN”“出版日期”“定价”“是否借出”“借出次数”和“出版社名称”。

该查询可通过查询向导来创建，具体步骤如下。

步骤一：启动 Access 2010，打开“图书借阅管理系统”。

步骤二：在“创建”选项卡下单击“查询向导”按钮，如图 3-2 所示。

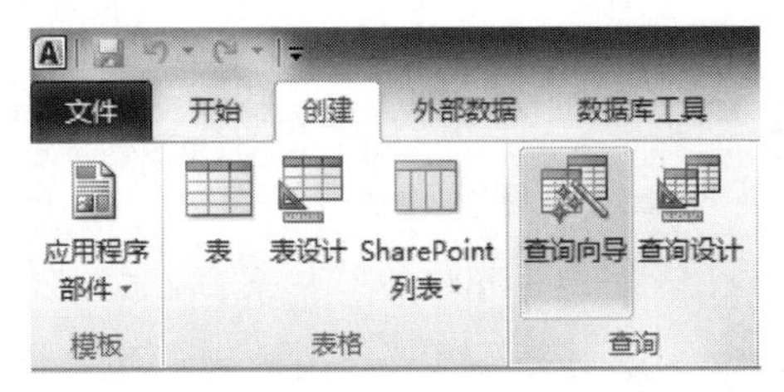

图 3-2　“查询向导”按钮

步骤三：在弹出的“新建查询”向导界面中选择“简单查询向导”，单击“确定”命令，如图 3-3 所示。

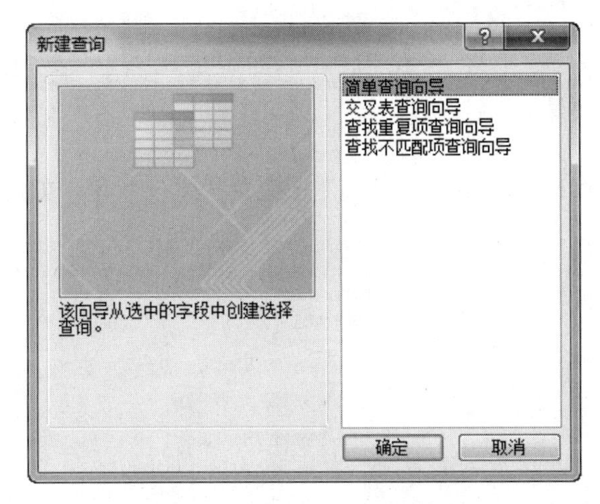

图 3-3　“新建查询”向导界面

步骤四：在弹出的“简单查询向导”界面指定查询数据源，并选择要求显示的字段，单击“下一步”按钮，如图 3-4 所示。

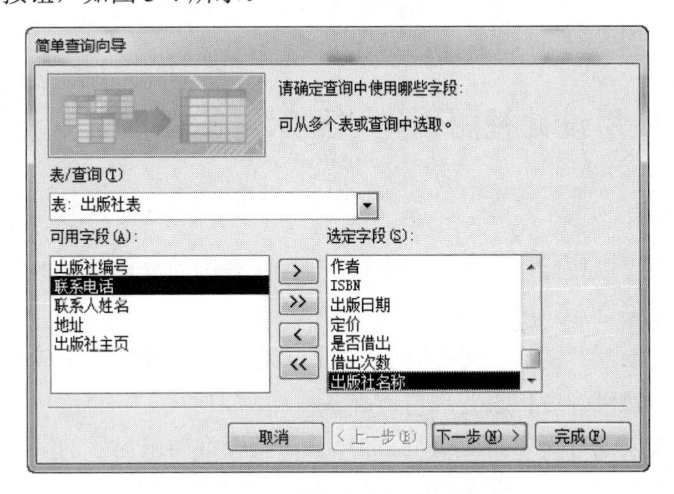

图 3-4　“简单查询向导”界面

步骤五：选中“明细（显示每个记录的每个字段）”单选按钮，单击“下一步”按钮，如图 3-5 所示。

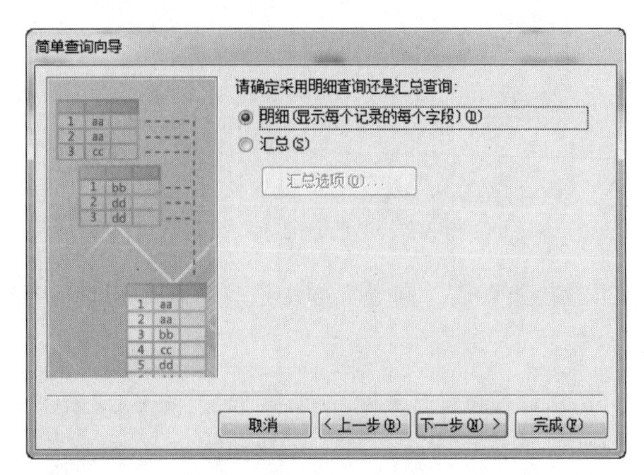

图 3-5　确定查询类型

步骤六：指定查询标题，单击“完成”按钮查看查询效果，如图 3-6 所示。

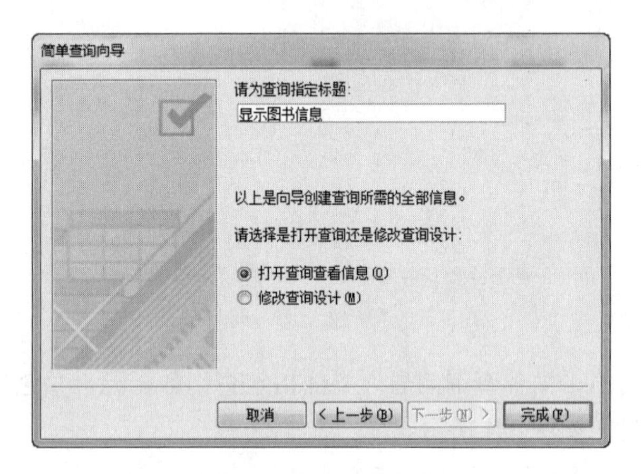

图 3-6　指定查询标题

任务二　使用设计视图创建“显示借阅者信息”无条件查询

一、任务分析

使用设计视图可以按照用户的需要设计查询，比查询向导创建的查询具有更大的灵活性，因此它是 Access 2010 中创建查询的主要方法。

本任务将通过创建“显示借阅者信息”查询，学习如何使用查询设计视图创建简单的查询，并为后期创建借阅者信息管理窗体准备数据源。

无条件查询在创建时无需指定查询条件，只需将查询要求显示的字段添加到查询的设计视图中即可，可以在一个表中选择显示的字段，也可以在多个表中选择字段，以实现数据的集中。

本任务要求完成以下操作：

1）创建“显示借阅者信息”查询，要求显示“学生编号”“姓名”“性别”“入学时间”“联系电话”“班级”和“照片”，如图 3-7 所示，查询效果如图 3-8 所示。

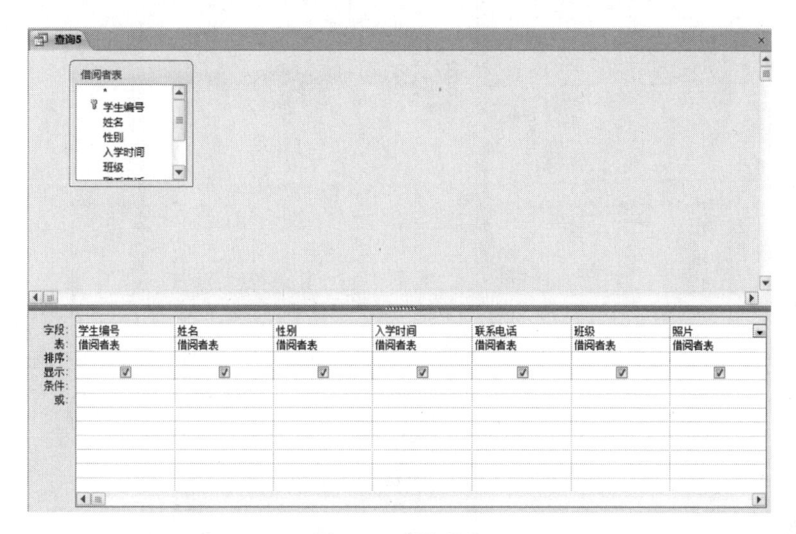

图 3-7　查询设计

显示借阅者信息

学生编号	姓名	性别	入学时间	班级	联系电话	照片
SH20130101	刘红	女	2012年9月1日	1304	13509187378	Package
SH20130102	刘冠梁	男	2012年9月1日	1307	13676435566	tmap Image
SH20130205	李广亮	男	2013年9月1日	1302	18363139485	
SH20130206	张美丽	女	2012年9月1日	1302	17859373673	tmap Image
SH20130207	张海刚	男	2012年9月1日	1302	18265743637	
SH20130208	苏涛	男	2012年9月1日	1302	13503186754	
SH20130301	段海兵	男	2012年9月1日	1303	15266142638	
SH20130302	史荣海	男	2012年9月1日	1303	18392876389	
SH20130303	张晓娜	女	2012年9月1日	1303	18957263736	tmap Image
SH20130304	张晓杨	女	2012年9月1日	1303	13518264856	
SH20130305	张泽	男	2012年9月1日	1303	13524364583	
SH20130401	宋丽丽	女	2012年9月1日	1304	15273648738	
SH20130402	赵刚	男	2012年9月1日	1304	18736474636	
SH20130403	张广海	男	2012年9月1日	1304	18362673737	
SH20130405	马再强	男	2012年9月1日	1304	15273654736	
SH20130406	徐正	男	2012年9月1日	1304	18367253647	
SH20130501	王建中	男	2012年9月1日	1305	18364736476	
SH20130606	王宝	男	2012年9月1日	1306	18381827657	
SH20130607	张强	男	2012年9月1日	1306	18367152435	

记录：第 1 项(共 19 项　无筛选器　搜索

图 3-8　查询效果

2）完成查询视图之间的切换。

二、任务实施

创建“显示借阅者信息”查询，要求显示“学生编号”“姓名”“性别”“入学时间”“联系电话”“班级”和“照片”。

步骤一：打开“图书借阅管理系统”。

步骤二：在“创建”选项卡下单击“查询设计”按钮，进入查询设计视图，如图 3-9 所示。

步骤三：在“显示表”对话框中，选择查询数据源“借阅者表”，单击“添加”按钮，然后关闭“显示表”对话框。

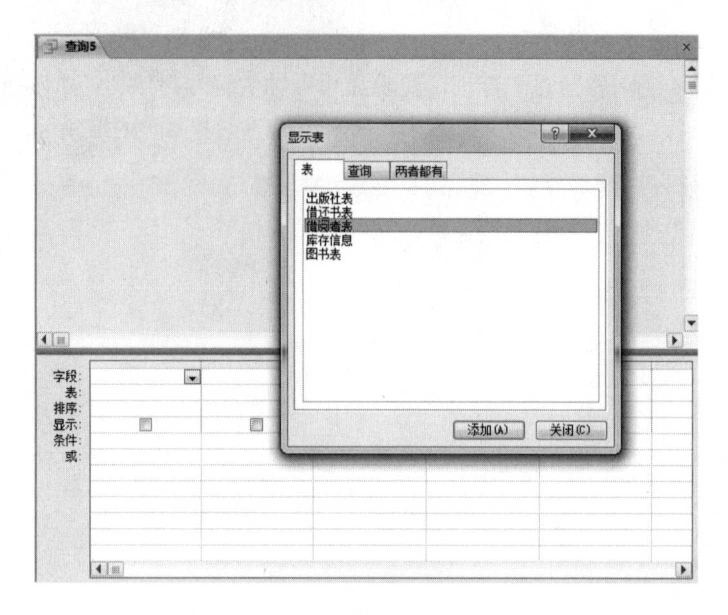

图 3-9　查询设计视图

步骤四：依次选中需要添加的字段，将其拖动到设计网格线的字段行（或在字段网格线的下拉列表中选择需要添加的字段），如图 3-10 所示。

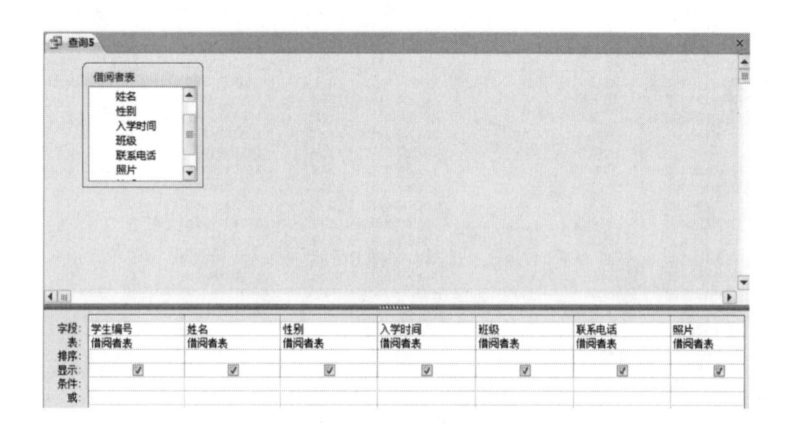

图 3-10　添加字段

步骤五：单击快速访问工具栏上的“保存”按钮，将查询命名为“显示借阅者信息”，如图 3-11 所示。

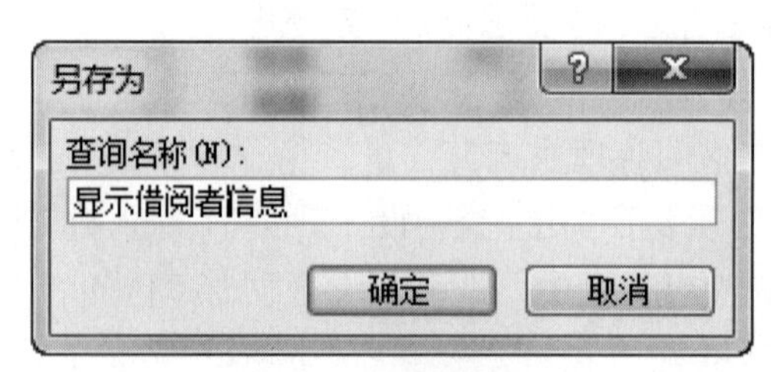

图 3-11　查询命名

步骤六：单击“设计”选项卡下的“视图”按钮，选择“数据表视图”选项，如图 3-12 所示，实现视图之间的切换。

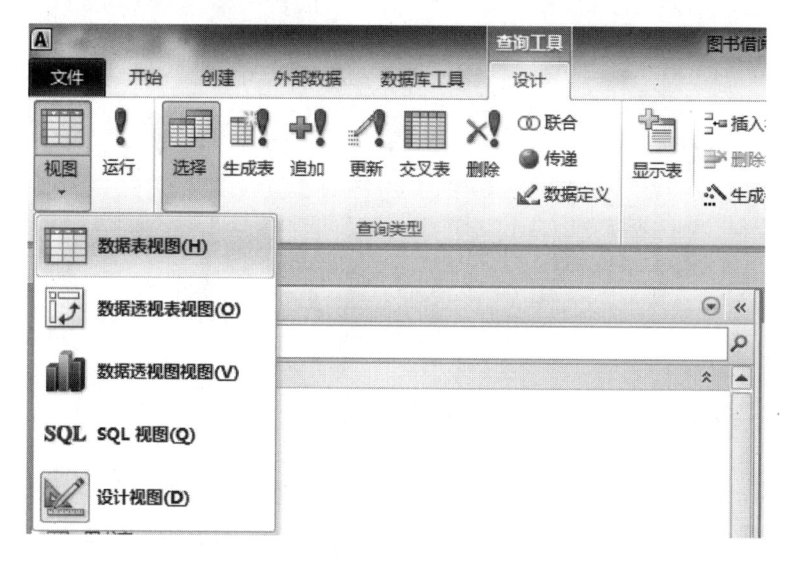

图 3-12　视图切换

任务三　利用设计视图创建“未还书信息”“可借图书信息”有条件查询

一、任务分析

有条件查询即在创建查询时需要根据指定的查询条件，将表中符合条件的记录筛选出来。

本任务需要完成以下两个任务：

1）创建“未还书信息”查询，要求显示“图书编号”“书名”“ISBN”“姓名”“班级”“联系电话”“应还日期”和“出版社名称”，查询命名为“未还书信息”，查询效果如图 3-13 所示。

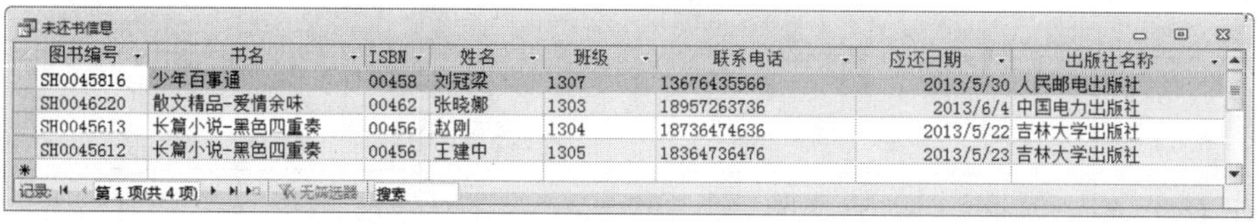

未还书信息

图书编号	书名	ISBN	姓名	班级	联系电话	应还日期	出版社名称
SH0045816	少年百事通	00458	刘冠梁	1307	13676435566	2013/5/30	人民邮电出版社
SH0046220	散文精品-爱情余味	00462	张晓娜	1303	18957263736	2013/6/4	中国电力出版社
SH0045613	长篇小说-黑色四重奏	00456	赵刚	1304	18736474636	2013/5/22	吉林大学出版社
SH0045612	长篇小说-黑色四重奏	00456	王建中	1305	18364736476	2013/5/23	吉林大学出版社

记录：第 1 项(共 4 项)　无筛选器　搜索

图 3-13　查询效果

2）创建“可借图书信息”查询，要求显示“图书编号”“书名”“作者”“ISBN”“图书分类”和“出版社名称”，查询命名为“可借图书信息”，查询效果如图 3-14 所示。

可借图书信息

图书编号	书名	作者	ISBN	图书分类	出版社名称
SH0045611	长篇小说-黑色四重奏	容柒雁	00456	中国文学	吉林大学出版社
SH0045614	长篇小说-黑色四重奏	容柒雁	00456	中国文学	吉林大学出版社
SH0046628	高考状元谈经验	袁冠南	00466	中国文学	北京大学出版社
SH0045817	朱自清文集	秦水支	00459	中国文学	北京大学出版社
SH0045101	计算机文化基础	华诗	00451	计算机	吉林大学出版社
SH0045102	计算机文化基础	华诗	00451	计算机	吉林大学出版社
SH0045203	直面人生的苦难	洛离	00452	外国文学	机械工业出版社
SH0045204	直面人生的苦难	洛离	00452	外国文学	机械工业出版社
SH0045205	直面人生的苦难	洛离	00452	外国文学	机械工业出版社
SH0045306	外国经典电影故事	孙祈钒	00453	外国文学	高等教育出版社
SH0045307	外国经典电影故事	孙祈钒	00453	外国文学	高等教育出版社
SH0045308	外国经典电影故事	孙祈钒	00453	外国文学	高等教育出版社
SH0045409	唐宋小说精华	顾西风	00454	中国文学	中国电力出版社
SH0045715	青少年必懂的幽默	柳婵诗	00457	幽默与漫画	清华大学出版社

记录：第 1 项(共 30 项　无筛选器　搜索

图 3-14　查询效果

知识链接 Access 运算符

文本运算符可以实现对文本型数据以及非文本型数据的连接，具体见表 1。

日期运算符可以实现对日期型数据的计算以及和整数型数值之间的运算，具体见表 2。

表 1　文本运算符

文本运算符	功能	应用实例
+	将两个文本型字符串连接在一起	“计算机” + “原理” = “计算机原理”
&	将非文本型转化为文本型数据，连接在一起	“Access” + “2003” = “Access&2003”

表 2　日期运算符

日期运算符	功能	应用实例
日期+/-整数	计算该日期整数天之前或之后的新日期	#2013-1-3#-2#=2013-1-1#
日期-日期	计算两日期之间相隔的天数	#2013-1-3#-#2013-1-1#=2

比较运算符又称为关系运算符，主要用于比较两个操作数的值。用比较运算符构建的表达式称为关系表达式，表达式返回一个布尔值（True 或 False），具体见表 3。

表 3　比较运算符

比较运算符	功能	应用实例
>	大于	>8、>#2013-1-1#
>=	大于等于	>=8、>=#2013-1-1#
<	小于	<8、<#2013-1-1#
<=	小于等于	<=8、<=#2013-1-1#
<>	判断不相等	<>8、<>"abc"、<>true
=	判断相等	=8、="abc"、=true

逻辑运算符常用于连接两个以上的关系表达式，表示综合判断两个或多个条件，其结果也是返回一个布尔值，具体见表 4。

表 4　逻辑运算符

逻辑运算符	功能	应用实例
and	逻辑与，两个操作数据都为 True，结果才为 True，否则为 False	>5 And <8;
or	逻辑或，两个操作数都为 False，结果为 False，否则为 True	<5 Or >8
not	逻辑非，操作数为 False，结果为 True；操作数为 True，结果为 False	Not 18; Not false

使用特殊运算符构建的关系表达式，其结果也是返回一个布尔值，具体见表 5。

表 5　特殊运算符

特殊运算符	功能	应用实例
Like	判定是否匹配模式，可与通配不使用	Like “张*”，首字符为“张”的所有字符串
In	判断是否为值列表成员	In（1，2，3，4）判断数据是否在值列表内
Btween…And	判定是否在指定范围内	Between 1 and 3; Between#2013-1-1#And#2013-2-1# 判断数值数据、日期是否在指定范围
Is	一般与 Null 或 Not Null 连用，判定内容是否为空值或非空值	Is Null; Is Not Null。判断数据是否为空值

字符串运算符主要用于实现对字符串的截取，具体见表 6。

表 6　字符串运算符

字符串运算符	功能	应用实例
Left	Left（字符串，数值）	Left("ABCD", 2) = "AB"
Mid	Mid（字符串，数值 1，数值 2）	Mid("ABCD", 2, 1) = "B"
Right	Right（字符串，数值）	Right("ABCD", 2) = "CD"
Len	Len（字符串）	Len("ABCD") =4

算术运算符可以对数值型数据进行计算，具体见表 7。

表 7　算术运算符

算术运算符	功能	应用举例
+	加	1+2=3
-	减	3-2=1
*	乘	2*3=6
/	除	6/2=3
\	整除	6\4=1
Mod	取余数	3Mod2=1
^	指数运算	2^3=8

系统内部函数是系统内置自带的函数，无需定义可以直接使用，常用的内置函数日期时间函数见表 8。

表 8　日期时间函数

日期时间函数	功能	应用实例
Date	返回当前系统日期	Date ( )
Year	返回日期当前年	Year (Date ( ))
Month	返回日期当前月份	Month (Date ( ))
Day	返回当前日期号数	Day (Date ( ))
Now	返回当前系统的日期和时间	Now ( )

二、任务实施

1）创建“未还书信息”查询，要求显示“图书编号”“书名”“ISBN”“姓名”“班级”“联系电话”“应还日期”和“出版社名称”。查询命名为“未还书信息”。

步骤一：打开查询设计视图，添加数据源和要使用的字段，如图 3-15 所示。

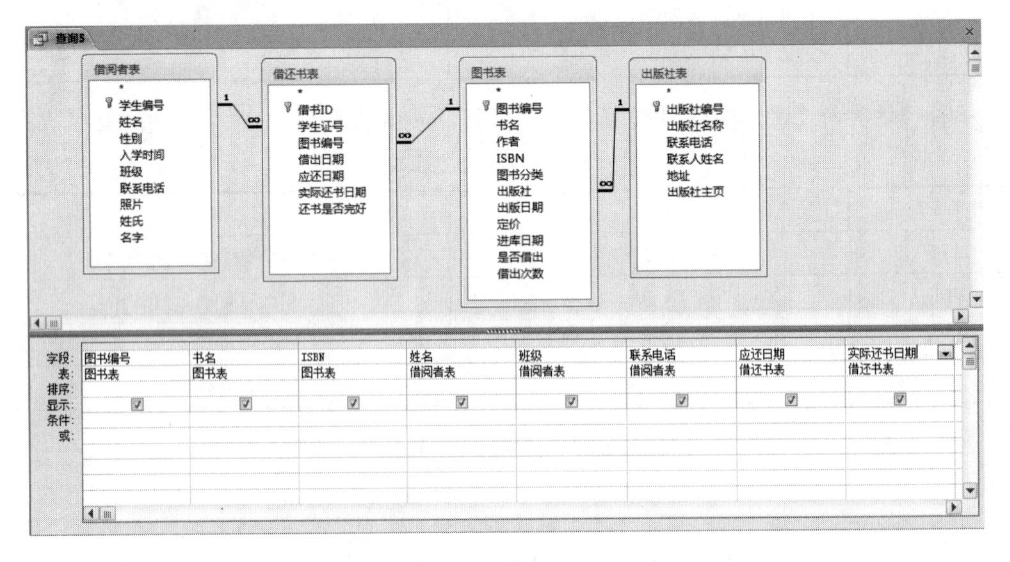

图 3-15　查询设计视图

步骤二：在“实际还书日期”字段对应的“条件”行中输入查询条件“Is Null”，取消勾选 “显示”行中的复选框，如图 3-16 所示。

注意：若某一字段只用于条件表达式的构建而非查询内容，则可设置为不显示。“显示”行的作用是指定所选字段是否在查询结果中显示。

步骤三：单击快速访问工具栏中的“保存”按钮，将查询命名为“未还图书信息”。然后，将查询切换到数据表视图，查看结果。

2）创建“可借图书信息”查询，要求显示“图书编号”“书名”“作者”“ISBN”“图书分类”和“出版社名称”，查询命名为“可借图书信息”。

步骤一：打开查询设计视图，添加数据源和要使用的字段，如图 3-17 所示。

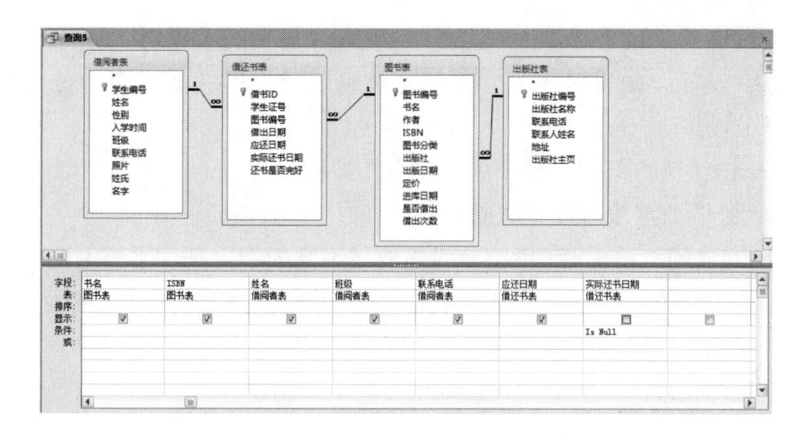

图 3-16　条件设置

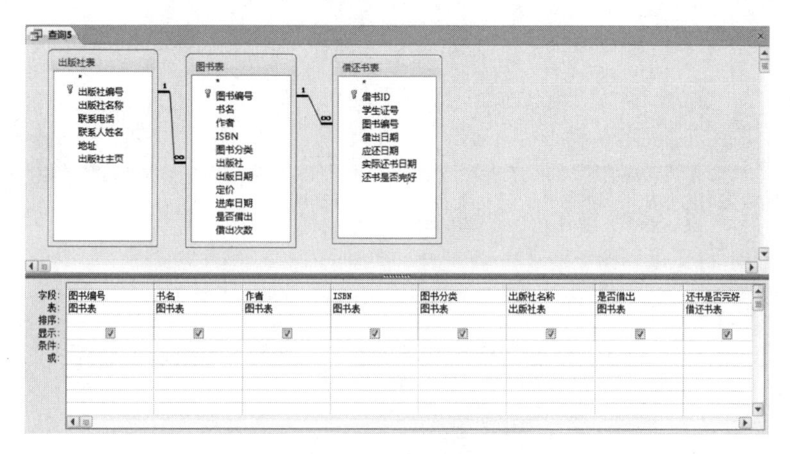

图 3-17　查询设计

步骤二：在“是否借出”字段对应的“条件”行中输入查询条件“False”，在“还书是否完好”字段对应的“条件”行中输入查询条件“Yes”，并设置为不显示，如图 3-18 所示。

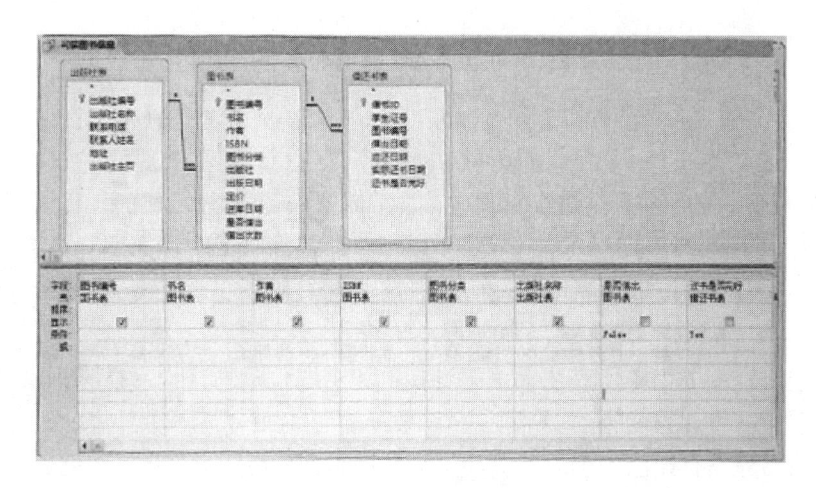

图 3-18　条件设置

注意：当查询条件由多个条件构成且是逻辑“与”的关系时，则必须在“条件”行或“或”行中设置；如果多个条件之间是逻辑“或”的关系，则应分别在“条件”和“或”两行中设置。

步骤三：单击快速访问工具栏中的“保存”按钮，将查询命名为“可借图书信息”。然后，将查询切换到数据表视图，查看结果。

思考：在图书借阅的日常管理中，有时需要按不同的指定条件来查询藏书信息。例如，要求查询书名以“计算”两个字开头，且在“2013 年 3 月”到“2013 年 5 月”之间出版的、价格低于 30 元的图书信息。该查询要设置 3 个条件，且 3 个条件要同时满足，可按图 3-19 进行设置。

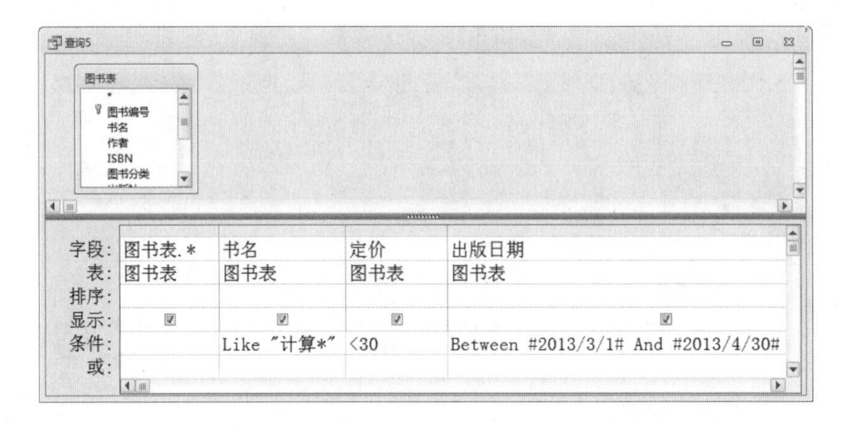

图 3-19 查询设计

在“书名”字段对应的“条件”行中输入查询条件“Like"计算"*”，在“出版日期”字段对应的“条件”行中输入查询条件“Between # 2013-31# And # 2013-4-30 #”，在“定价”字段对应的“条件”行中输入查询条件“<30”。

注意：图书表.*中的“*”号代表表中的所有字段。

任务四 创建计算型选择查询

一、任务分析

在对图书馆中的各种数据进行管理时，常常需要进行一些统计工作，如计数、求最大值或平均值等。在选择查询中包含一类查询为计算型选择查询，计算型选择查询可以实现对筛选出来的数据进行部分统计和计算，本任务将通过以下 3 个任务来学习计算型选择查询的创建。

1）创建统计图书馆中所有图书的平均定价和图书数量的查询，显示为“平均价格”和“图书数量”，查询命名为“图书汇总”，效果如图 3-20 所示。

2）按图书分类统计已借出的图书数量，显示为“图书分类”和“图书数量”，查询命名为“已借出图书数量”，效果如图 3-21 所示。

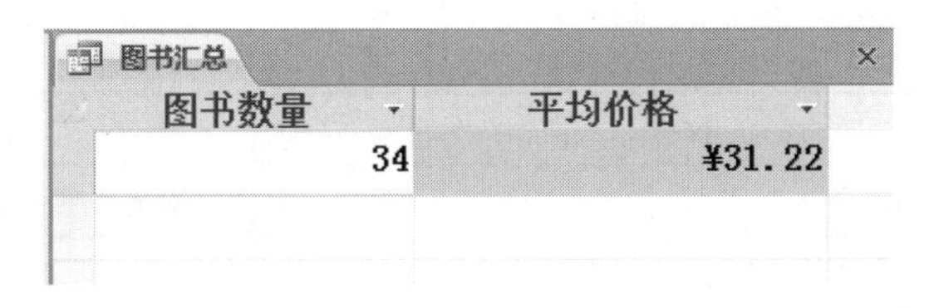

图 3-20　查询效果 1

该任务与上一任务的不同之处在于，要求按照图书分类进行统计，言外之意就是将图书按照图书分类进行汇总，并且该题目中使用的查询条件必须是已经借出的图书。因此，需要使用分组总计查询完成该查询的创建。

3）统计各类图书最高定价与最低定价的差值，显示为“图书分类”和“s_data”，查询命名为“定价差值”，效果如图 3-22 所示。

图 3-21　查询效果 2

图 3-22　查询效果 3

计算型选择查询是指能够将挑选出来的数据按照某种规则进行统计和计算的查询，计算型选择查询的分类如下。

1）总计查询：总计查询也是一种计算型选择查询，通过这种查询可以对数据进行分组和汇总。在查询中使用“总计”行可以对所有数据或某一特定分组记录进行数据统计。

2）分组总计查询：以某些字段的值为依据，对表中记录进行分组，然后再对表中的记录分别进行统计。

3）添加计算字段：计算字段是表中并不存在的字段，它的值是通过对表中某些字段进行计算得到的，所以其实质是一个表达式。

计算字段的表达式可以包含统计函数，此时该字段的总计方式为表达式。

添加方法：在设计视图中的“字段”行中直接添加一个内容为表达式的新字段。

书写格式：“新字段名：计算表达式”。

各种统计函数的说明及适用的数据类型见表 3-1。

表 3-1　函数说明及适用的数据类型

函数	说明	适用的数据类型
平均值 Avg()	计算某一列的平均值，该列必须包含数字、货币或日期时间数据，该函数会忽略空值	数字、小数、货币、日期/时间
总计 Sum()	对列中的项求和，只适作于数字和货币型数据	数字、小数、货币

（续）

函数	说明	适用的数据类型
计算 Count()	统计列中的项数	除复杂重复标量数据之外的所有数据类型
最大值 Max()	返回包含最大值的项，对于文本型数据，最大值是字母表中最后一个字母值，Access 忽略大小写，该函数会忽略空值	数字、小数、货币、日期/时间
最小值 Min()	返回包含最小值的项。对于文本型数据，最大值是字母表中最后一个字母值，Access 忽略大小写，该函数会忽略空值	数字、小数、货币、日期/时间

其他总计项类型如下：

分组（Group By）——定义要执行计算的组。

表达式（Expression）——创建表达式中包含统计函数的字段。

第一条记录（First）——求在表或查询中第一条记录的字段值。

最后一条记录（Last）——求在表或查询中最后一条记录的字段值。

条件（Where）——指定不用于分组的字段条件。

二、任务实施

1）创建统计图书馆中所有图书的平均定价和图书数量的查询，显示为“平均价格”和“图书数量”，查询命名为“图书汇总”。

步骤一：打开查询设计视图，添加数据源“图书表”。将“图书编号”和“定价”字段添加到设计网格线的“字段”行中。

步骤二：在查询功能区的“设计”选项卡下单击“汇总”按钮，添加“总计”行，如图 3-23 所示，添加效果如图 3-24 所示。

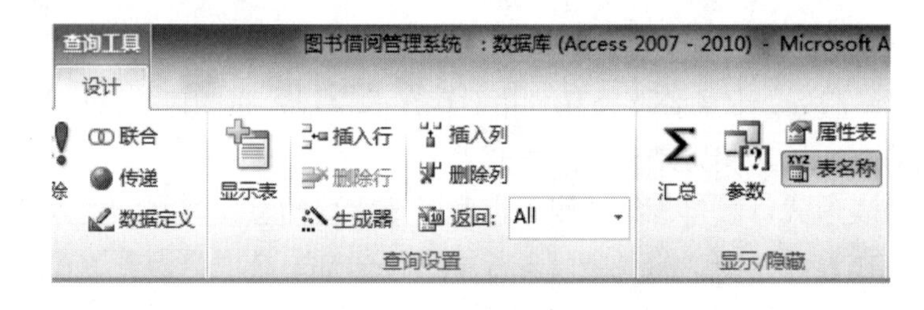

图 3-23　添加汇总行

步骤三：在“图书编号”字段对应的“总计”行中选择“计数”选项，在“定价”字段的总计行中选择“平均值”选项，如图 3-25 所示。

步骤四：将字段标题重命名，如图 3-26 所示。重新指定字段标题的方法：“新标题：原标题”。

步骤五：将查询保存为“图书汇总”，然后切换到数据表视图，查看结果，如图 3-27 所示。

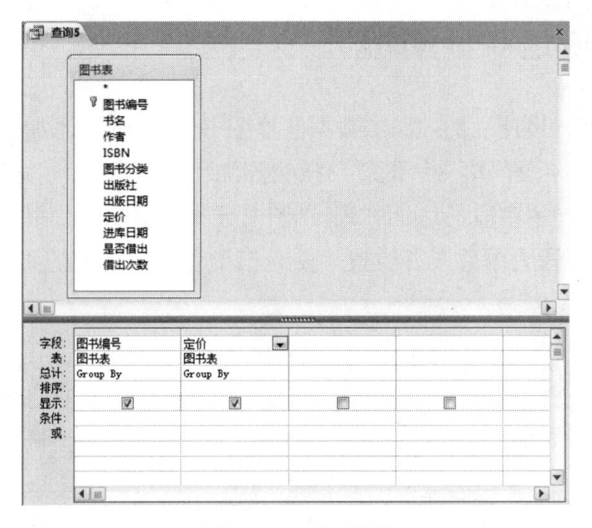

图 3-24 添加效果

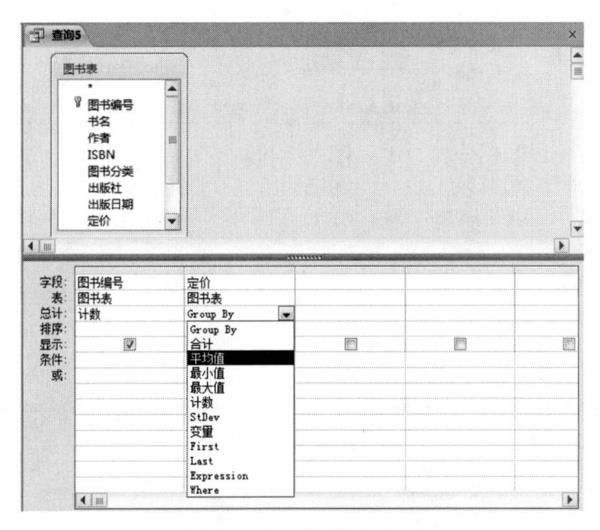

图 3-25 添加总计选项

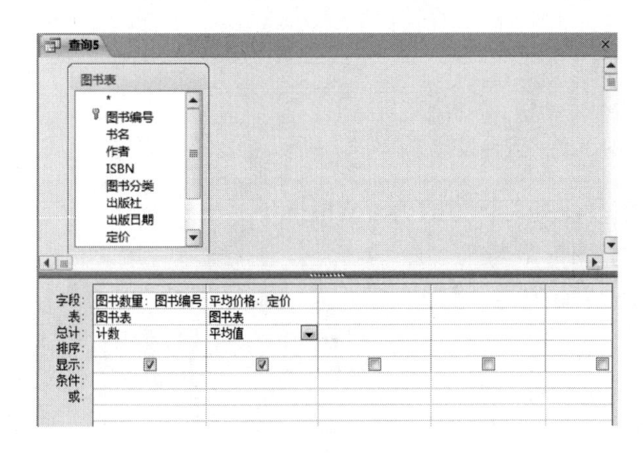

图 3-26 字段重命名

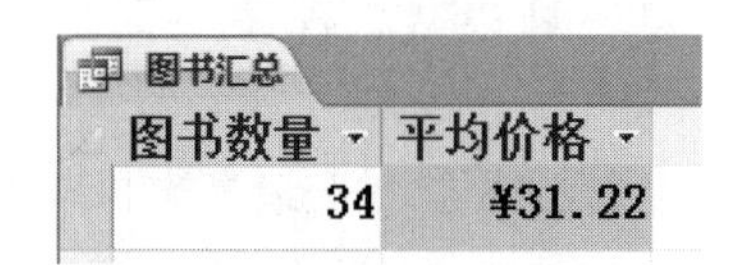

图 3-27 汇总结果

2）按图书分类统计已借出的图书数量，显示为“图书分类”和“图书数量”，查询命名为“已借出图书数量”。

步骤一：打开查询设计视图，添加数据源“图书表”，依次添加“图书分类”“图书编号”“是否借出”3 个字段，单击“汇总”按钮添加“总计”行。

步骤二：依次添加各字段的总计方式，“图书分类”字段为分组，“图书编号”字段为计数，“是否借出”字段为条件，并设置“是否借出”字段对应的“条件”行为“True”，如图 3-28 和图 3-29 所示。

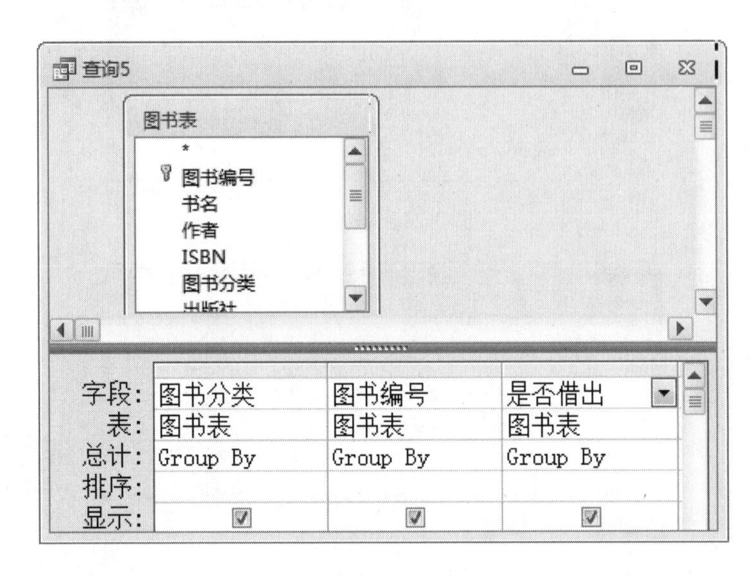

图 3-28　查询设计 1

字段:	图书分类	图书数量: 图书编号	是否借出	
表:	图书表	图书表	图书表	
总计:	Group By	计数	Where	
排序:				
显示:	☑	☑	☐	☐
条件:			True	
或:				

图 3-29　查询设计 2

注意：只用于构成查询条件的字段，其总计方式为“Where”。

步骤三：将查询保存为“已借出图书数量”，然后切换到数据表视图，查看结果，如图 3-30 所示。

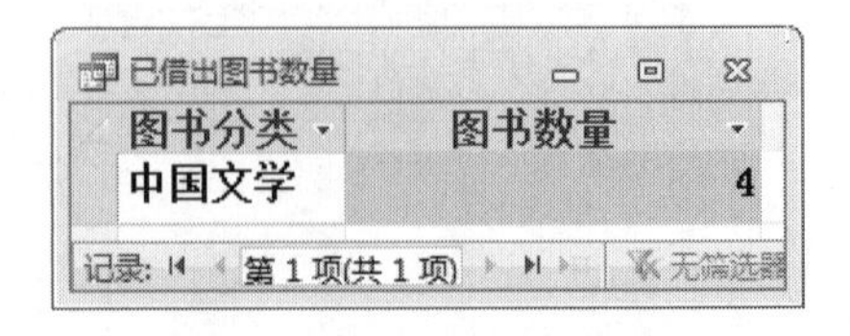

图 3-30　查询结果

3）统计各类图书最高定价与最低定价的差值，显示为“图书分类”“s_data”，查询命名为“定价差值”。

步骤一：打开查询设计视图，添加查询数据源“图书表”，将 “图书分类”字段添加到“字段”行，单击“汇总”按钮添加“总计”行。

步骤二：将“图书分类”的总计方式设置为“分组”，添加计算字段 s_data，如图 3-31 所示，并将添加的新字段的总计方式设置为“表达式”。

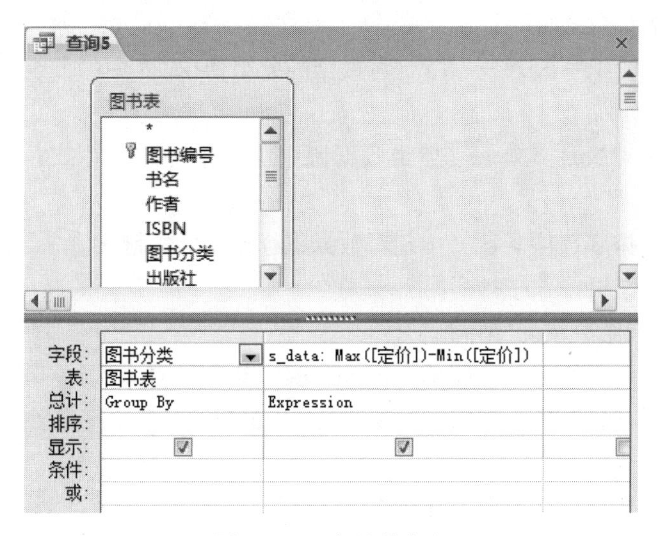

图 3-31　添加计算字段

注意：计算字段的表达式可以包含统计函数，此时该字段的总计方式为“Expression”。

步骤三：将查询保存为“定价差值”，然后切换到数据表视图，查看结果。

项目拓展

使用 SQL 语句创建选择查询——SELECT 语句

1. 简单查询

SELECT 语句是 SQL 语言中功能强大、使用灵活的语句之一，它能实现数据的筛选、投影和连接操作，并能完成筛选字段的重命名、多数据源组合、分类汇总和排序等具体操作。

SELECT 语句的一般格式：

SELECT[ALL|DISTINCT]＜字段名 1＞[,＜字段名 2＞……]

FORM<数据表或查询>

[WHERE＜条件表达式＞]

[GROUP BY＜分组表达式＞]

[HAVING＜条件表达式＞]]

[ORDER BY＜排序选项＞[ASC|DESC]]

其中，各语句的含义如下：

ALL——查询结果为数据源全部记录集。

DISTINCT——查询结果不包含重复行的记录集。

WHERE＜条件表达式＞——指定查询的筛选条件，如果使用该语句，那么查询结果只包含满足条件的记录。

GROUP BY＜分组字段＞——指定对数据的分组依据，其中的分组表达式可以是一个也可以是多个。

HAVING＜条件表达式＞——指定数据源中满足条件的表达式，并按分组结果组成记录。

ORDER BY＜排序选项＞——指定对数据进行排序的关键字。

ASC——查询结果按升序排列。

DESC——查询结果按降序排列。

下面通过几个典型的实例，简单介绍 SELECT 语句的基本用途和用法。

1）检索表中所有的字段。查找“出版社表”中的所有字段，查询命名为“显示出版社信息”。

步骤一：进入数据定义界面，如图 3-32 所示。

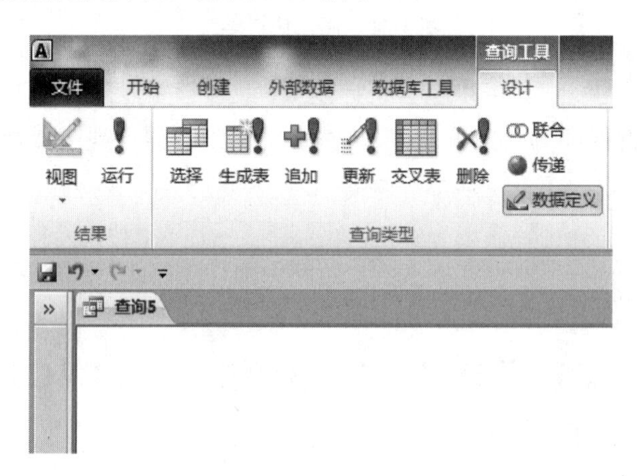

图 3-32　数据定义界面

步骤二：在数据定义区域输入语句“SELECT　*　FROM 出版社表”。

步骤三：单击快速访问工具栏中的“保存”按钮，将查询命名为“显示出版社信息”。然后单击“设计”选项卡下的“运行”按钮（见图 3-33），查看运行结果，如图 3-34 所示。

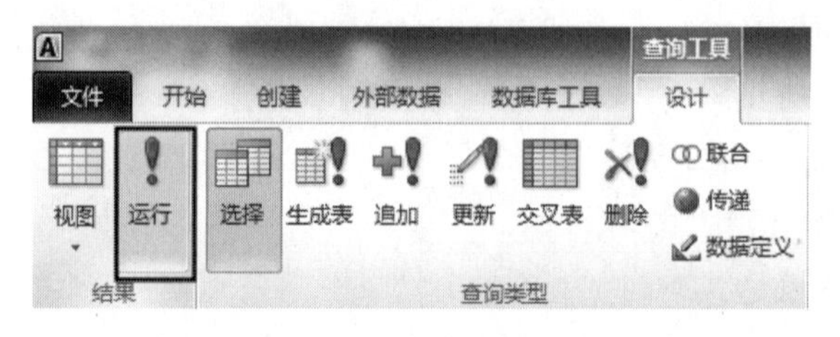

图 3-33　“运行”按钮

出版社编	出版社名称	联系电话	联系人姓名	地址	出版社主页
CBS0001	吉林大学出版社	0431-89580877	张光	吉林省长春市明德路501号	[illegible]
CBS0002	清华大学出版社	010-6277317	李海	北京清华大学学研大厦A 座	http://tuptsinghua.cn.gongchang.c
CBS0003	人民邮电出版社	010-67132692	马涛	北京市崇文区夕照寺街14号	http://www.ptpress.com.cn/index.h
CBS0004	中国电力出版社	010-5674326	张海港	北京市西城区三里河路6号	
CBS0005	高等教育出版社	010-7683647	苏涛	北京市西城区德外大街4号	
CBS0006	机械工业出版社	010-8264838	段海滨	北京. 西城区百万庄大街22号	
CBS0007	北京大学出版社	010-8274643	张晓	北京市海淀区中关村成府路:	

图 3-34　运行结果

2）检索表中所有记录指定的字段。查找并显示“出版社表”中的“出版社编号”“地址”“联系电话”和“出版社主页”字段，查询命名为 L01，查询效果如图 3-35 所示。

在数据定义界面输入以下语句：

SELECT 出版社编号，地址,联系电话,出版社主页 FROM 出版社表；

出版社编	地址	联系电话	出版社主页
CBS0001	吉林省长春市明德路501号	0431-89580877	[illegible]
CBS0002	北京清华大学学研大厦A 座	010-6277317	http://tuptsinghua.cn.gongchang.com/
CBS0003	北京市崇文区夕照寺街14号a座	010-67132692	http://www.ptpress.com.cn/index.htm
CBS0004	北京市西城区三里河路6号	010-5674326	
CBS0005	北京市西城区德外大街4号	010-7683647	
CBS0006	北京. 西城区百万庄大街22号	010-8264838	
CBS0007	北京市海淀区中关村成府路205号	010-8274643	

图 3-35　查询效果

3）检索满足条件的记录和指定字段。查找“1307”班男借阅者的信息并显示“学生编号”“姓名”“性别”和“班级”，查询命名为 L02，查询效果如图 3-36 所示。

在数据定义界面输入以下语句：

SELECT 学生编号,姓名,性别,班级 FROM 借阅者表

WHERE 班级="1307" AND 性别="男";

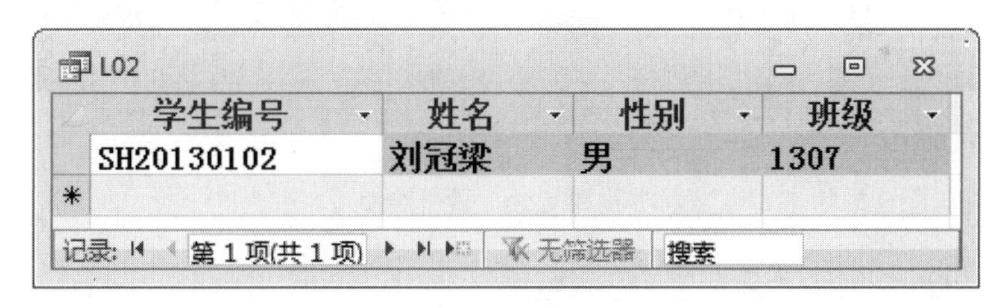

学生编号	姓名	性别	班级
SH20130102	刘冠梁	男	1307

图 3-36　查询效果

4）进行分组总计，并添加新字段。按图书分类统计图书数量，显示“图书分类”和“图书数量”，查询命名为 L03，查询效果如图 3-37 所示。

在数据定义界面输入以下语句：

SELECT 图书分类,COUNT（图书编号）AS 图书数量 FROM 图书表 GROUP BY 图书分类

其中，AS 子句后定义的是新字段名。

5）计算每类图书的平均定价，并按平均定价降序排列，查询命名为 L04，查询效果如图 3-38 所示。

在数据定义界面输入以下语句：

SELECT 图书分类, AVG(定价) AS 平均定价 FORM 图书表 GROUP BY 图书分类 DRDER BY AVG(定价) DESC

L03

图书分类	图书数量
计算机	3
励志	11
外国文学	6
幽默与漫画	1
中国文学	13

图 3-37　查询效果图

L04

图书分类	平均定价
幽默与漫画	¥45.00
中国文学	¥35.57
计算机	¥29.20
外国文学	¥28.50
励志	¥26.85

图 3-38　查询效果图

2. 嵌套查询

嵌套查询是指在 Select—from—where 查询模块内部嵌入另一个查询模块，该内部模块称之为子查询。由于 order by 语句是对整个嵌套查询的最终结果进行排序，而内部子查询只是外部查询的一个条件，因此它不能出现在子查询中。

在嵌套查询中，where 子句的条件常用 in 短语连接子查询。由于子查询的结果是作为外层查询的条件使用，用户事先并不知道内层查询的结果是哪些数据，因此，这里的 in 就不能用多个 or 来代替。

在图书表中查找借出过的图书的信息，并按照图书定价升序排列，查询命名为 L05，查询效果如图 3-39 所示。

L05

图书编号	书名	作者	ISBN	图书分类	出版社	出版日期	定价	进库日期	是否借出	借出次数
SH0045307	外国经典电影故事	孙祈钒	00453	外国文学	CBS0005	2013/3/1	23.00	2013/4/21	☐	1
SH0045306	外国经典电影故事	孙祈钒	00453	外国文学	CBS0005	2013/3/25	23.00	2013/4/5	☐	1
SH0046220	散文精品-爱情余味	丁玲珑	00462	中国文学	CBS0004	2013/3/21	25.00	2013/5/23	☑	1
SH0045102	计算机文化基础	华诗	00451	计算机	CBS0001	2013/7/9	26.50	2013/8/23	☐	1
SH0045101	计算机文化基础	华诗	00451	计算机	CBS0001	2013/3/1	26.50	2013/4/15	☐	1
SH0045612	长篇小说-黑色四重奏	容柒雁	00456	中国文学	CBS0001	2013/3/1	45.00	2013/4/2	☑	1
SH0045613	长篇小说-黑色四重奏	容柒雁	00456	中国文学	CBS0001	2013/3/1	45.00	2013/5/1	☑	1
SH0045816	少年百事通	顾莫言	00458	中国文学	CBS0003	2013/3/23	45.00	2013/4/1	☑	1

记录: 第 1 项(共 8 项)　无筛选器　搜索

图 3-39　查询效果

图书若借出过，则在“借还书表”中会存在该图书的图书编号，因此，若“图书表”中的图书编号在“借还书表”中出现，则证明该图书借出过。

在数据定义界面输入以下语句：

```
SELECT 图书表.*
FROM 图书表
WHERE 图书编号 IN (SELECT 图书编号 FROM 借还书表)
ORDER BY 定价;
```

3. 联合查询

联合查询是将两个或多个表或查询中的字段合并到查询结果的一个字段中。使用联合查询可以合并两个表中的数据。

UNION 运算符可以将两个或两个以上 SELECT 语句的查询结果集合合并成一个结果

集合显示，即执行联合查询。

UNION 运算符的语法格式为：

SELECT［ALL|DISTINCT］＜字段名 1＞［,＜字段名 2＞……］

FORM<数据表或查询>

［WHERE＜条件表达式＞］

UNION　SELECT［ALL|DISTINCT］＜字段名 1＞［,＜字段名 2＞……］

FORM<数据表或查询>

［WHERE＜条件表达式＞］

创建显示“未还图书信息”查询中的所有记录和“可借图书信息”查询中图书编号为“SH0045307”的图书记录的查询，结果中显示“图书编号”和“书名”两个字段，查询命名为“L06”。

步骤一：选择“创建”选项卡，单击“查询”组中的“查询设计”按钮，将“显示表”关闭，打开查询“SQL”视图，单击“查询类型”组中的“联合”按钮，打开如图 3-40 所示的“联合查询”窗口。

步骤二：在“联合查询”窗口中输入以下 SQL 语句：

SELECT 图书编号，书名 FROM 未还图书信息

UNION

SELECT 图书编号,书名 FROM 可借图书信息 WHERE 图书编号="SH0045307"

第一个 SELECT 语句返回“图书编号”和“书名”两个字段，第二个 SELECT 语句返回两个对应字段，然后将两个表中对应字段的值合并成一个字段，效果如图 3-41 所示。

步骤三：保存查询，单击“运行”按钮，查看运行结果。

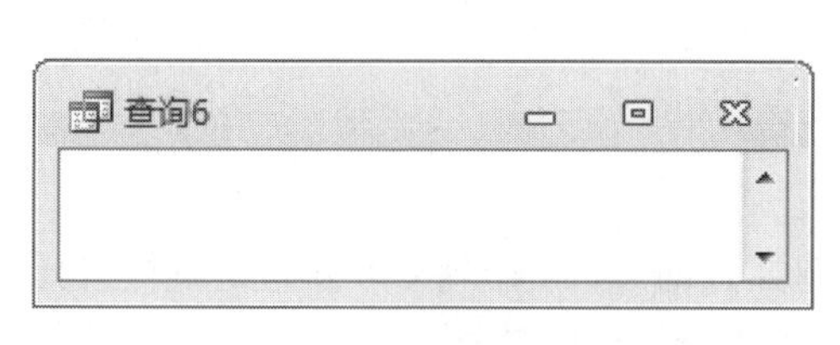

图 3-40 “联合查询”窗口

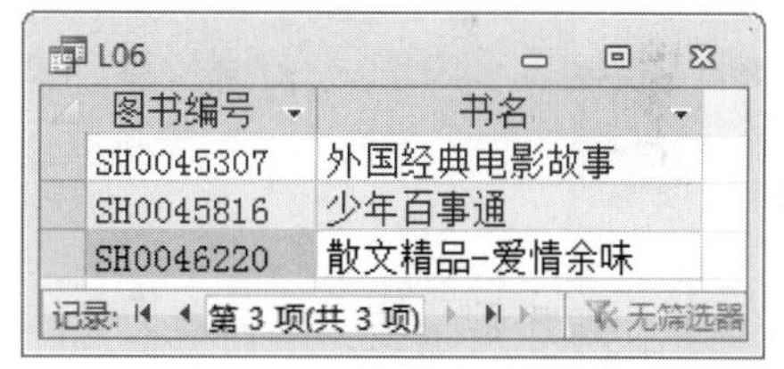

图 3-41 联合查询效果

注意：每个 SELECT 语句都必须以同一顺序返回相同数量的字段，对应的字段除了可以将数字字段和文本字段作为对应字段外，其余对应字段都应具有兼容的数据类型。如果将联合查询转换为另一类型的查询，如转换为选择查询，则将丢失输入的 SQL 语句。

项目测评

本项目的项目测评表见表 3-2。

表 3-2　项目测评表

项目名称	创建选择查询			
任务名称	知识点	完成任务	掌握技能	所占权重
利用查询向导创建“图书信息”查询	查询的概念；查询的功能	使用向导完成“图书信息”查询的创建	通过此任务的学习能够使用向导完成简单查询的创建	10%
使用设计视图创建“显示借阅者信息”无条件查询	查询常用的视图以及各种视图方式的作用	使用设计视图完成“显示借阅者信息”的无条件查询的创建	掌握查询设计视图的使用方法；掌握查询视图的切换方法	10%
利用设计视图创建“未还书信息”“可借图书信息”有条件查询	什么是有条件查询；查询中数据的表示方法；Access 常用运算符	创建“未还书信息”查询；创建“可借图书信息”查询	掌握计算选择查询的创建方法；灵活地使用统计函数	40%
创建计算选择查询	计算选择查询的概念；Access 常用统计函数	创建统计图书馆中所有图书的平均定价和图书数量的查询，显示为“平均价格”和“图书数量”，查询命名为“图书汇总”；按图书分类统计已借出的图书数量，显示为“图书分类”和“图书数量”，查询命名为“以借出图书数量”；统计各类图书最高定价与最低定价的差值，显示为“图书分类”和“s_data”，查询命名为“定价差值”	掌握计算选择查询的创建方法；掌握计算机字段的设置方法	40%

项目小结

本项目主要讲解了第一种查询类型，即选择查询，选择查询又可分为无条件选择查询、有条件选择查询和计算型选择查询，然后将其分为 4 个任务来讲解。

任务一主要学习如何使用向导来创建简单的查询，使用向导创建查询是比较简单的创建方式，但是使用向导有一定的局限性，只能创建相对简单的查询，因此该方法只需简单地掌握即可。

任务二重点学习了通过查询的设计视图来创建查询，与表结构的创建相同。通过设计视图创建查询是查询创建的主要方法，通过查询的设计视图既可以创建简单的查询，也可以根据需求创建复杂的查询。

任务三主要讲解了有条件查询的创建方法，通过本任务的学习需要重点掌握 Access 查询中数据的表示方法以及 Access 运算符，并且可以根据要求正确地书写查询条件。

任务四主要讲解的是计算型选择查询的创建方法。计算型选择查询是查询中较难的一种方式，需要在创建查询时添加计算表达式以完成查询的创建。创建计算型选择查询首先需要掌握有条件查询的创建，然后在此基础上进行延伸。本任务需要掌握计算表达式的书写方法以及查询标题的命名方法。

项目二 为“图书借阅管理系统”创建灵活的参数查询

任务一 创建“图书信息”参数查询

一、任务分析

在使用“图书借阅管理系统”的过程中，可能会遇到按照不同的条件来检索统一类型的数据的情况，如按照书号查找图书信息，如果为每一个书号创建一个查询，那么在系统中就会有很多的查询。因此在实际应用中，对同一查询，希望能在运行查询时由用户灵活地修改查询条件。本任务将以“按图书编号查询图书信息”为例讲解参数查询。

本任务主要完成以下操作：

1）创建“按图书编号查询图书信息”的参数查询，要求在运行查询时提示“请输入图书编号:”，并显示“图书编号”“书名”“作者”“ISBN”“出版社名称”“出版日期”“进库日期”“库存量”和“已借出数量”。

2）修改创建的“按图书编号查询图书信息”查询，在“书名”字段对应的“条件”行和“或”行中输入“[请输入书名：]”。

3）创建一个显示图书信息的查询，当运行该查询时分别提示“请输入图书编号:”“请输入书名:”“请输入出版社名称:”“请输入图书类别:”，在4个提示信息中只需输入其中的1个便可查询相应的图书信息，最终要求显示“图书编号”“书名”“作者”“ISBN”“出版社名称”“出版日期”“进库日期”“库存量”和“已借出数量”，查询命名为“图书信息查询”。

二、任务实施

1）创建“按图书编号查询图书信息”的参数查询，要求在运行查询时提示“请输入图书编号:”，并显示“图书编号”“书名”“作者”“ISBN”“出版社名称”“出版日期”“进库日期”“库存量”和“已借出数量”。

步骤一：打开查询设计视图，选择查询数据源“图书表”“出版社表”和“库存信息”。

步骤二：在“字段”行添加显示字段，在“图书编号”字段对应的“条件”行中输入“[请输入图书编号：]”，如图3-42所示。

步骤三：在快速访问工具栏中单击“保存”按钮，将查询命名为“按图书编号查询图书信息”，单击“设计”选项卡下的“运行”按钮，弹出如图3-43所示的“输入参数值”对话框。

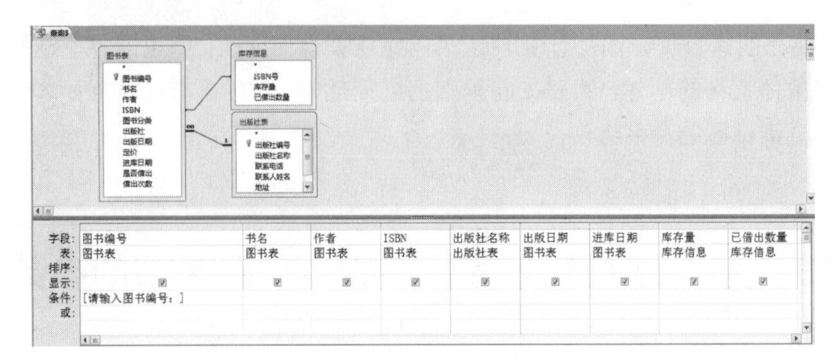

图 3-42　查询条件设置

步骤四：在“输入参数值”对话框中输入一个图书编号，单击“确定”按钮，如图 3-44 所示，查询效果如图 3-45 所示。

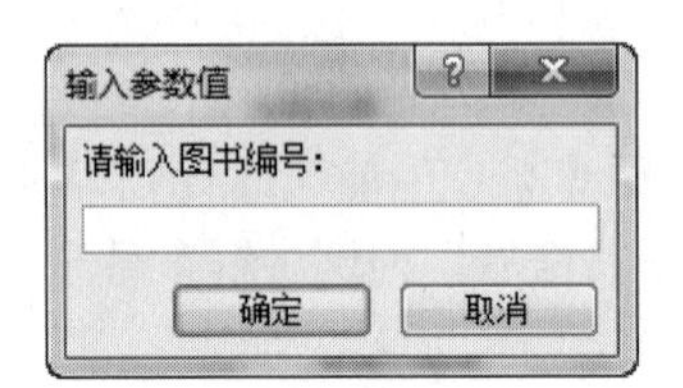

图 3-43　“输入参数值”对话框

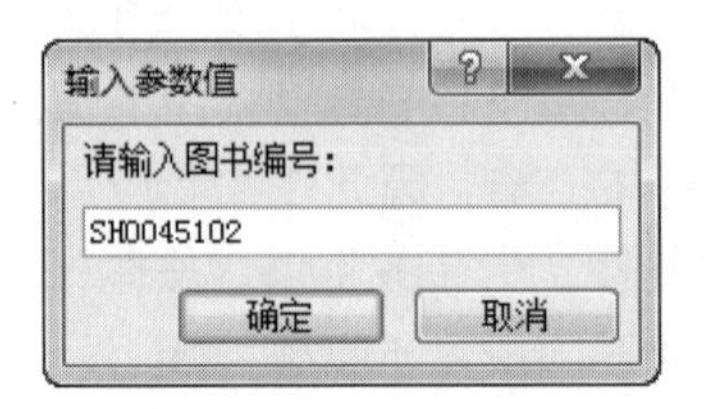

图 3-44　输入图书编号

图 3-45　查询效果

2）修改创建的“按图书编号查询图书信息”，在“书名”字段对应的“条件”行和“或”行中输入“[请输入书名：]”，修改设计如图 3-46 所示。

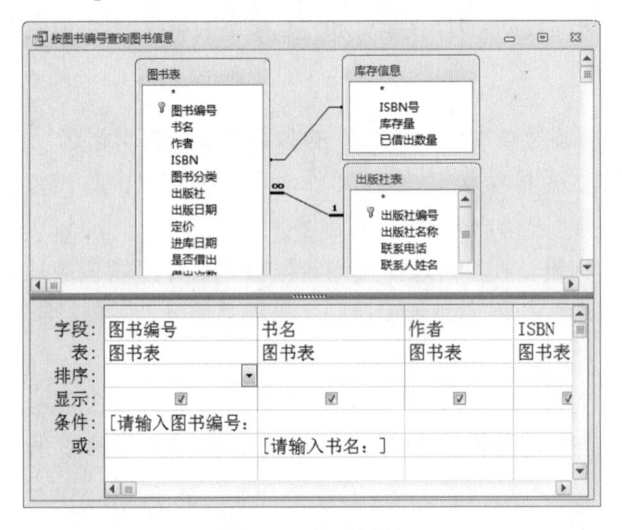

图 3-46　修改设计

然后单击“运行”按钮，在第一个提示框中输入“SH0045101”，如图 3-47 所示；在第二个提示框中输入“朱自清文集”，如图 3-48 所示，查看运行结果，结果如图 3-49 所示。

图 3-47 输入图书编号

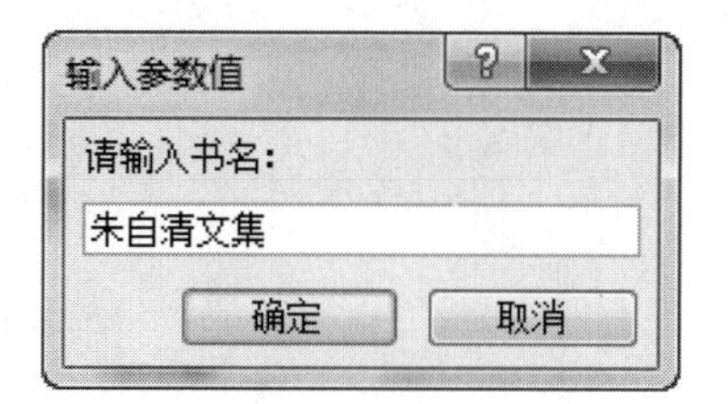

图 3-48 输入书名

按图书编号查询图书信息

图书编号	书名	作者	ISBN	出版社名称	出版日期	进库日期	库存量	已借出数量
SH0045817	朱自清文集	秦水支	00459	北京大学出版社	2013/4/2	2013/5/1	1	0
SH0045102	计算机文化基础	华诗	00451	吉林大学出版社	2013/7/9	2013/8/23	2	0

记录：第 1 项(共 2 项) 无筛选器 搜索

图 3-49 查询结果

本任务中，“书名”与“书号”两个条件之间是“或”的关系，因此两个条件只需满足其一便可查询出结果。

3）创建一个显示图书信息的查询，当运行该查询时分别提示“请输入图书编号:”“请输入书名:”“请输入出版社名称:”“请输入图书类别:”，在 4 个提示信息中只需输入其中的 1 个便可查询相应的图书信息，最终要求显示“图书编号”“书名”“作者”“ISBN”“出版社名称”“出版日期”“进库日期”“库存量”和“已借出数量”，查询命名为“图书信息查询”。

步骤一：进入查询设计视图，选择查询数据源“图书表”“出版社表”“库存信息”，并添加相应字段，如图 3-50 所示。

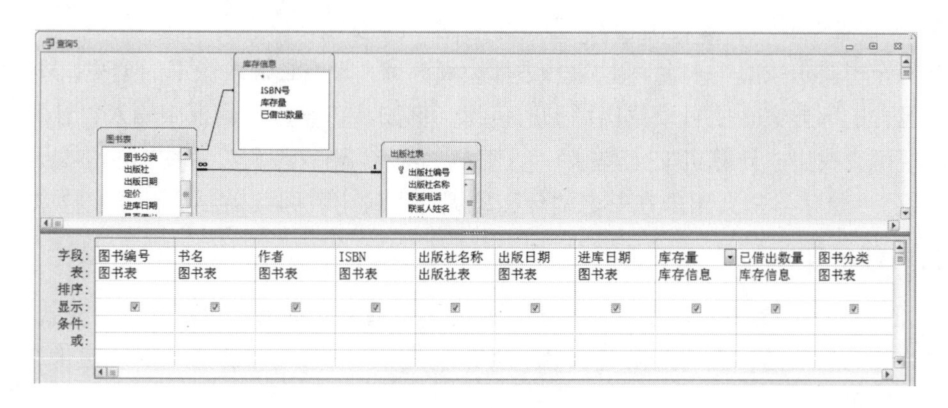

图 3-50 查询设计

步骤二：在对应字段输入查询条件，并将“图书分类”设置为不显示，如图 3-51 所示。

步骤三：单击“保存”按钮，将查询命名为“图书信息查询”。

提示：在书写查询条件时 4 个查询条件不能写在同一行。

图书编号	书名	作者	ISBN	出版社名称	出版日期	进库日期	库存量	已借出数量	图书分类
图书表	图书表	图书表	图书表	出版社表	图书表	图书表	库存信息	库存信息	图书表
☑	☑	☑	☑	☑	☑	☑	☑	☑	☐
[请输入图书编号:]									
	[请输入书名:]								
				[请输入出版社名称:]					
									[请输入图书类别：]

图 3-51　条件设置

任务二　创建条件参数查询

一、任务分析

本任务将在任务一的基础上学习如何创建条件参数查询以及掌握条件参数查询的作用。条件参数查询即将参数查询与条件查询结合，将输入的选择参数作为查询条件，并结合 Access 运算符实现数据的查找。

本任务需要完成以下两个操作：

1）创建一个参数查询，要求运行查询时提示“请输入图书定价:”，最终查找出小于输入定价的图书信息，查询结果要求显示“图书编号”“书名”“作者”和“定价”，查询命名为“L001”。

本题目的实质为参数查询，并且要求将参数值作为查询条件，查找小于输入定价的图书信息，因此该参数查询应当结合比较运算符来创建。

2）创建一个参数查询，实现对图书信息的模糊查询。当运行该查询时，提示“请输入书名所包含的文字:”，查找包含指定文字的图书信息，查询结果要求显示“图书编号”“书名”“作者”和“出版社名称”，查询命名为“L002”。

该操作中要求按照图书名称对图书进行模糊查询，即不必输入图书的全称，只需输入书名所包含的部分文字便可查找出图书的信息。例如，在参数对话框中输入“计算机”3 个字，便可查找出“计算机文化基础”“计算机二级 C 语言教程”等图书的信息。但是，“计算机”3 个字具体会出现在书名的什么位置并不确定，因此需要结合通配符来完成。

二、任务实施

1）创建一个参数查询，要求运行查询时提示“请输入图书定价:”，最终查找出小于输入定价的图书信息，查询结果要求显示“图书编号”“书名”“作者”和“定价”，查询命名为“L001”。

步骤一：进入查询设计视图，添加数据源“图书表”。

步骤二：依次在“字段”行中添加字段“图书编号”“书名”“作者”和“定价”。

步骤三：在“定价”字段对应的“条件”行中输入“<[请输入定价：]”，如图 3-52 所示。

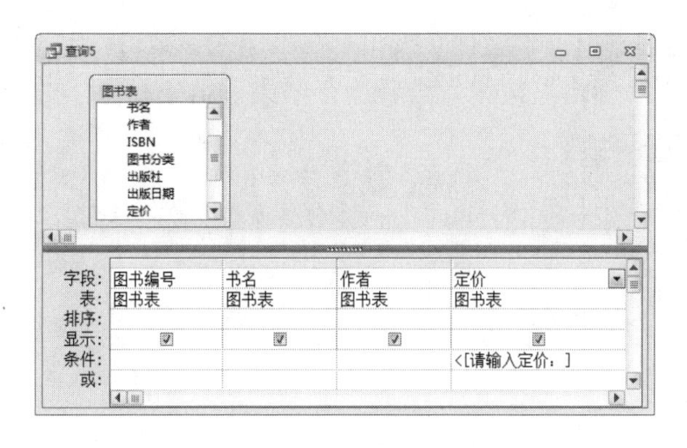

图 3-52　查询设计

步骤四：保存查询，单击“运行”按钮，在“输入参数值”对话框中输入 25，如图 3-53 所示，单击“确定”按钮，查看运行结果，结果如图 3-54 所示。

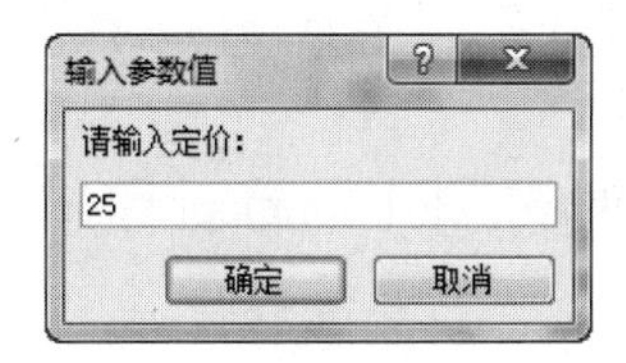

图 3-53　参数输入

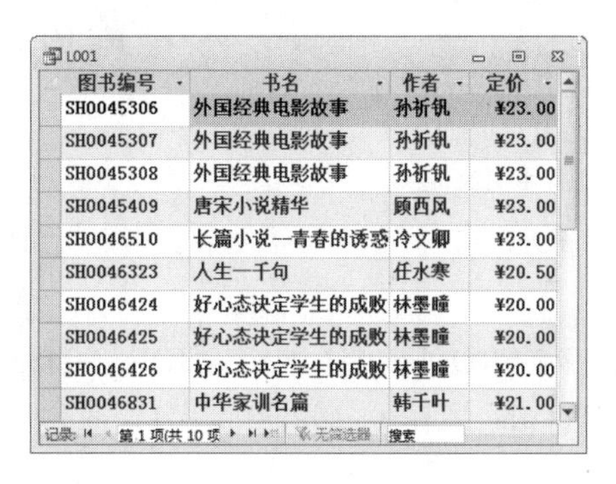

L001

图书编号	书名	作者	定价
SH0045306	外国经典电影故事	孙祈钒	¥23.00
SH0045307	外国经典电影故事	孙祈钒	¥23.00
SH0045308	外国经典电影故事	孙祈钒	¥23.00
SH0045409	唐宋小说精华	顾西风	¥23.00
SH0046510	长篇小说—青春的诱惑	冷文卿	¥23.00
SH0046323	人生一千句	任水寒	¥20.50
SH0046424	好心态决定学生的成败	林墨瞳	¥20.00
SH0046425	好心态决定学生的成败	林墨瞳	¥20.00
SH0046426	好心态决定学生的成败	林墨瞳	¥20.00
SH0046831	中华家训名篇	韩千叶	¥21.00

记录：第 1 项(共 10 项)　无筛选器　搜索

图 3-54　查询结果

2）创建一个参数查询，实现对图书信息的模糊查询。当运行该查询时，提示“请输入书名所包含的文字：”，查找包含指定文字的图书信息，查询结果要求显示“图书编号”“书名”“作者”和“出版社名称”，查询命名为“L002”。

步骤一：进入查询设计视图，添加查询数据源“图书表”和“出版社表”。

步骤二：依次将查询字段添加到查询设计网格中。

步骤三：在“书名”对应的“条件”行中输入“Like "*" & [请输入书名所包含的文字：] & "*"”，如图 3-55 所示。

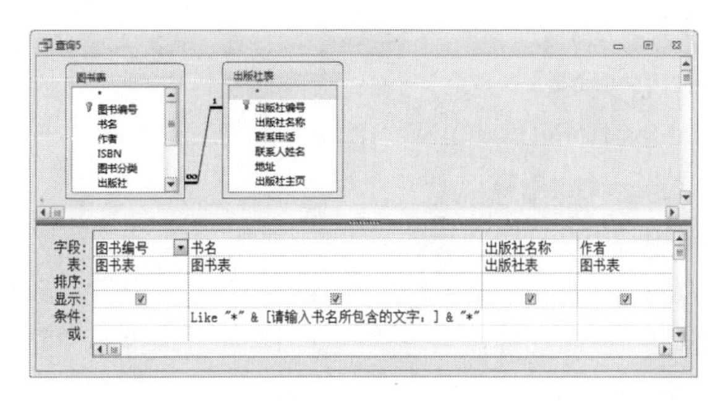

图 3-55　查询设计

步骤四：保存查询，单击“运行”按钮，在“输入参数值”对话框中输入“计算机”，如图 3-56 所示，单击“确定”按钮，查看运行结果，结果如图 3-57 所示。

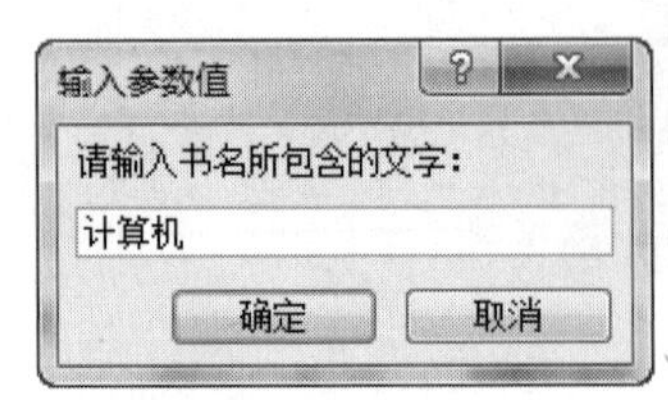

图 3-56　参数输入

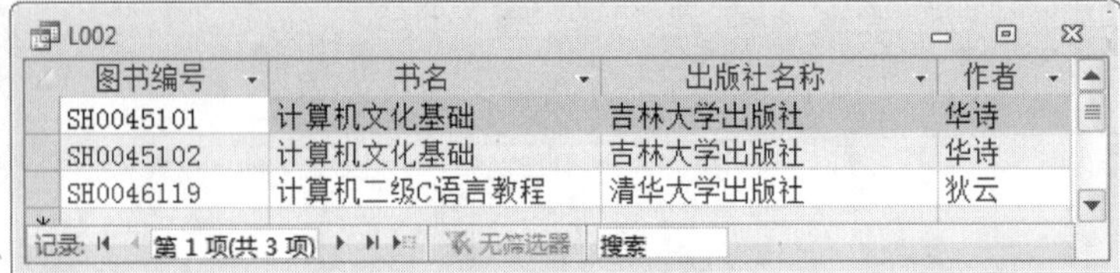

图 3-57　查询结果

使用 SQL 语句创建参数查询

1. INNER JOIN 运算

INNER JOIN 运算用于组合两个表中的记录，只要在公共字段中有相符的值，其语法如下：

SELECT * FROM table1 INNER JOIN table2 ON table1.field1 compopr table2.field2

INNER JOIN 运算可分为两个部分，具体见表 3-3。

表 3-3　INNER JOIN 运算的说明

部　分	说　明
table1, table2	记录被组合的表的名称
field1, field2	被连接的字段的名称，若不是由数字构成的，则这些字段必须为相同的数据类型并包含同类数据，但无需具有相同的名称

2. 嵌套 JOIN 语句

嵌套 JOIN 语句如下：

```
SELECT fields
FROM table1 INNER JOIN
(table2 INNER JOIN [( ]table3
[INNER JOIN [( ]tablex [INNER JOIN ...)]
ON table3.field3 = tablex.fieldx)]
ON table2.field2 =table3.field3)
ON table1.field1 = table2.field2;
```

1）创建借阅者信息的参数查询，要求当运行该查询时提示“请输入学生编号:”，要求显示“学生编号”“姓名”“性别”“入学时间”“班级”和“联系电话”，查询命名为“按

学生编号查询借阅者信息”。

步骤一：进入查询数据定义界面。

步骤二：在查询数据定义界面输入以下 SQL 语句。

```
SELECT 学生编号,姓名,性别,入学时间,班级
FROM  借阅者表
WHERE  学生编号=[请输入学生编号：]
```

步骤三：单击“保存”按钮，将查询命名为“按学生编号查询借阅者信息”，并单击“运行”按钮查看效果，如图 3-58 所示。

图 3-58　运行效果

2）创建借阅者信息查询，要求在运行该查询时提示“请输入学生编号:”和“请输入姓名:”，在两个提示信息中只需输入其中的任意一个参数便可查找出相应的信息，要求结果显示“学生编号”“姓名”“性别”“入学时间”“班级”和“联系电话”。

步骤一：进入查询数据定义界面。

步骤二：在查询数据定义界面输入以下 SQL 语句。

```
SELECT  学生编号,姓名,性别,入学时间,班级,联系电话
FROM  借阅者表
WHERE  学生编号=[请输入学生编号：] OR  姓名=[请输入姓名：]
```

步骤三：单击“保存”按钮，将查询保存为“借阅者信息查询”，单击“运行”按钮查看运行结果，如图 3-59 和图 3-60 所示。

图 3-59　运行结果 1

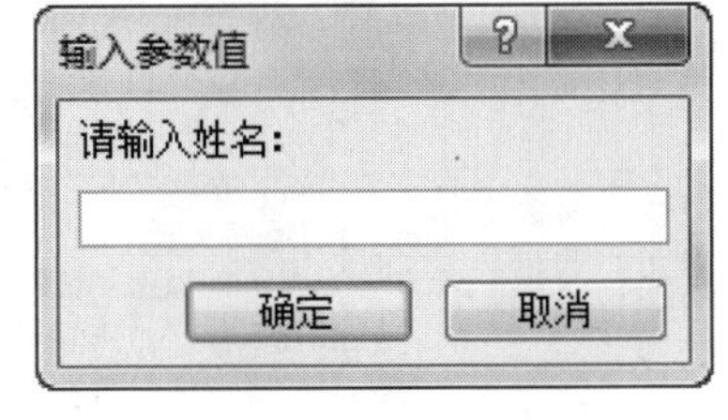

图 3-60　运行结果 2

3）创建借阅信息查询，要求在运行该查询时提示“请输入学生编号”和“请输入图书编号”，在两个提示信息中只需输入其中的任意一个便可查找出相应的信息，要求最终显示“学生编号”“姓名”“班级”“联系电话”“书名”“借出日期”和“应还日期”。

步骤一：进入查询数据定义界面。

步骤二：在查询数据定义界面输入以下 SQL 语句。

```
SELECT  学生编号,姓名,班级,联系电话,图书表.图书编号,书名,借出日期,应还日期
```

FROM 图书表 INNER JOIN (借阅者表 INNER JOIN 借还书表 ON 借阅者表.学生编号 = 借还书表.学生证号) ON 图书表.图书编号 = 借还书表.图书编号

WHERE 借阅者表.学生编号=[请输入学生编号：] OR 图书表.图书编号=[请输入图书编号:]

步骤三：单击"保存"按钮，　将查询命名为"借阅信息查询"，单击"运行"按钮，查看运行结果，如图 3-61、图 3-62 所示。

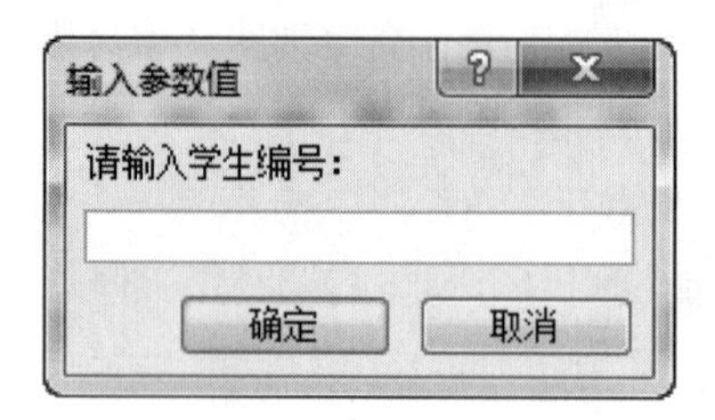

图 3-61　运行结果 1

图 3-62　运行结果 2

设计参数查询时，要注意条件设置的位置，若要同时满足多个参数条件来查询结果，则参数查询条件必须写在同一行，即同时在"条件"行或同时在"或"行，保证条件是"且"的关系。反之，则一个参数条件写在"条件"行，另一个写在"或"行。

本项目的测评表见表 3-4。

表 3-4　项目测评表

项目名称	为"图书借阅管理系统"创建参数查询			
任务名称	知识点	完成任务	掌握技能	所占权重
创建"图书信息查询"参数查询	参数查询的概念以及作用	创建"按图书编号查询图书信息"的参数查询，要求在运行查询时提示"请输入图书编号:"，并显示"图书编号""书名""作者""ISBN""出版社名称""出版日期""进库日期""库存量"和"已借出数量"；修改创建的"按图书编号查询图书信息"查询，在"书名"字段对应的"条件"行和"或"行中输入"[请输入书名：]"；创建一个显示图书信息的查询，当运行该查询时分别提示"请输入图书编号:""请输入书名:""请输入出版社名称:""请输入图书类别:"，在 4 个提示信息中只需输入其中之一便可查询相应的图书信息，最终要求显示"图书编号""书名""作者""ISBN""出版社名称""出版日期""进库日期""库存量"和"已借出数量"，查询命名为"图书信息查询"	掌握参数查询的创建方法，以及熟悉参数查询的作用	50%
创建条件参数查询	Access 运算符的使用以及作用	创建一个参数查询，要求运行查询时提示"请输入图书定价:"，最终查找出小于输入定价的图书信息，查询结果要求显示"图书编号""书名""作者""定价"，查询命名为"L001"；创建一个参数查询，实现对图书信息的模糊查询。当运行该查询时，提示"请输入书名所包含的文字:"，查找包含指定文字的图书信息，查询结果要求显示"图书编号""书名""作者"和"出版社名称"，查询命名为"L002"	掌握条件参数查询的创建方法，正确地判断查询条件与参数值之间的关系	50%

项目小结

本项目通过两个任务完成了对参数查询的学习。

任务一通过创建“图书信息查询”参数查询，完成了对参数查询的学习，掌握了参数查询的创建方法。当查询条件为多个时，需要注意各条件之间的关系。参数查询在全国计算机等级考试中出现的频率较大，因此需要重点掌握。

任务二通过两个操作讲解了条件参数查询的创建方法。条件参数查询是将条件查询与参数查询进行了结合，是一种相对复杂的查询。创建条件参数查询的难点在于查询条件与参数值之间关系的确定。

项目三　为“图书借阅管理系统”创建操作查询

操作查询是指可以完成对表中的数据执行一个特定操作的查询， Access 2010 操作查询包括生成表查询、追加查询、更新查询和删除查询，它们主要用于修改数据。使用操作查询修改数据时，只需进行一次操作，就可方便地修改满足条件的多条记录中的数据。通过此项目的学习，可以学会创建 4 种操作查询的一般方法并了解其使用场合。

任务一　创建生成“可借图书信息表”的操作查询

一、任务分析

本任务将主要学习生成表查询的创建方法，生成表查询可以将一个或多个表中的数据生成新表。如果操作的数据分别保存在多个表中，则常常使用生成表查询将操作的数据集中在一个表中，然后对生成的新表进行操作，这样可降低操作的难度。

本任务要求创建“可借图书信息表”的生成表查询，在新表中要求显示“图书编号”“书名”“作者”“ISBN”“出版社”和“出版社名称”。

在项目一中已经完成了“可借图书信息表”有条件查询的创建，在此基础上将查找出的信息生成一张新表并保存到数据库中。

二、任务实施

创建“可借图书信息表”的生成表查询，要求在新表中显示“图书编号”“书名”“作者”“ISBN”“出版社”和“出版社名称”，查询命名为“可借图书信息表”。

步骤一：进入查询设计视图，选择查询数据源“图书表”和“出版社表”，并添加相关字段，设置查询条件，如图 3-63 所示。

步骤二：单击“设计”选项卡下的“生成表”按钮，如图 3-64 所示，将查询更改为生成表查询。在弹出的“生成表”对话框中输入表的名称并确定保存位置，如图 3-65 所示。

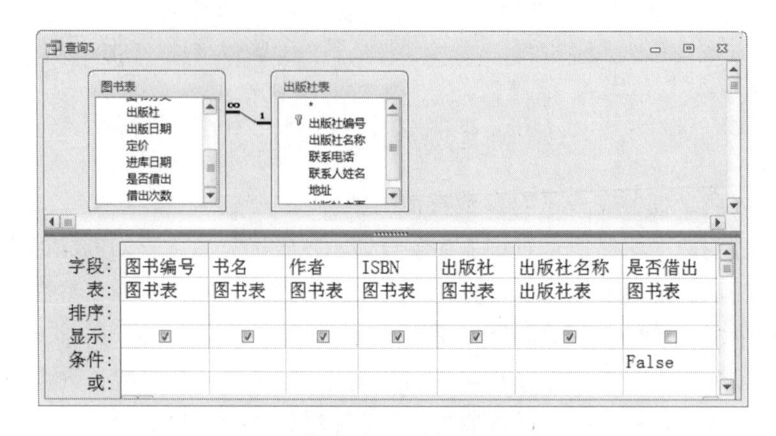

图 3-63　查询设计

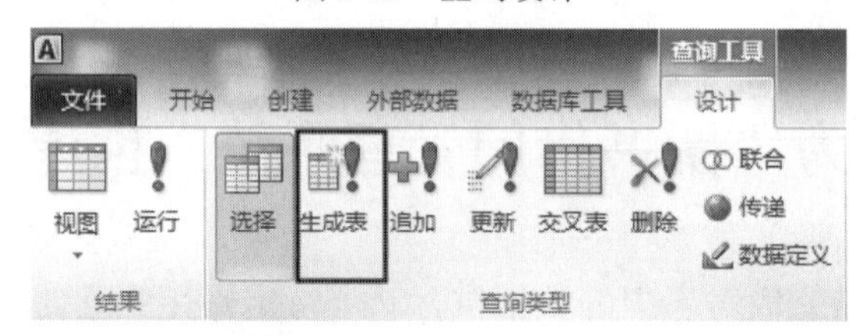

图 3-64　“生成表”按钮

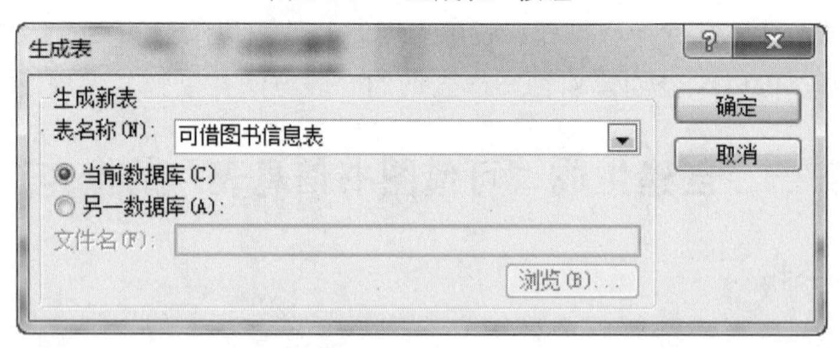

图 3-65　“生成表”对话框

步骤三：在快速访问工具栏上单击“保存”按钮，将查询命名为“可借图书信息表”。单击“设计”选项卡下的“运行”按钮，在弹出的提示框中单击“是”按钮，如图 3-66 所示。

步骤四：关闭查询，切换到表对象组，查看运行结果，如图 3-67 所示。

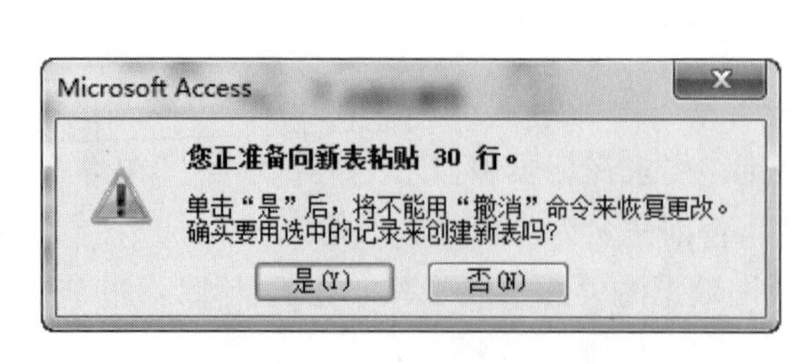

图 3-66　提示框

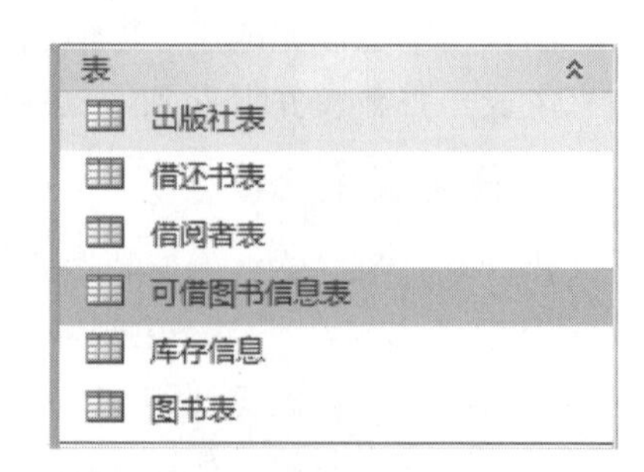

图 3-67　运行结果

注意：在完成操作查询的创建后，必须将其运行才能看到查询结果。

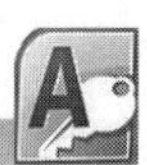

任务二 将 2013 年 5 月之前购入的“清华大学出版社”出版的图书信息追加到“t1”表中

一、任务分析

当需要将新的数据添加到数据表中时，如果添加的数据较少，则可以手工录入，但是如果数据量非常大，而且数据的来源不固定，这时如果依旧手工录入，那么工作量会很大而且很烦琐。

如果要实现向表中添加新的数据，可以使用 Access 中的追加查询功能，实现对表中数据的添加。通过创建追加查询可以将查询得到的数据批量地添加到表中进行备份。

本任务将通过创建追加查询，将 2013 年 5 月之前购入的“清华大学出版社”出版的图书信息追加到“t1”表中，查询命名为“图书信息追加”，效果如图 3-68 所示。

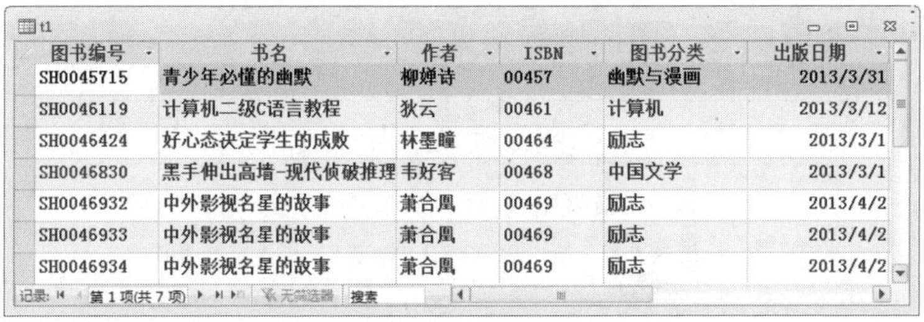

t1
图书编号 书名 作者 ISBN 图书分类 出版日期
SH0045715 青少年必懂的幽默 柳婵诗 00457 幽默与漫画 2013/3/31
SH0046119 计算机二级C语言教程 狄云 00461 计算机 2013/3/12
SH0046424 好心态决定学生的成败 林墨瞳 00464 励志 2013/3/1
SH0046830 黑手伸出高墙-现代侦破推理 韦好客 00468 中国文学 2013/3/1
SH0046932 中外影视名星的故事 萧合凰 00469 励志 2013/4/2
SH0046933 中外影视名星的故事 萧合凰 00469 励志 2013/4/2
SH0046934 中外影视名星的故事 萧合凰 00469 励志 2013/4/2
记录: 第 1 项(共 7 项) 无筛选器 搜索

图 3-68 追加效果

二、任务实施

将 2013 年 5 月之前购入的“清华大学出版社”出版的图书信息追加到“t1”表中。

步骤一：进入查询设计视图，添加查询数据源“图书表”和“出版社表”，并设置查询条件，如图 3-69 所示。

查询5
图书表
图书编号
书名
作者
ISBN
图书分类
出版社表
出版社编号
出版社名称
联系电话
联系人姓名
地址
字段: 图书编号 书名 作者 ISBN 图书分类 出版日期 出版社名称
表: 图书表 图书表 图书表 图书表 图书表 图书表 出版社表
排序:
显示:
条件: <#2013/5/1# "清华大学出版社"
或:

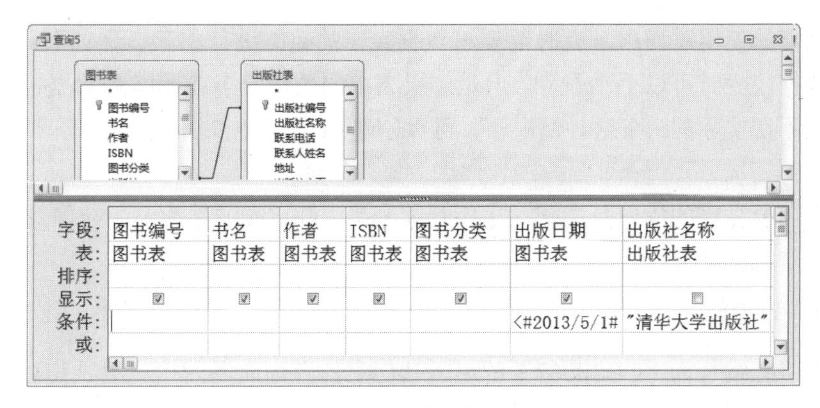

图 3-69 查询条件设置

步骤二：在“设计”选项卡下单击“追加”按钮，在弹出的“追加”对话框中选择目标表t1，如图3-70所示。

图3-70　“追加”对话框

注意：所要追加的字段可以来源于多个表或计算字段，但必须是目标表中已经存在的字段。

步骤三：保存查询，单击“运行”按钮，在弹出的提示框中单击“是”按钮，如图3-71所示。打开“t1”表，查看运行结果。

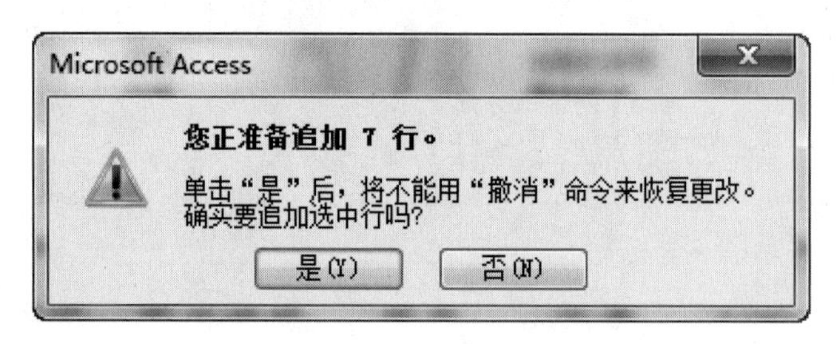

图3-71　追加提示框

任务三 将“出版社表”中编号为“CBS0007”的出版社信息删除

一、任务分析

在数据库的使用过程中，有时需要将数据表中的数据进行删除以保证数据的有效性，当删除的数据较少时可以手动删除，但是如果表中的数据较多或删除的数据量较大时，人为的删除是不切实际的。在这种情况下，可以创建删除查询，将满足删除条件的数据批量删除。

本任务需要完成的操作是：删除出版社编号为“CBS0007”的出版社信息，查询命名为“出版社信息删除”。

二、任务实施

删除出版社编号为“CBS0007”的出版社信息，查询命名为“出版社信息删除”。

步骤一：进入查询设计视图，选择查询数据源为“出版社表”，在“设计”选项卡下将查询更改为“删除查询”，删除查询界面如图3-72所示。

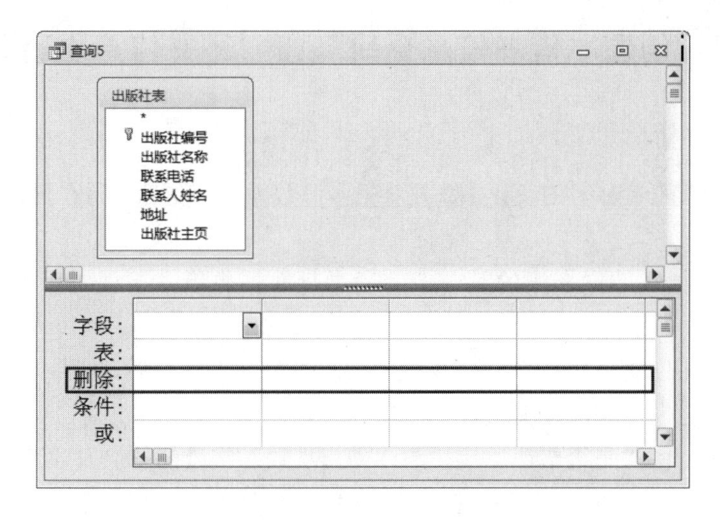

图 3-72　删除查询界面

步骤二：在数据源的“字段”行中双击“*”号，表示已将该表中的所有字段添加到设计网格中，同时，在“删除”行出现“From”，表示从何处删除。

步骤三：双击“出版社编号”，将其添加到设计网格线中，同时在其对应的网格中出现“Where”，表示删除哪些记录。

步骤四：在“出版社编号”字段对应的“条件”行中输入删除条件“CBS0007”，如图 3-73 所示。

出版社信息删除

出版社表：*、出版社编号、出版社名称、联系电话、联系人姓名、地址、出版社主页

字段:	出版社表.*	出版社编号	
表:	出版社表	出版社表	
删除:	From	Where	
条件:		"CBS0007"	
或:			

图 3-73　输入删除条件

步骤五：保存查询，单击“运行”按钮，弹出删除提示对话框，单击“是”按钮。

步骤六：打开“出版社表”查看删除结果，并观察“图书表”中数据的变化。

注意：表间关系一经建立且设置了参照完整性规则，则对表中数据进行的所有操作都必须遵守该规则。

任务四　创建“借书信息更新”和“还书信息更新”查询

一、任务分析

信息录入后，随着时间的变化，需要对很多旧数据进行更新，这在日常工作中也是一个不小的工作量。

更新查询是指对数据表中的某一个字段进行数据更新，下面对以下几个问题进行讨论。

1）在“图书借阅管理系统”中，当学生从图书馆借出图书后，“图书表”和“库存信息”表中的数据会发生相应的变化。

①“图书表”中“是否借出”字段与“借出次数”字段的值会发生变化。

②“库存信息”表中“借出数量”与“库存量”字段的值会随着借出图书的数量发生变化。

在进行借书信息更新时，需要根据 “图书编号”来确定需要更新的图书信息，因此在创建此更新查询时需要结合参数查询来创建。

2）当学生还书时，“图书表”与“库存信息”表中的数据也会相应地发生变化。

①“图书表”中“是否借出”字段的值会发生变化。

②“库存信息”表中“借出数量”与“库存量”字段的值会随着还书数量的变化而发生变化。

在进行还书信息更新时，需要同时满足两个条件才可以确定需要更新的图书数据，即“学生编号”和“图书编号”字段。

3）修改“还书信息更新”查询，要求在运行该查询时可以实现对“实际还书日期”和“还书是否完好”字段的值的更新，且“实际还书日期”字段的值用函数获取。

二、任务实施

1）创建“借书信息更新”查询。

步骤一：进入查询设计视图，添加查询数据源。

步骤二：将查询类型更改为“更新查询”，此时在查询网格中出现“更新到”行。

步骤三：将需要更新的字段添加到“字段”行，在“是否借出”字段对应的“更新到”行中输入“True”，在“已借出数量”对应的“更新到”行中输入“[已借出数量]+1”，在“库存量”对应的“更新到”行中输入“[库存量]-1”，在“借出次数”对应的“更新到”行中输入“[借出次数]+1”，并设置“图书编号”字段为更新条件，如图 3-74 所示。

步骤四：保存查询，单击“运行”按钮，在弹出的“输入参数值”对话框中输入“SH0045101”，单击“确定”按钮，查看更新结果。

2）创建“还书信息更新”查询。

步骤一：进入查询设计视图，添加查询数据源。

步骤二：将查询类型更改为“更新查询”，添加“更新到”行。

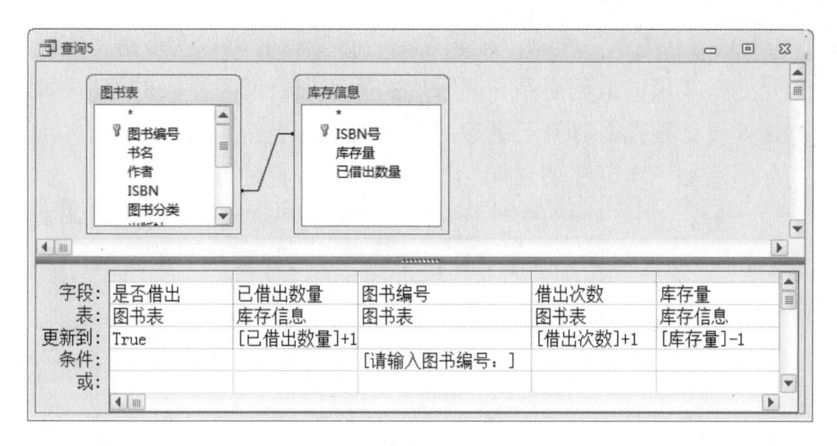

图 3-74　更新设计

步骤三：将需要更新的字段添加到“字段”行，在“是否借出”字段对应的“更新到”行中输入“False”，在“已借出数量”对应的“更新到”行中输入“[已借出数量]-1”，并设置“图书编号”字段与“学生证号”字段为更新条件，如图 3-75 所示。

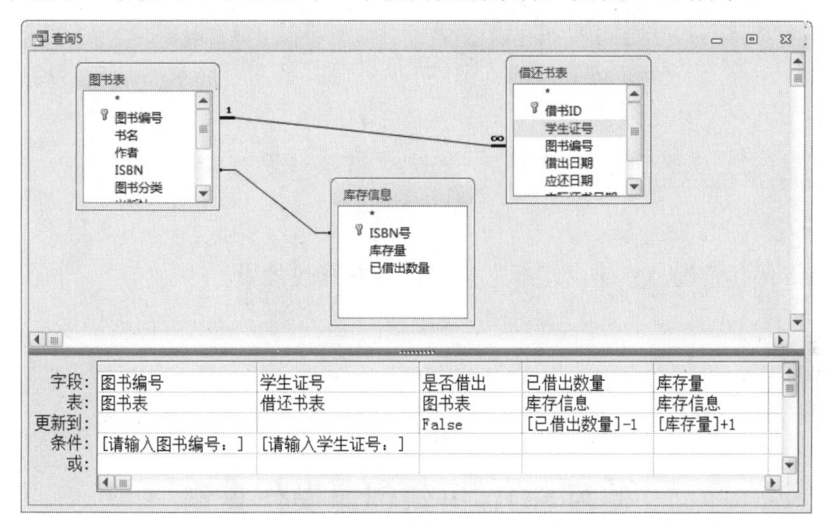

图 3-75　更新查询设计

步骤四：保存查询，单击“运行”按钮，在“输入参数值”对话框中的图书编号文本框中输入“SH0046220”，如图 3-76 所示；在“输入参数值”对话框中的学生编号文本框中输入“SH20130303”，如图 3-77 所示。单击“确定”按钮，查看更新效果。

图 3-76　输入参数值 1

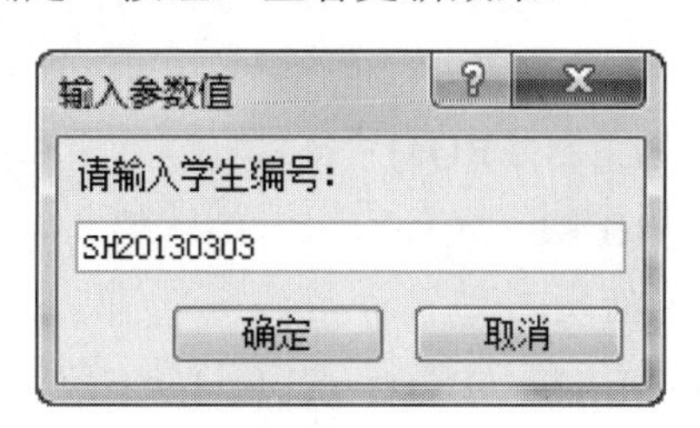

图 3-77　输入参数值 2

3）修改“还书信息更新”查询，要求在运行该查询时可以实现对“实际还书日期”和“还书是否完好”字段的值的更新，要求“实际还书日期”字段的值用函数获取。

步骤一：进入设计视图，打开已创建的“还书信息更新”查询。

步骤二：分别添加“实际还书日期”与“还书是否完好”字段。

步骤三：在“实际还书日期”字段对应的“更新到”行中使用 Date()函数，即还书日期由系统函数 Date 自动填写。在“还书是否完好”字段对应的“更新到”行中输入“[还书是否完好(True/False)：]”，如图 3-78 所示。

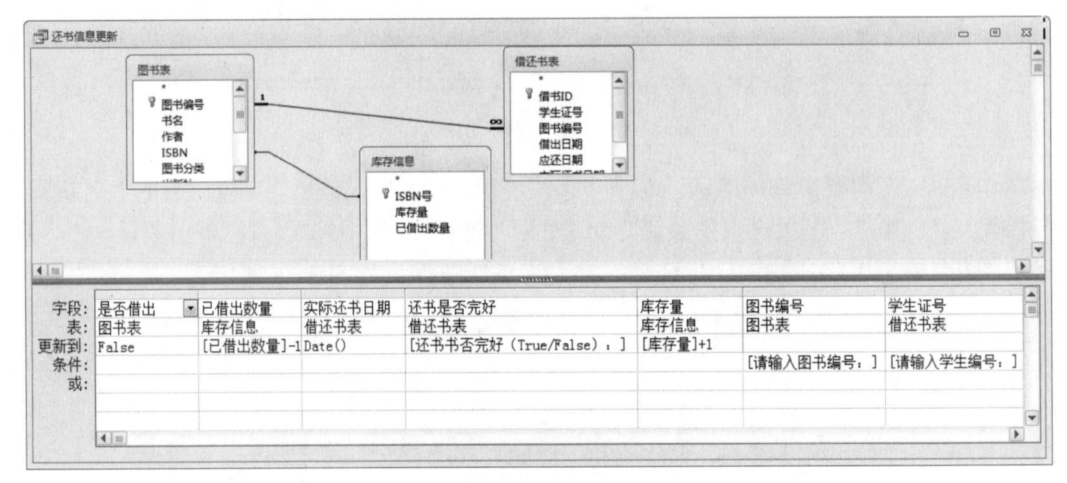

图 3-78　查询设计

步骤四：保存查询，单击“运行”按钮，查看修改效果。

使用 SQL 语句创建操作查询

1. 修改记录

UPDATE <表名>

SET <字段名 1>=<表达式 1>[,<字段名 2>=<表达式 2>]……[WHERE <条件>];

2. 删除记录

DELETE FROM <表名>

[WHERE <条件>];

3. 插入记录

INSERT　INTO <表名>[(<字段名 1>[,<字段名 2>……])]

VALUES (<常量 1>[,<常量 2>]……);

1）使用 SQL 语句创建“未还书信息”表，生成的新表中要求显示“图书编号”“书名”“姓名”“班级”“联系电话”和“应还书日期”，查询命名为“未还书信息”。

步骤一：进入查询数据定义界面。

步骤二：在数据定义界面输入以下 SQL 语句。

SELECT 图书表.图书编号, 图书表.书名, 借阅者表.姓名, 借阅者表.班级, 借阅者表.联系电话, 借还书表.应还日期 INTO 未还书信息

FROM 图书表 INNER JOIN (借阅者表 INNER JOIN 借还书表 ON 借阅者表.学生编号 = 借还书表.学生证号) ON 图书表.图书编号 = 借还书表.图书编号

WHERE 借还书表.实际还书日期 Is Null

步骤三：保存所建查询，单击“运行”按钮，查看运行结果，如图 3-79 所示。

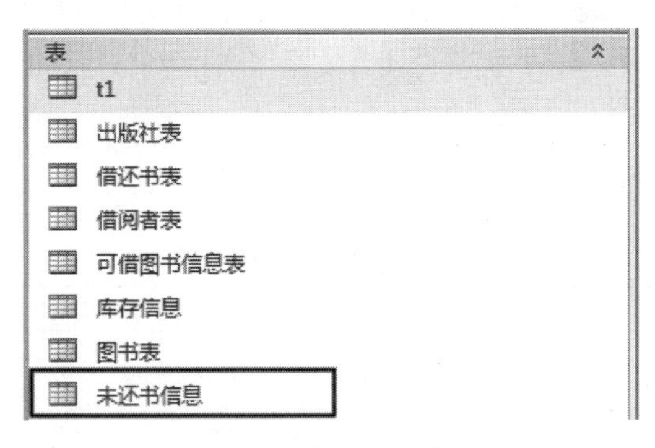

图 3-79 查询运行结果

2）创建更新查询，要求将“借阅者表”中班级为“1307”的记录改为“1301”，查询命名为“借阅者信息更新”。

步骤一：进入查询数据定义界面。

步骤二：在数据定义界面输入以下 SQL 语句。

UPDATE 借阅者表 SET 班级 ="1301"

WHERE 借阅者表.班级="1307"

步骤三：保存查询，单击“运行”按钮查看结果。

3）将“吉林大学出版社”出版的图书信息追加到“t1”表中。

步骤一：进入查询数据定义界面。

步骤二：在数据定义界面输入以下 SQL 语句。

INSERT INTO t1 (图书编号, 书名, 作者, ISBN, 图书分类, 出版日期)

SELECT 图书表.图书编号, 图书表.书名, 图书表.作者, 图书表.ISBN, 图书表.图书分类, 图书表.出版日期

FROM 出版社表 INNER JOIN 图书表 ON 出版社表.出版社编号 = 图书表.出版社

WHERE 出版社表.出版社名称 ="吉林大学出版社"

步骤三：单击“运行”按钮，查看运行结果。

项目测评

本项目主要学习了操作查询的使用以及如何创建操作查询。需要正确地理解操作查询与更新查询、删除查询、追加查询、生成表查询之间的关系。操作查询是查询的一种类型，而上述讲到的4种查询是操作查询的4个分支。

通过本项目的学习需要了解操作查询的作用，并且要熟练地掌握操作查询的创建方法。

在创建操作查询的过程中，需要注意以下几个问题：

1）创建的所有操作查询只有运行后才能执行，否则达不到操作查询的效果。

2）如果数据库中的表之间建立了关系并实施了参照完整性，那么对表的一切操作都必须遵守该规则。

本项目的测评表见表3-5。

表3-5　项目测评表

项目名称	为“图书借阅管理系统”创建操作查询			
任务名称	知识点	完成任务	掌握技能	所占权重
创建“可借图书信息表”的操作查询	生成表查询的概念	创建“可借图书信息表”的生成表查询	掌握生成表查询的创建方法和用途	25%
创建将2013年5月之前购入的“清华大学出版社”出版的图书信息追加到“t1”表中的查询	追加查询的概念；追加查询的注意事项	将2013年5月之前购入的“清华大学出版社”出版的图书信息追加到“t1”表中	掌握删除查询的创建方法和用途	25%
创建将“出版社表”中编号为“CBS0007”的出版社信息删除的查询	删除查询的概念；删除多表中的数据需满足的条件	创建删除查询，删除“出版社表”中编号为“CBS0007”的出版社信息	掌握追加查询的创建方法和用途	25%
创建“借书信息更新”和“还书信息更新”查询	更新查询的概念；更新多表中的数据需满足的条件	创建“借书信息更新”查询；创建“还书信息更新”查询	掌握更新查询的创建方法以及查询的设计思路	25%

项目小结

本项目主要通过4个任务来学习操作查询。

任务一通过创建“可借图书信息表”查询，讲解生成表查询的创建方法，通过查询生成的新表，不仅可以保存在当前数据库中，还可以保存在其他的数据库中，实现两个数据库之间数据的交流。

任务二通过完成对“t1”表中数据的追加，学习了追加查询的创建方法，在创建追加

查询时所要追加的字段可以来源于多个表或计算字段，但必须是目标表中已经存在的字段，否则无法完成数据的添加。

任务三主要学习删除查询的创建方法，在对表中的数据进行删除时，若表间关系实施了参照完整性（级联删除相关记录），那么与之相关的表中的记录也会被删除。

任务四通过创建“借书信息更新”查询与“还书信息更新”查询，讲解了更新查询的创建方法。创建更新查询需注意“更新到”行表达式的设置，以及更新条件的设置，创建更新查询往往需要与参数查询、计算型选择查询相结合，属于操作查询中较难的一类，因此需要重点掌握。

项目四　创建交叉表查询

任务　创建“借阅者人数”查询

一、任务分析

在“图书借阅管理系统”的使用过程中，往往需要对数据进行分类统计，然后按照不同的字段对数据进行分类并统计。

本任务将通过创建“借阅者人数”查询来学习如何创建交叉表。在“借阅者表”中，借阅者来自各个班级，每个班级中又有男借阅者和女借阅者之分，那么本任务就是将所有的借阅者按照班级进行分组，并且将一个班级中的借阅者按性别分组统计个数。

本任务需要完成以下两个操作：

1）创建各班男、女借阅者人数的交叉表查询，查询命名为“借阅者人数”，查询效果如图 3-80 所示。

在创建交叉表查询时，要根据题目判断出查询的行标题与列标题，如题目中未指定则将第一个出现的字段作为行标题，第二个出现的字段作为列标题。

2）对“借阅者人数”交叉表进行修改，在查询结果中添加各行小计，要求统计各班男女学生的总人数，查询结果如图 3-81 所示。

借阅者人数

班级	男	女
1301	1	
1302	3	1
1303	3	2
1304	4	2
1305	1	
1306	2	

记录: 第 1 项(共 6 项)　无筛选器

图 3-80　查询效果

借阅者人数

班级	总人数	男	女
1301	1	1	
1302	4	3	1
1303	5	3	2
1304	6	4	2
1305	1	1	
1306	2	2	

记录: 第 1 项(共 6 项)　无筛选器　搜索

图 3-81　查询结果

二、任务实施

1）创建各班男、女借阅者人数的查询，其中“班级”为行标题，“性别”为列标题。

步骤一：进入查询设计视图，添加查询数据源“借阅者表”。

步骤二：单击“设计”选项卡下的“交叉表”按钮，将查询更改为交叉表查询，界面如图 3-82 所示。在设计网格中添加“总计”与“交叉表”行。“交叉表”行主要用于指定查询的行标题、列标题以及值。

步骤三：分别添加字段“班级”“性别”和“学生编号”，将“班级”和“性别”字段的总计方式设置为“Group By”，“交叉表”行分别设置为“行标题”和“列标题”；将“学生编号”的总计方式设置为“计数”，“交叉表”行设置为“值”，如图 3-83 所示。

图 3-82　交叉表界面

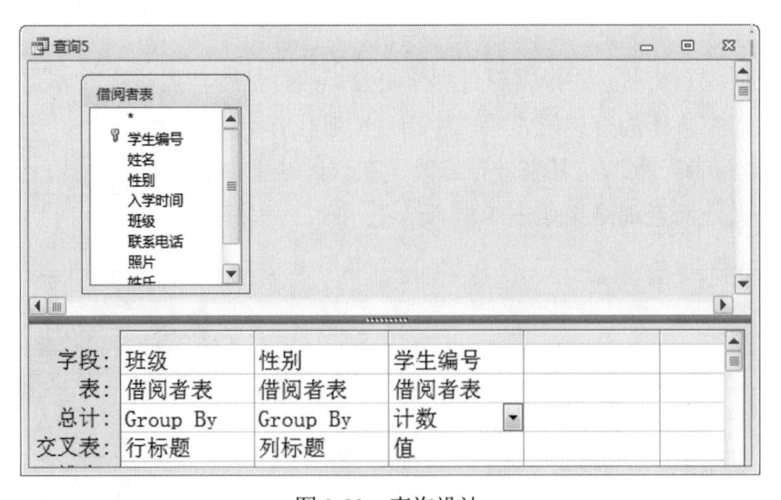

图 3-83　查询设计

步骤四：将查询保存为“借阅者人数”，将查询切换到数据表视图，查看查询结果，如图 3-84 所示。

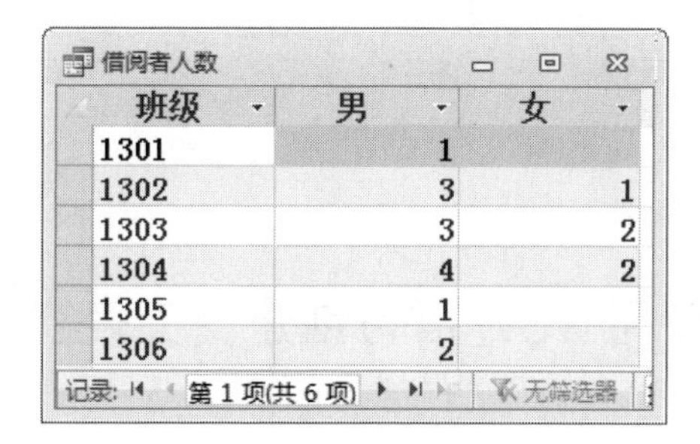

借阅者人数

班级	男	女
1301	1	
1302	3	1
1303	3	2
1304	4	2
1305	1	
1306	2	

记录：第 1 项(共 6 项)　无筛选器

图 3-84　查询结果

2）在上例“各班级男女借阅者人数”查询操作基础上添加各行小计，要求统计出各班男女学生的总人数。

步骤一：复制上例“各班级男女借阅者人数”的查询并以设计视图方式打开。

步骤二：在查询设计视图中再添加一个“学生编号”字段，将其“总计”行选项设置为“计数”，“交叉表”行的选项设置为“行标题”，在新添加的“学生编号”字段前输入“总人数：”实现对其重命名为“总人数”，如图 3-85 所示。

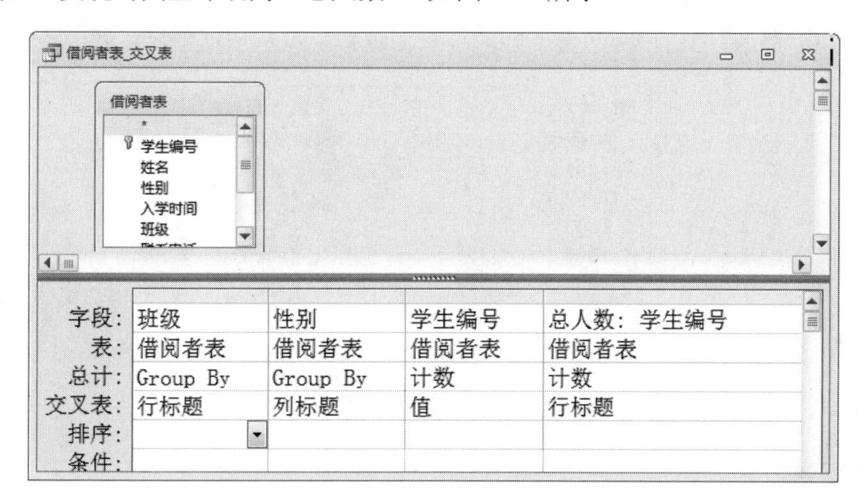

借阅者表_交叉表

字段：	班级	性别	学生编号	总人数：学生编号
表：	借阅者表	借阅者表	借阅者表	借阅者表
总计：	Group By	Group By	计数	计数
交叉表：	行标题	列标题	值	行标题
排序：				
条件：				

图 3-85　查询设计修改

步骤三：将查询切换到数据表视图，查看结果，如图 3-86 所示。

借阅者人数

班级	总人数	男	女
1301	1	1	
1302	4	3	1
1303	5	3	2
1304	6	4	2
1305	1	1	
1306	2	2	

记录：第 1 项(共 6 项)　无筛选器　搜索

图 3-86　查询结果

项目拓展

使用 SQL 语句创建交叉表查询

使用 SQL 语句完成 “借阅者人数”交叉表查询的创建。

步骤一：进入查询数据定义界面。

步骤二：在数据定义界面输入以下 SQL 语句。

```
TRANSFORM Count(学生编号) AS 学生编号之计数
SELECT 班级
FROM 借阅者表
GROUP BY 班级
PIVOT 性别
```

步骤三：保存查询，单击功能区的“运行”按钮，查看运行结果，如图 3-87 所示。

借阅者人数

班级	男	女
1301	1	
1302	3	1
1303	3	2
1304	4	2
1305	1	
1306	2	

记录: 第 1 项(共 6 项)　无筛选器

图 3-87　运行结果

项目测评

本项目主要学习交叉表查询的创建方法，通过此项目的学习可以掌握交叉表的基本结构，可以根据查询结果或题目要求正确地判断交叉表查询的行标题与列标题。

本项目的测评表见表 3-6。

表 3-6　项目测评表

项目名称	创建“借阅者人数”查询			
任务名称	知识点	完成任务	掌握技能	所占权重
创建“借阅者人数”查询	交叉表的功能；交叉表中各字段的作用	创建各班男、女借阅者人数的查询，其中“班级”为行标题，“性别”为列标题；对“借阅者人数”交叉表进行修改，在查询结果中添加各行小计，要求统计各班男女学生的总人数	掌握交叉表的创建方法，能够准确判断行标题与列标题字段	100%

项目小结

本任务通过创建“借阅者人数”查询，学习交叉表查询的创建方法，并且能够正确地判断交叉表中的行标题与列标题。在交叉表查询中，行标题显示在查询结果的第一列，最多可以设置 3 个，列标题显示在查询结果的第一行，只能设置 1 个。若在交叉表查询中添加各行小计，则各行小计属于行标题。

模块四　窗体的创建与应用

窗体是 Access 数据库的重要对象之一，它既是管理数据库的窗口，也是用户与数据库交互的桥梁。通过窗体不仅可以输入、编辑、显示和查询数据，还可以将数据库中的对象组织起来，形成一个功能完整、风格统一的数据库应用系统。本模块将详细介绍窗体的概念和作用、窗体的组成和结构、窗体的设计和创建。

项目一　自动创建窗体

Access 提供了多种自动创建窗体的方法，各种方法的基本步骤都是先打开或选定一个表或查询，然后选用某种自动创建窗体的工具来创建窗体。

任务一　使用“其他窗体”工具快速创建窗体

一、任务分析

表与查询既是数据库中独立的对象，同时又可作为窗体或报表的数据源。本任务将学习如何使用“其他窗体”工具快速地创建窗体，并了解窗体的基本概念以及作用。

本任务需要完成以下操作：

1）完成“借阅者信息”多个项目窗体的创建，窗体名称为“L01”，完成效果如图 4-1 所示。

借阅者表

学生编号	姓名	性别	入学时间	班级	联系电话	照片	姓氏	名字
SH20130101	刘红	女	2013/9/1	1304	13509187378		刘	红
SH20130102	刘冠粱	男	2013/9/1	1307	13676435566		刘	冠粱
SH20130205	李广亮	男	2012/9/1	1302	18363139485		李	广亮
SH20130206	张美丽	女	2013/9/1	1302	17859373673		张	美丽
SH20130207	张海刚	男	2013/9/1	1302	18265743637		张	海刚

记录：第 1 项(共 20 项)　无筛选器　搜索

图 4-1　完成效果

2）创建“可借图书信息”与“未还书信息”分割窗体，窗体名称分别为“可借图书信息”和“未还书信息”，窗体效果如图 4-2 和图 4-3 所示。

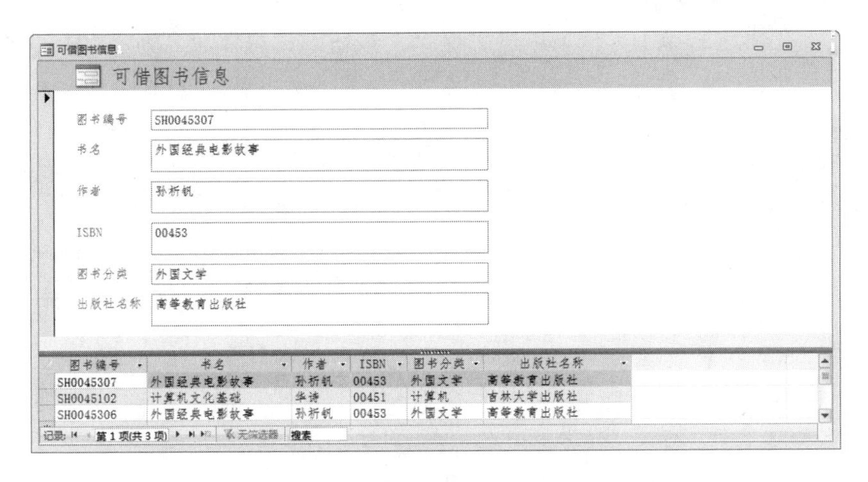

图 4-2　“可借图书信息”分割窗体

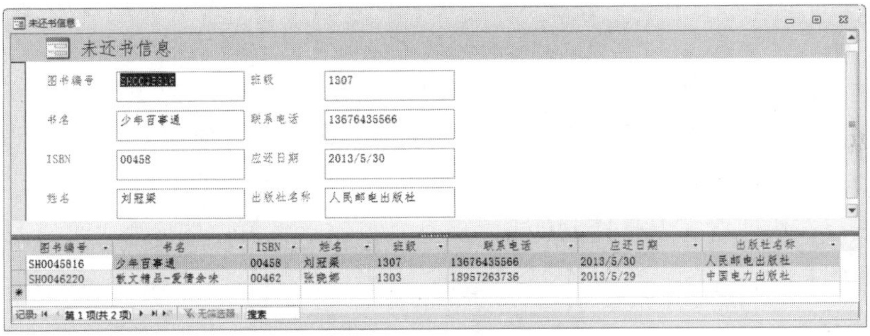

图 4-3　“未还书信息”分割窗体

二、任务实施

1）完成“借阅者信息”多个项目窗体的创建，窗体名称为“L01”。

步骤一：在表对象组中选中“借阅者表”。

步骤二：在“创建”选项卡下的“窗体”组中，单击“其他窗体”按钮，选择“多个项目”选项，如图 4-4 和图 4-5 所示。

图 4-4　“其他窗体”按钮

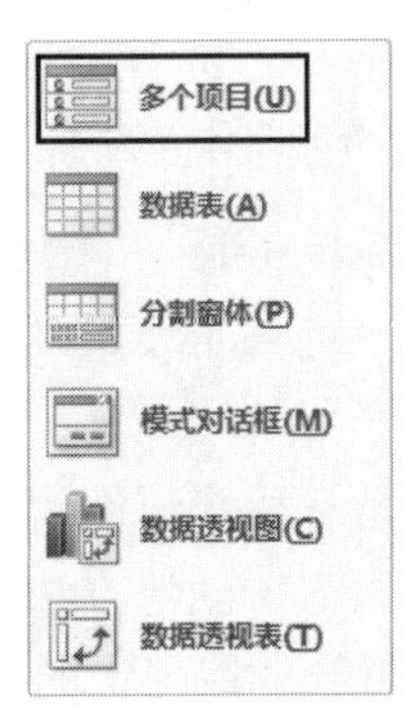

图 4-5　“多个项目”选项

步骤三：在快速选择工具栏上单击“保存”按钮，将窗体命名为“L01”，设计效果如图 4-6 所示。

借阅者表

学生编号	姓名	性别	入学时间	班级	联系电话	照片	姓氏	名字
SH20130101	刘红	女	2013/9/1	1304	13509187378		刘	红
SH20130102	刘冠梁	男	2013/9/1	1307	13676435566		刘	冠梁
SH20130205	李广亮	男	2012/9/1	1302	18363139485		李	广亮
SH20130206	张美丽	女	2013/9/1	1302	17859373673		张	美丽
SH20130207	张海刚	男	2013/9/1	1302	18265743637		张	海刚

记录：第 1 项(共 20 项 无筛选器 搜索

图 4-6　多个项目窗体

2）创建“可借图书信息”与“未还书信息”分割窗体，窗体名称分别为“可借图书信息”和“未还书信息”。

步骤一：在查询对象组中选中“可借图书信息表”。

步骤二：在“创建”选项卡下的“窗体”组中，单击“其他窗体”按钮，选择“分割窗体”选项，如图 4-7 所示。

步骤三：在快速选择工具栏上单击“保存”按钮，将窗体保存为“可借图书信息”，设计效果如图4-8所示。

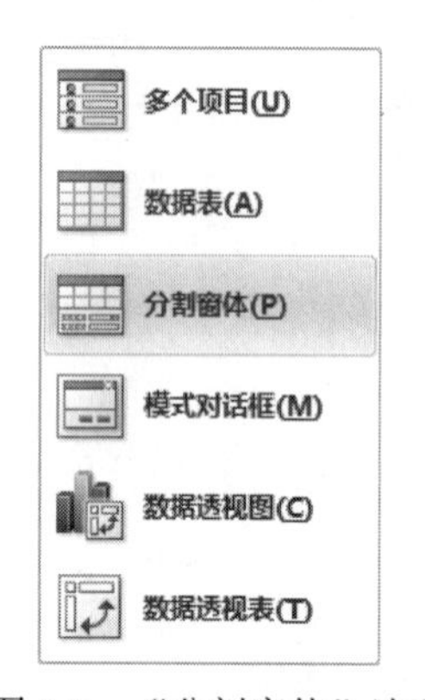

图 4-7　“分割窗体”选项

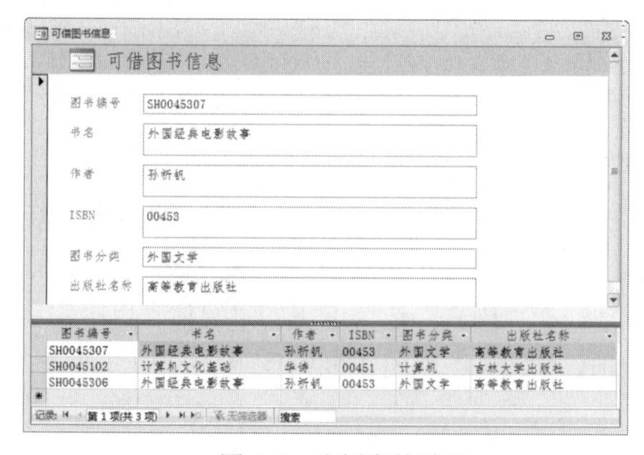

图 4-8　分割窗体效果

按照上述步骤完成 “未还书信息”分割窗体的创建。

在“创建”选项卡下的“窗体”组中还有“窗体”和“空白窗体”按钮，如图 4-9 所示。

①窗体：是一种快速创建窗体的工具，其创建方法与“多个项目”窗体创建方法相同，只需单击一次鼠标便可利用当前打开的或选定的数据源自动创建窗体。

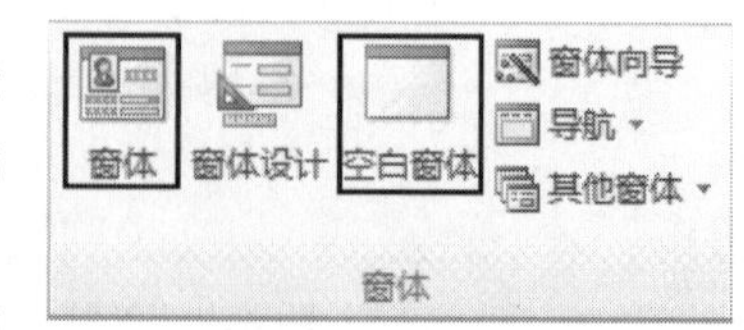

图 4-9　“窗体”组

②空白窗体：是一种快捷的窗体构建方式，可以创建一个空白窗体，在这个窗体上能直接从字段列表中添

加绑定型控件。

任务二　使用“窗体向导”创建窗体

一、任务分析

使用“窗体”按钮、“其他窗体”按钮等工具创建窗体虽然方便快捷，但是在内容和形式上都受到很大的限制，不能满足用户自主选择显示内容和显示方式的要求。因此，可以使用“窗体向导”来创建窗体。本任务将学习如何使用“窗体向导”快速地创建窗体，并掌握其操作步骤。

本任务主要完成以下操作：

1）使用向导创建图书信息窗体，要求窗体布局为“纵览表”，窗体显示“图书表”中的“图书编号”“书名”“作者”“图书分类”“ISBN”“出版日期”“定价”“是否借出”“借出次数”等字段，并显示“出版社表”中的“出版社名称”字段。窗体名称为“图书信息查询子窗体”，效果如图 4-10 所示。

图书信息向导

图书编号	书名	作者	ISBN	图书分类	出版日期	定价	是否借出	借出次数	出版社名称
SH0045611	长篇小说-黑色四重奏	容柒厘	00456	中国文学	2013/3/1	¥45.00	☐	0	吉林大学出版社
SH0045614	长篇小说-黑色四重奏	容柒厘	00456	中国文学	2013/3/1	¥45.00	☐	0	吉林大学出版社
SH0045101	计算机文化基础	华诗	00451	计算机	2013/3/1	¥26.50	☑	2	吉林大学出版社
SH0045102	计算机文化基础	华诗	00451	计算机	2013/7/9	¥26.50	☐	1	吉林大学出版社
SH0045203	直面人生的苦难	洛离	00452	外国文学	2013/4/1	¥34.00	☐	0	机械工业出版社
SH0045204	直面人生的苦难	洛离	00452	外国文学	2013/3/21	¥34.00	☐	0	机械工业出版社
SH0045205	直面人生的苦难	洛离	00452	外国文学	2013/3/11	¥34.00	☐	0	机械工业出版社

记录：1　无筛选器　搜索

图 4-10　窗体效果

2）使用向导创建借阅信息浏览窗体，窗体显示借阅者的“学生编号”和“姓名”以及所借图书的“书名”“作者”“借书日期”和“应还日期”。窗体命名为“L02”，设计效果如图 4-11 所示。

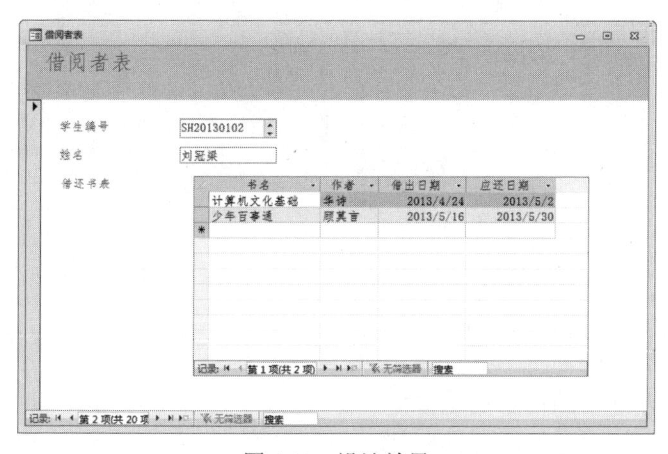

图 4-11　设计效果

二、任务实施

1）使用向导创建图书信息窗体，要求窗体布局为“纵览表”，窗体显示“图书表”中的“图书编号”“书名”“作者”“图书分类”“ISBN”“出版日期”“定价”“是否借出”“借出次数”等字段，并显示“出版社表”中的“出版社名称”字段。窗体名称为“图书信息查询子窗体”。

步骤一：在“创建”选项卡下的“窗体”组中单击“窗体向导”按钮，打开窗体向导，如图4-12所示。

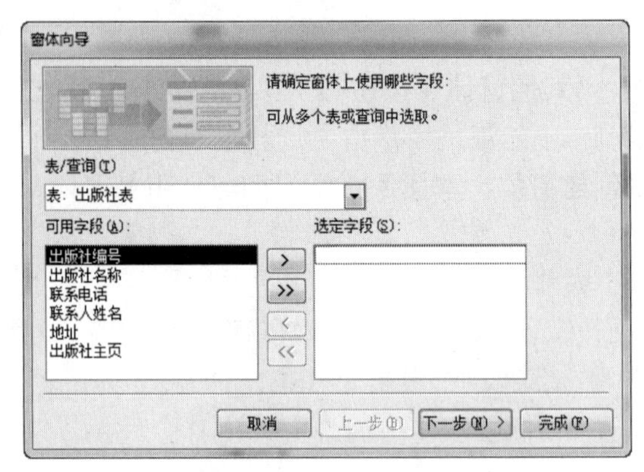

图 4-12　窗体向导

步骤二：在“表/查询”下拉列表中选择数据源“图书表”，在“可用字段”列表中选择窗体中要显示的字段，单击 > 图标，添加字段；再选择“出版社表”数据源，并添加显示字段。

步骤三：单击“下一步”按钮，进入布局设置界面，选中“数据表”单选按钮，并单击“下一步”按钮，如图 4-13 所示。

步骤四：在如图 4-14 所示的界面中指定窗体标题，并单击“完成”按钮。

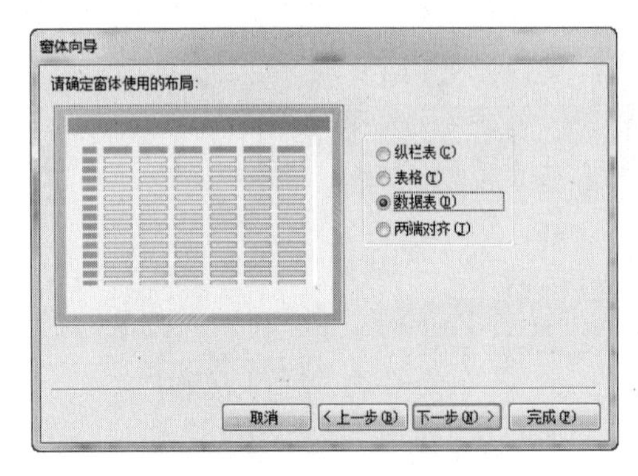

图 4-13　窗体布局设置

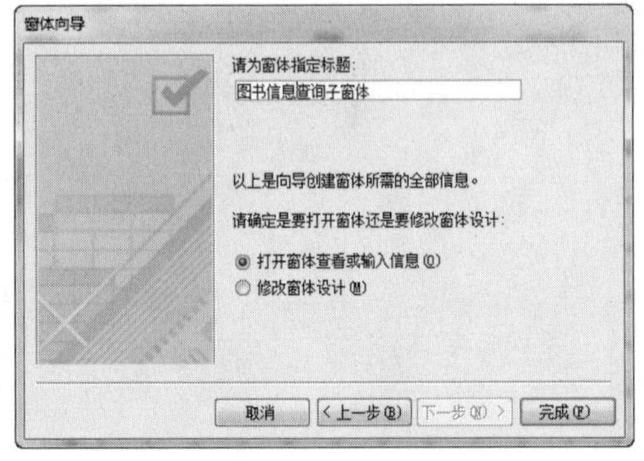

图 4-14　指定窗体标题

2）使用向导创建借阅信息浏览窗体，窗体显示借阅者的“学生编号”和“姓名”以及所借图书的“书名”“作者”“借出日期”和“应还日期”，窗体命名为“L02”。

步骤一：单击“窗体”组中的“窗体向导”命令，进入窗体向导界面。

步骤二：根据题目要求为窗体添加数据源，单击“下一步”按钮。

步骤三：在窗体向导数据查看方式界面选择查看数据的方式为“通过 借阅者表”，并单击“下一步”，按钮，如图 4-15 所示。

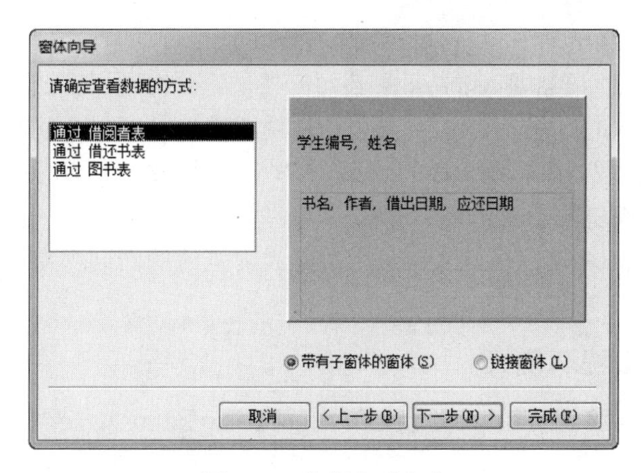

图 4-15　数据查看方式

此步骤中选择“通过 借阅者表”方式查看数据，则在主窗体中显示“借阅者表”中的记录，在子窗体中显示“图书表”与“借还书表”中的记录。

若选择“通过图书表”方式查看数据，则在主窗体中显示“图书表”中的记录，在子窗体中显示“借阅者表”与“借还书表”中的记录。

若选择“通过 借还书表”方式查看数据，则将创建“纵览表”或“数据表”等窗体。

步骤四：在弹出的界面中，指定主窗体与子窗体的标题，如图 4-16 所示，然后单击“完成”按钮，查看设计效果，如图 4-17 所示。

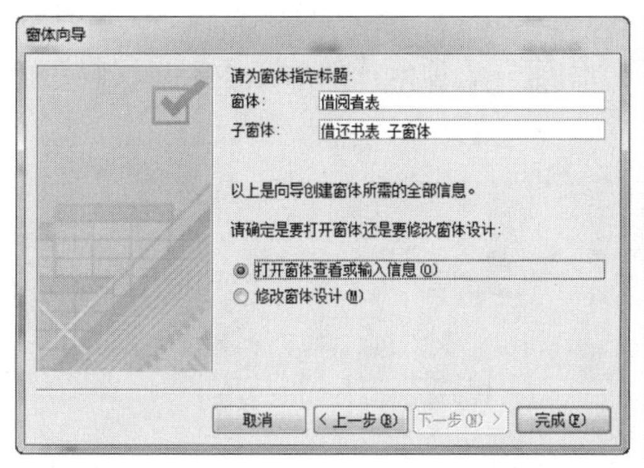

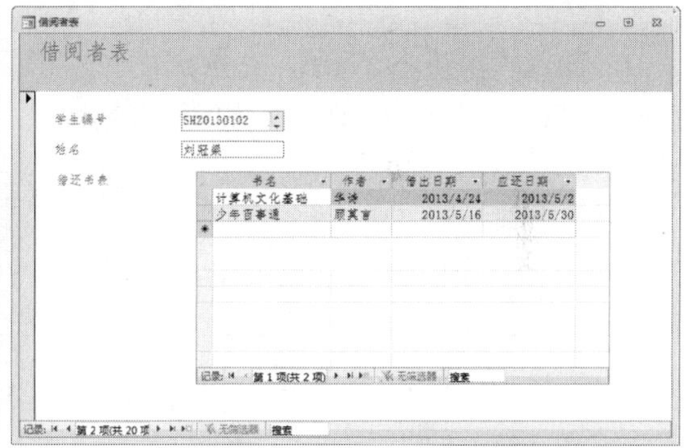

图 4-16　指定标题　　　　图 4-17　设计效果

VBA 程序基础

一、VBA 简介

Access 提供了 VBA 编程技术，VBA 在开发中的应用大大加强了对数据管理应用功能的扩展，使开发出来的系统更具灵活性和自动性，更容易发挥开发者的想象力和创造力。

VB（Visual Basic）语言是 Microsoft 公司开发的，并得到了广泛应用的可视化编程软件，VBA 是在此基础上集成在 Office 办公软件中用来编程实现一些文档元素的复杂和自动化操作的可视化编程软件，是 VB 的子集。VBA 程序的编写单位是子过程和函数过程，它们在 Access 中以模块的形式组织和存储。

Access 的内置 VBA 功能很强大，采用的是当前主流的面向对象机制和可视化的编程环境。

二、VBA 的编程环境

VBA 的编程环境称为 VBE（Microsoft Visual Basic Editor），是编写和调试程序的重要环境。

1. 进入 VBA

在 Access 2010 中，进入 VBA 编程环境有以下 3 种方法：

1）在数据库中，选择“数据库工具”选项卡，然后在“宏”组中单击“Visual Basic”按钮，如图 4-18 所示。

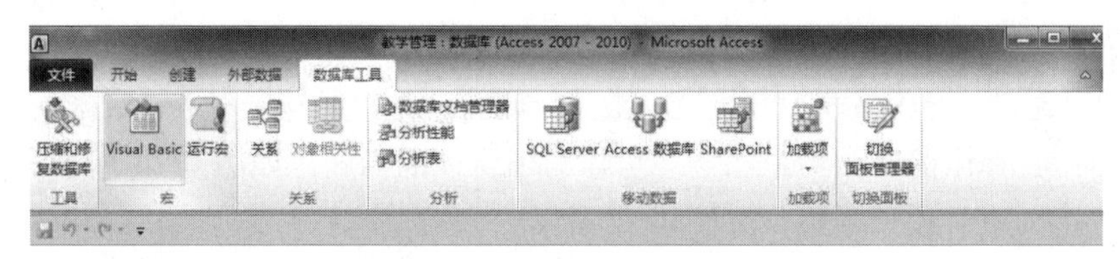

图 4-18 “Visual Basic”按钮

2）创建模块进入 VBE。在数据库中，选择“创建”选项卡，然后在“宏与代码”组中单击“Visual Basic”按钮，如图 4-19 所示。

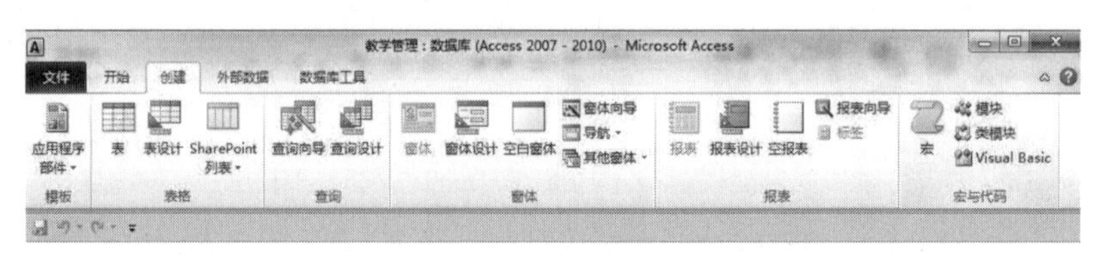

图 4-19 “宏与代码”组

3）通过对窗体对象的设计进入 VBE。通过对窗体对象的设计进入 VBE 有两种方法：一种是通过控件的事件进入 VBE（见图 4-20），另一种方法是在窗体或报表设计视图的设计工具中单击“查看代码”按钮进入 VBE（见图 4-21）。在控件的“属性表”窗格中单击对象事件的“省略号”按钮，添加事件过程，在窗体、报表或控件的事件过程中进入 VBE。

2. VBA 界面

Visual Basic 编辑器（Visual Basic Editor，VBE）是编辑 VBA 代码时使用的界面。VBE 编辑器提供了完整的开发和调试工具。如图 4-22 所示的是 Access 数据库的 VBE 窗口，窗口主要由标准工具栏、工程窗口、属性窗口和代码窗口等组成。

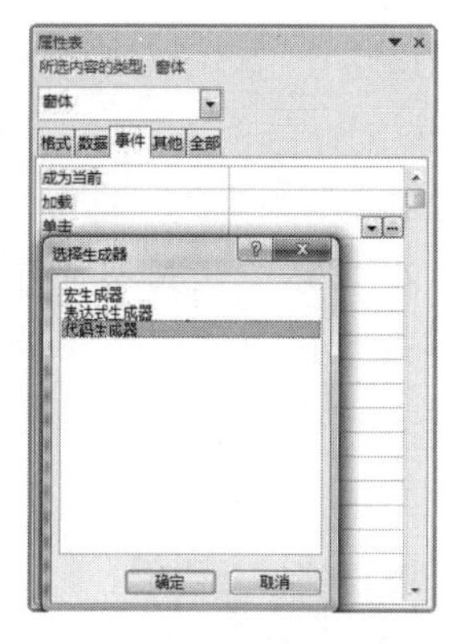

图 4-20　选择生成器

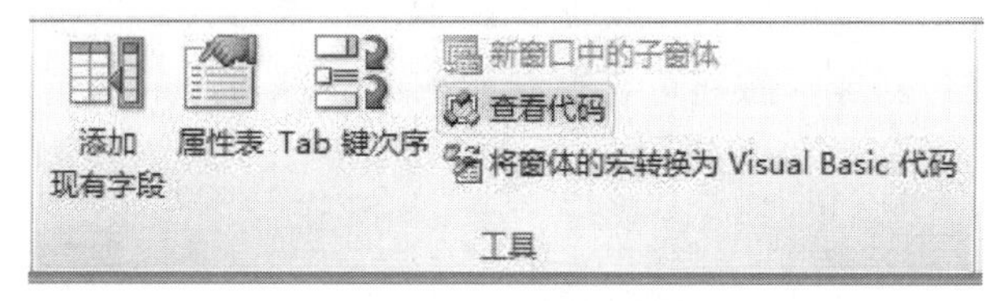

图 4-21　查看代码

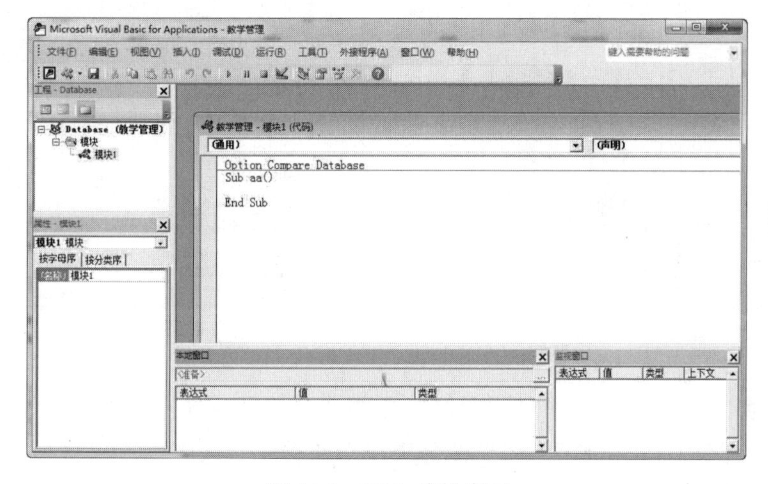

图 4-22　VBA 编辑窗口

1）标准工具栏。标准工具栏如图 4-23 所示。

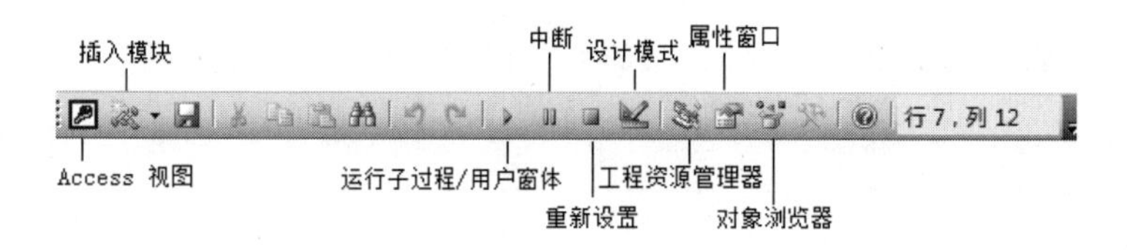

图 4-23　标准工具栏

标准工具栏中各个按钮的作用如下：

Access 视图——从 VBA 窗口切换到数据库窗口，在 VBE 窗口中此按钮和快捷键<Alt+F11>的作用相同。

插入模块——插入新的模块和新的过程。

运行子过程/用户窗体——执行模块中的过程，但是对事件过程无效。

中断——中断正在运行的程序。

重新设置——结束正在运行的程序，重新进入设计状态。

设计模式——在设计模式和非设计模式之间切换。

工程资源管理器——打开工程窗口。

属性窗口——打开属性窗口。

对象浏览器——打开对象浏览器窗口。

2）工程窗口。工程窗口也称为工程资源管理器，如图 4-24 所示，在其列表框中列出了应用程序的所有模块文件。单击“查看代码”按钮可以打开相应的代码窗口，单击“查看对象”按钮可以打开相应的对象窗口，单击“切换文件夹”按钮可以隐藏或显示对象分类文件夹。

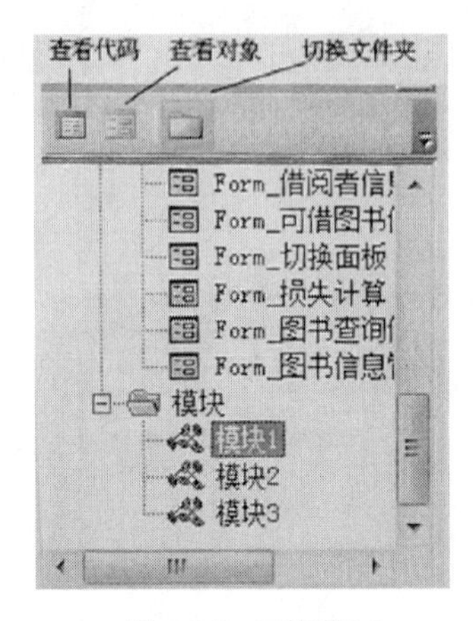

图 4-24　工程窗口

图 4-25　属性窗口

3）属性窗口。属性窗口列出了所选对象的各个属性，如图 4-25 所示。此处的属性窗口为英文版，分“按字母序”和“按分类序”两种查看方式。可以直接在属性窗口中编辑对象的属性，这属于对象属性的“静态”设置方法；也可以在代码窗口中用 VBA 代码编辑对象的属性，这属于对象属性的“动态”设置方法。

4）代码窗口。代码窗口用来输入和编辑 VBA 代码，如图 4-26 所示。实际操作时，可以打开多个代码窗口查看、编辑模块代码，且代码窗口之间可以进行复制和粘贴。

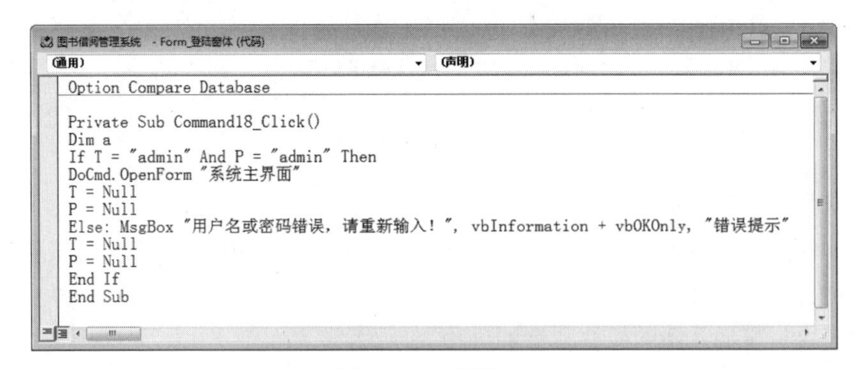

图 4-26　代码窗口

三、面向对象程序设计的基本概念

Access 的内置 VBA 功能很强大，采用的是当前主流的面向对象机制和可视化的编程环境。下面对面向对象的基本概念作简要介绍。

1. 对象和集合

对象就是实体，一个对象就是一个实体，客观存在并且相互区别的事物都是对象。例如，一个人、一辆自行车都是对象，Access 中的表、查询、窗体等也是对象。

对象是有特性的，对象的特性就是属性，如人有年龄和性别等属性，自行车有颜色、型号等属性，窗体有标题、记录源等属性。当然，不同对象的不同具体实例的属性可能不同。例如，“张红”性别为“女”，Access 窗体的“标题”属性为“教师信息输出”等。

对象除了有固有属性之外还有方法。方法就是对象可以执行的行为。例如，人说话、自行车行驶等。属性和方法描述了对象的性质和行为，其引用方式为:“对象.属性”或“对象.行为”。

集合表示将拥有相同属性描述的不同对象进行集中的结构体。

2. 事件和事件过程

事件是窗体及其上的控件等对象可以识别的动作，如单击鼠标、打开窗体等。在 Access 数据库系统中，可以通过两种方式处理事件响应：一是使用宏对象；二是为某个事件编写 VBA 代码过程，完成指定动作，这样的代码过程称为事件过程或事件响应代码。

四、创建模块

模块是一个为了实现事件响应，以完成数据库应用系统的设计而编写的 VBA（Visnal Basic for Application，可视化基础应用语言）。

过程是模块的单元组成，由 VBA 代码编写而成，其分两种类型，即 Sub 过程和 Function 过程。

模块是存放 VBA 代码的容器。在窗体或报表的设计视图中，在“设计”选项卡下的“工具”组中单击“查看代码”按钮或在属性窗口中把事件属性选择为“事件过程”并单击“...”按钮即可进入类模块的设计和编辑窗口；在“创建”选项卡下的“宏与代码”组中单击“模块”按钮，也可进入标准模块的设计和编辑窗口。

一个模块包含一个声明区域，可以包含多个过程。模块的声明区域用来声明模块使用的常量和变量等项目。过程分为 Sub 过程和 Function 过程两类。Sub 过程和 Function 过程都是由 VBA 代码编写而成的，创建模块主要就是在模块中编写这两类过程。

1）Sub 过程。Sub 过程也称为子过程，过程执行后没有返回值，定义格式如下：

```
Sub 过程名（）
    [程序代码]
End Sub
```

2）Function 过程。Function 过程也称为函数过程，过程执行后有一个返回值，定义格式如下：

```
Function 过程名（）[AS 返回值的类型]
    [程序代码]
```

[过程名=表达式]

End Function

需要说明的是，事件过程属于子过程，事件过程的定义在代码窗口中由系统自动生成。在 VBA 中，对事件过程的过程名的命名规则作了以下规定。

控件对象的过程名格式：控件名_事件名

窗体对象的过程名格式：Form _事件名

常用的事件名有 Click（单击），单击鼠标左键引发；DblClick（双击），双击鼠标左键引发；Load（加载），加载窗体时引发；Open（打开），打开窗体时引发；Change（改变），改变控件的值时引发；Form_Timer(计时器触发)，每间隔“计时器间隔”规定的时间引发一次。例如，有一个命令按钮（名为 Command1）的单击事件过程的过程名为 Command1_Click。

VBA 是微软 Office 套件的内置编程语言，其语法与 Visual Basic 编程语言相互兼容。在 Access 程序设计中，当某些操作不能用其他 Access 对象实现，或实现起来很困难时，就可以利用 VBA 语言编写代码，以完成这些复杂的任务。

项目测评

使用向导创建窗体可创建基于单个数据源的窗体，也可以创建基于多个数据源的窗体。

当窗体的数据源为两个或两个以上的表，且数据源之间存在主从关系时，则在使用向导创建过程时选择不同的数据查看方式会产生不同结构的窗体，并且系统会自动地对所创建的窗体进行命名。

本项目的测评表见表 4-1。

表 4-1　项目测评表

项目名称	自动创建窗体			
任务名称	知识点	完成任务	掌握技能	所占权重
使用“其他窗体”工具快速创建窗体	窗体的概念；窗体的作用；窗体的类型；窗体的视图	完成“借阅者信息”多个项目窗体的创建,窗体名称为“L01”；创建“可借图书信息”与“未还书信息”分割窗体，窗体名称分别为“可借图书信息”和“未还书信息”	掌握使用“其他窗体”工具创建窗体的基本流程	60%
使用“窗体向导”创建窗体	主/子窗体的概念与作用	使用向导创建图书信息窗体，要求窗体布局为“纵览表”，窗体显示“图书表”中的“图书编号”“书名”“作者”“图书分类”“ISBN”“出版日期”“定价”“是否借出”“借出次数”等字段，并显示“出版社表”中的“出版社名称”字段，窗体名称为“图书信息查询子窗体”；使用向导创建借阅信息浏览窗体，窗体显示借阅者的“学生编号”和“姓名”以及所借图书的“书名”“作者”“借书日期”和“应还日期”，窗体命名为“L02”	掌握使用向导创建窗体的基本流程	40%

项目小结

本项目主要讲解如何使用Access 中的窗体工具完成窗体的自动创建，并掌握窗体的基本概念。

任务一主要讲解了如何使用“其他窗体”工具完成对窗体的创建，在“其他窗体”工具中提供了多种不同类型的窗体，使用该工具创建窗体的方法简单，但是使用该工具创建的窗体结构相对固定，通常在创建完成后还需人为地进行修改。

任务二主要讲解了如何使用“窗体向导”创建窗体，使用向导创建窗体可创建基于单个数据源的窗体，也可以创建基于多个数据源的窗体，但是使用向导创建的窗体功能相对单一，只能创建一些简单的窗体。

项目二 使用“设计视图”创建窗体

任务一 使用“设计视图”创建“借阅者信息”窗体

一、任务分析

使用窗体工具创建的窗体，其结构和功能基本都是系统预先设定的，相对比较固定，往往不能满足客户的个性化需求。Access 允许用户使用设计视图设计符合自己需要的功能和样式的窗体，并修改已经设计完成的窗体。使用设计视图创建和编辑的窗体为自定义窗体。

本任务主要完成以下操作：

1）通过使用窗体设计视图完成“借阅者信息”窗体的创建，效果如图 4-27 所示。

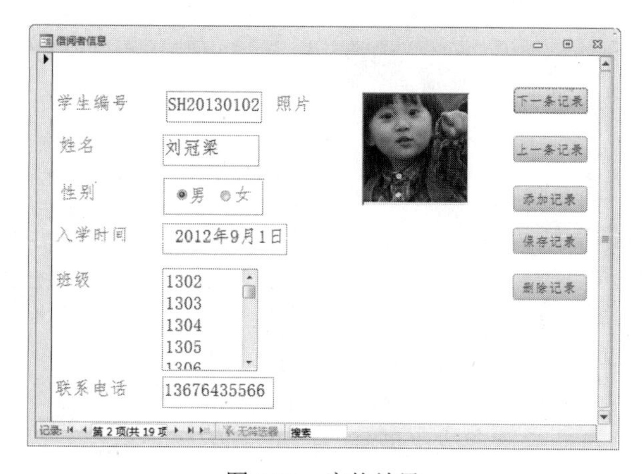

图 4-27 窗体效果

①在“借阅者信息”窗体中，要求显示“借阅者表”中借阅者的信息，其中“学生编号”“姓名”“入学时间”“联系电话”字段的值通过添加“文本框”控件显示。4个文本框的名称分别为“num”“name”“date”“tel”，文本框附带标签的标题为“学生编号”“姓名”“入学时间”“联系电话”，名称分别为“Lab1”“Lab2”“Lab3”“Lab4”。

②在窗体中添加“组合框”控件，组合框附带标签的名称为“Lab5”，标题为“性别”，“选项组”名称为“sex”，并在组合框中添加“选项按钮”控件，控件名称分别为“opt1”“opt2”，附带标签的名称为“Lab6”“Lab7”，标题分别为“男”“女”。

③在窗体中添加“列表框”，用于显示借阅者的班级信息，列表框名称为“class”，列表框附带标签的标题为“班级”，名称为“Lab8”。

④添加“绑定对象框”控件，要求显示借阅者的照片，绑定对象框的名称为“pho”，附带标签的标题为“照片”，名称为“Lab9”。

⑤在窗体中使用向导添加5个命令按钮，按钮的名称依次为“com1”“com2”“com3”“com4”“com5”，按钮的标签依次为“下一条记录”“上一条记录”“添加记录”“保存记录”“删除记录”。

2）通过使用窗体设计视图创建“报表显示”窗体，“选项卡”控件的名称为“T1”，页的名称分别为“图书信息报表”“出版社报表”“借还书信息报表”，在每一页中分别添加对应的“按钮”控件，最终效果如图4-28所示。

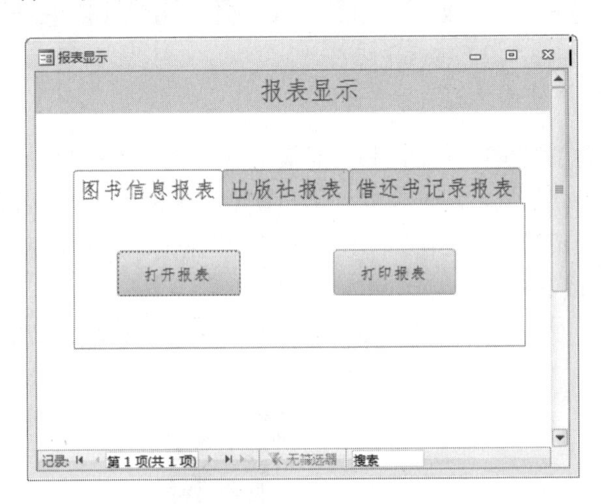

图4-28　报表显示窗体效果

在窗体主体节区域添加选项卡控件，选项卡中包含3个“页”，标题分别为“图书信息报表”“出版社报表”“借还书记录报表”。在每个“页”中添加两个“按钮”控件，按钮的标题分别为“打开报表”“打印报表”。

二、任务实施

1）通过使用窗体设计视图完成“借阅者信息”窗体的创建。

①在“借阅者信息”窗体中，要求显示“借阅者表”中借阅者的信息，其中“学生

编号”“姓名”“入学时间”“联系电话”字段的值通过添加“文本框”控件显示。4个文本框的名称分别为“num”“name”“date”“tel”，文本框附带标签的标题为“学生编号”“姓名”“入学时间”“联系电话”，名称分别为“Lab1”“Lab2”、“Lab3”“Lab4”。

步骤一：在“创建”选项卡下的“窗体”组中单击“窗体设计”按钮，窗体设计视图如图4-29所示。

步骤二：单击窗体左上方的窗体选定按钮■，选中窗体，在“设计”选项卡下的“工具”组中单击“属性表”按钮，弹出窗体属性表，如图4-30所示。

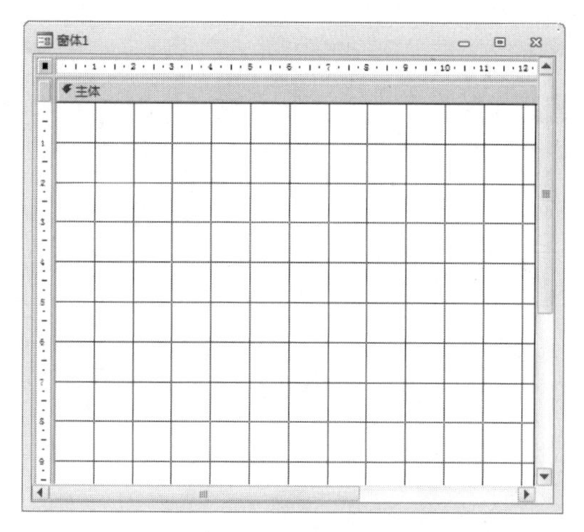

图4-29 窗体设计视图

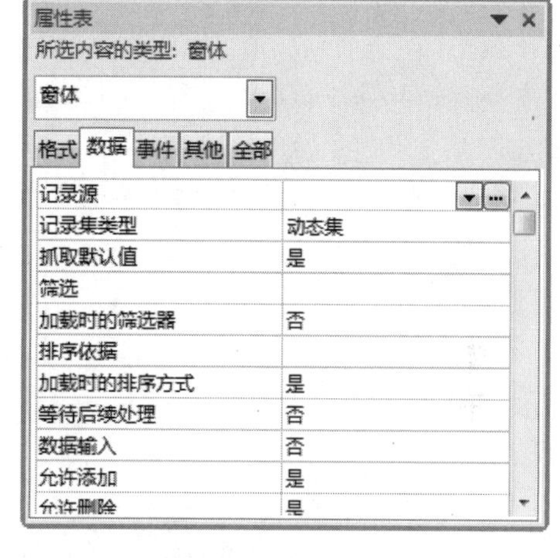

图4-30 窗体属性表

步骤三：在属性表“数据”选项卡的“记录源”对应的组合框中，设置窗体数据源为“借阅者表”，如图4-31所示。

步骤四：单击“工具”组中的“添加现有字段”按钮，弹出如图4-32所示的列表框。

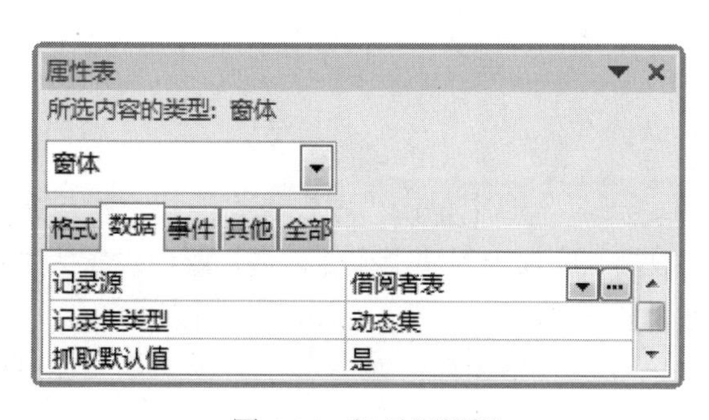

图4-31 记录源设置

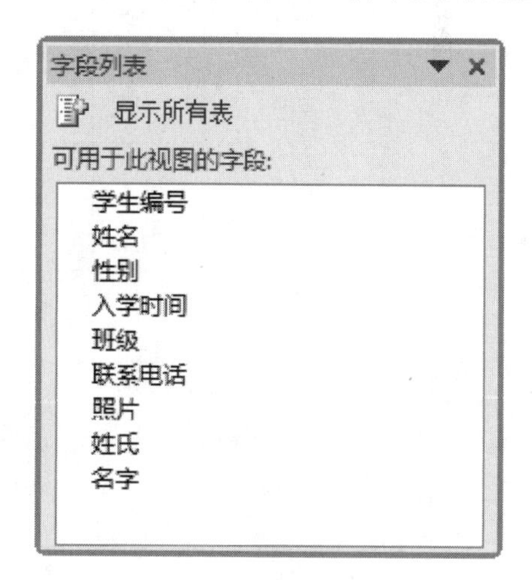

图4-32 字段列表

步骤五：在字段列表中将“学生编号”拖动到窗体主体节区域的相应位置。

使用直接拖动的方法可以快速地将字段添加到窗体中，但是系统自动设置的控件类型有时不符合实际的需求，需要手动修改。

步骤六：单击“控件”组中的“文本框”按钮，在窗体主体节区域拖动鼠标调整文本框的大小，添加后的效果如图 4-33 和图 4-34 所示。

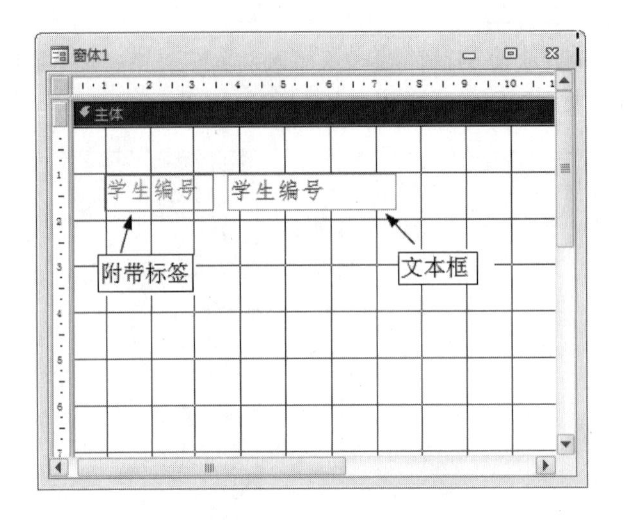

图 4-33　添加效果 1

图 4-34　添加效果 2

步骤七：单击“文本框”将其选中，在“工具”组中单击“属性表”按钮，弹出文本框属性表，如图 4-35 所示。 在属性表的“数据”选项卡下将“控件来源”属性设置为“姓名”，并在“其他”选项卡下将“名称”属性设置为“name”，如图 4-36 所示。

在控件属性中，“名称”属性可以唯一地标识一个控件，在同一个窗体中不允许出现名称相同的两个控件。

在窗体中选中文本框对应的标签控件，在属性表的“格式”选项卡下将“标题”属性设置为“姓名”，如图 4-37 所示，在“其他”选项卡下设置“名称”属性为“Lab2”，设

置效果如图 4-38 所示。

图 4-35　文本框属性表

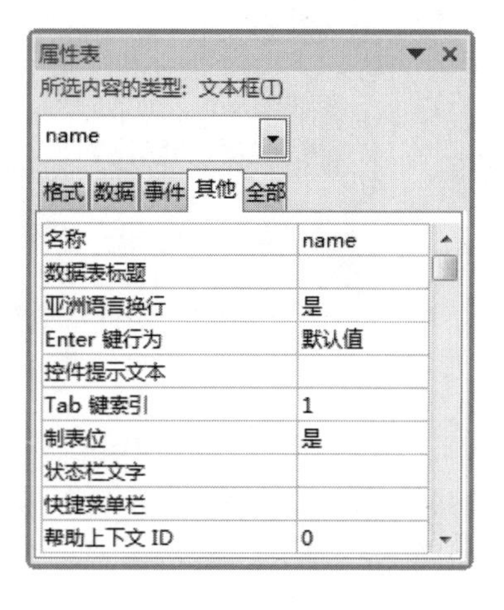

图 4-36　名称属性设置

图 4-37　标题属性设置

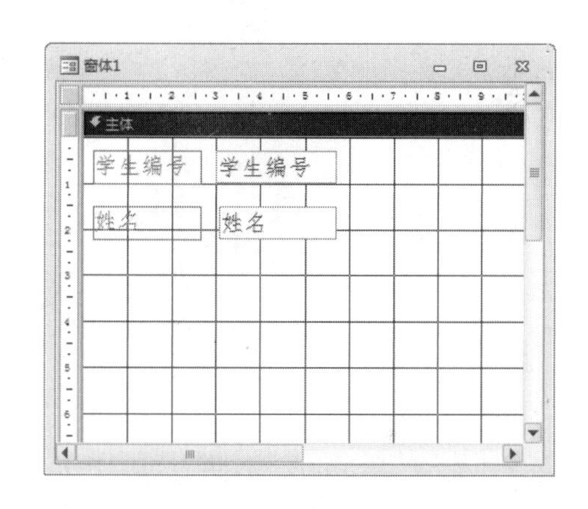

图 4-38　设置效果

按照上述步骤，在窗体中添加“文本框”按钮，分别与“入校时间”和“联系电话”字段进行绑定，并修改相应的标题及名称属性。

步骤八：在窗体的“开始”选项卡下单击“视图”按钮，将窗体切换到窗体视图，查看效果，如图 4-39 所示。

图 4-39　最终效果

②在窗体中添加“选项组”控件，选项组对应标签的名称为“Lab5”，标题为“性别”，“选项组”名称为“sex”，并在选项组中添加“选项按钮”控件，控件名称分别为“opt1”“opt2”，附带标签的名称为“Lab6”“Lab7”，标题分别为“男”“女”。

步骤一：在“设计”选项卡下的“控件”组

中单击右下角的“其他”图标，如图 4-40 所示，在展开的下拉列表中单击“使用控件向导”命令。

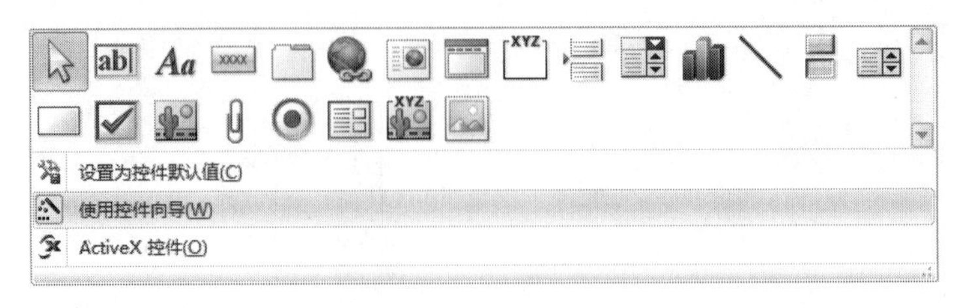

图 4-40 “其他”列表

步骤二：在“控件：组中单击“选项组”控件，在窗体主体节区域的适当位置，按住鼠标左键并拖动，调整控件大小。在弹出的向导对话框中指定选项的标签分别为“男”和“女”，如图 4-41 所示，然后单击“下一步”按钮。

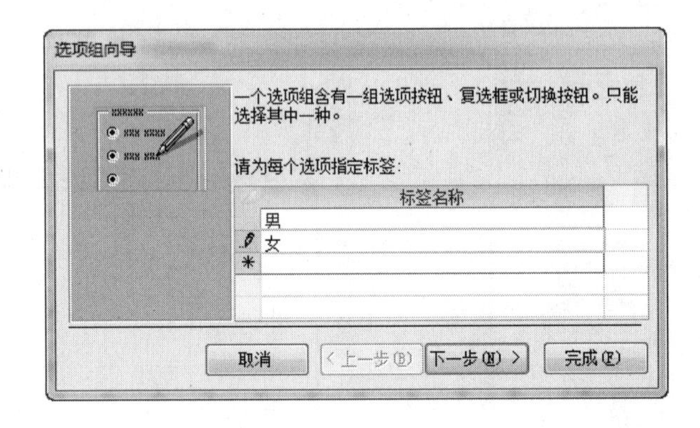

图 4-41 控件向导

步骤三：在向导界面设置控件的默认值，该选项可根据实际需要进行设置，如图 4-42 所示。设置完成后单击“下一步”按钮。

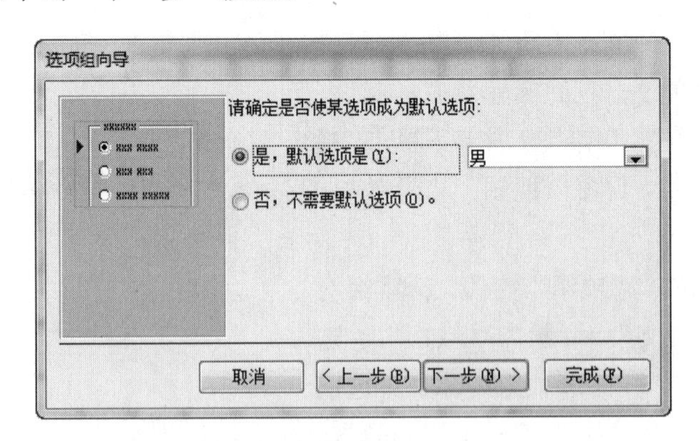

图 4-42 设置默认值

步骤四：在赋值界面为选项赋值，系统默认赋值为 1、2，也可以根据需要进行修改。在本例中使用系统默认值，标签“男”的选项值为“1”，标签“女”的选项值为

“2”，如图 4-43 所示。赋值后，在选项组控件中“1”代表“男”，“2”代表“女”，设置完成后单击“下一步”按钮。

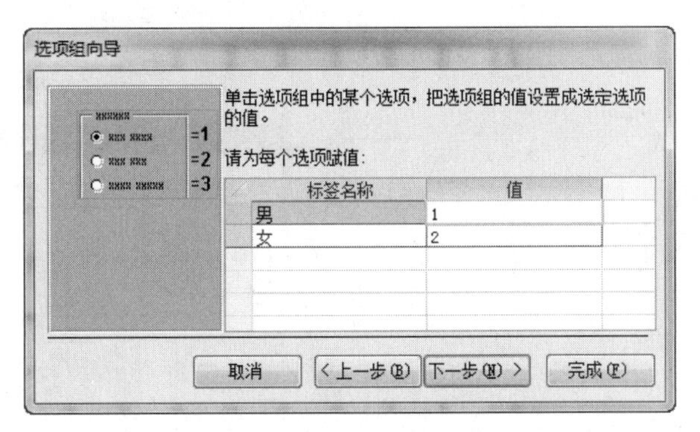

图 4-43　设置选项值

步骤五：将选项组控件与“性别”字段进行绑定，如图 4-44 所示，然后单击“下一步”按钮。

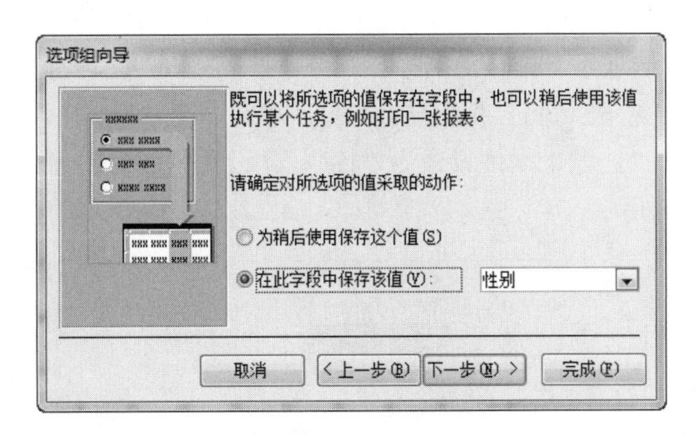

图 4-44　字段绑定

步骤六：在如图 4-45 所示的界面中设置“选项组”中的控件类型，在该界面中还可设置控件的样式。在本例中控件类型设置为“选项按钮”，样式为“蚀刻”。

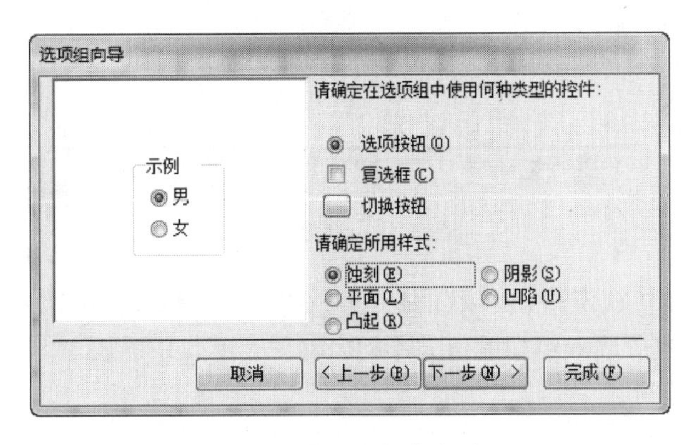

图 4-45　设置控件类型

步骤七：设置“选项组”控件标签的标题为“性别”，如图 4-46 所示。然后单击“完成”按钮，完成“选项组”控件的添加，效果如图 4-47 所示。

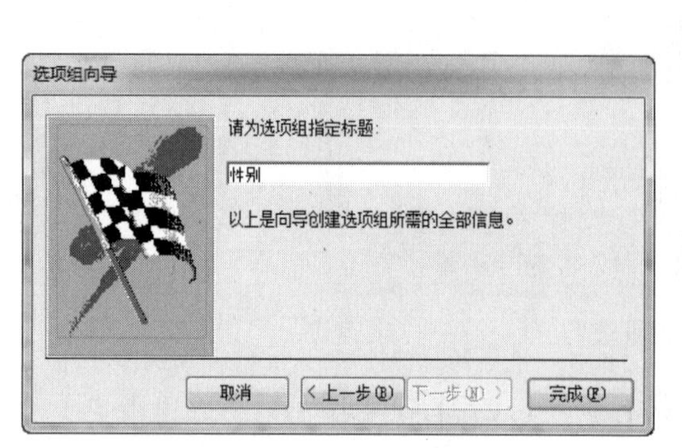

图 4-46　指定标题

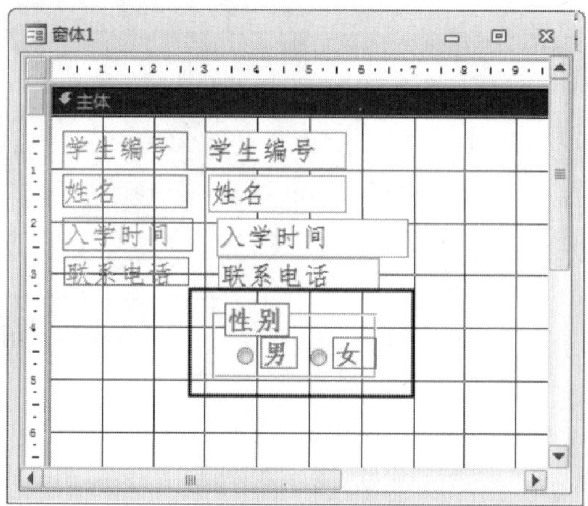

图 4-47　完成效果

步骤八：选中“选项组”控件上的标签控件，按<Delete>键可将其删除，或单击鼠标右键选择“剪切”选项，也可将控件删除。删除后可在“选项组”控件前手动添加“标签”控件，将标签控件的“标题”属性设置为“性别”。设置完成后将窗体切换到窗体视图，查看效果，如图 4-48 所示。

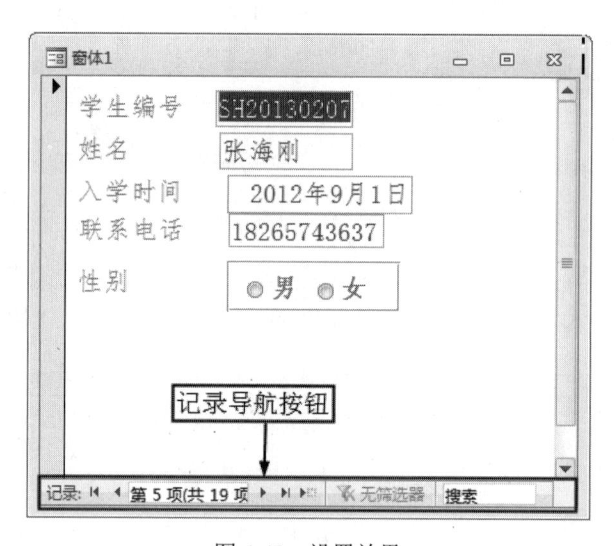

图 4-48　设置效果

将窗体切换到窗体视图后，单击窗体下方的“导航”按钮，浏览记录后可以发现，随着记录的变化，“性别”选项组中的值并不随之变化，因此还需要对“选项组”控件的“控件来源”属性进行设置。

设置方法：将窗体切换到设计视图，打开“选项组”控件属性表，在“控件来源”属性中输入“=IIf([性别]="男",1,2)”，如图 4-49 所示，设计效果如图 4-50 所示。

属性表

所选内容的类型：选项组(O)

sex

格式 | 数据 | 事件 | 其他 | 全部

控件来源	=IIf([性别]="男",1,2)
默认值	1
有效性规则	
有效性文本	
可用	是
是否锁定	否

图 4-49 “控件来源”属性设置

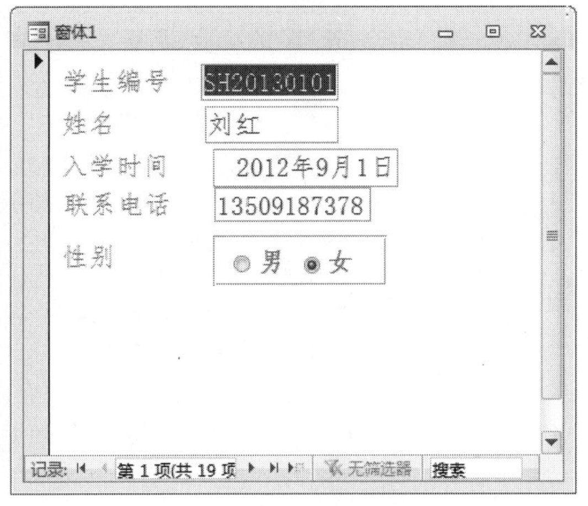

图 4-50 设计效果

③在窗体中添加“列表框”，用于显示借阅者的班级信息，列表框名称为“class”，列表框附带标签的标题为“班级”，名称为“Lab8”。

在窗体中添加“列表框”控件可以使用控件向导添加，也可以手动添加，本例中使用两种方法完成“列表框”的添加。

方法一：使用控件向导添加。

步骤一：在“控件”组的“其他”列表中选中“使用控件向导”选项，然后在“控件”组中单击“列表框”控件，将控件添加到窗体主体节区域，在弹出的向导对话框中选中“自行键入所需的值”单选按钮，如图 4-51 所示，然后单击“下一步”按钮。

步骤二：在弹出的对话框中，在“列数”文本框中输入“1”，在“第 1 列”对应的表格中输入要求在“列表框”中显示的数据，如图 4-52 所示，输入完成后单击“下一步”按钮。

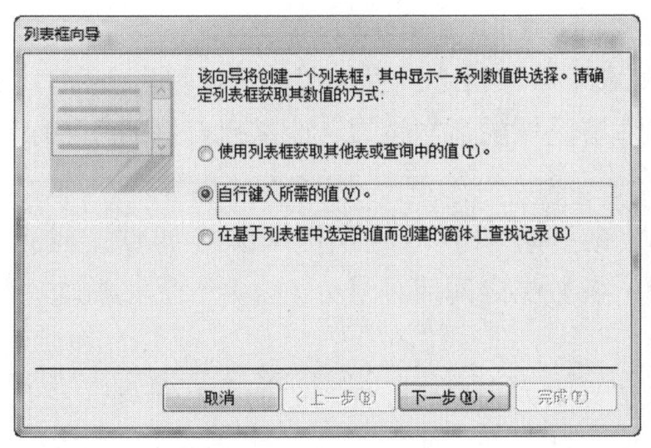

图 4-51 设置获取方式

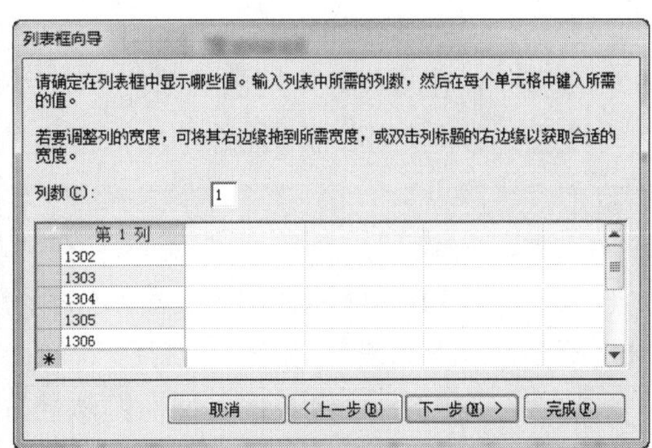

图 4-52 数值输入

步骤三：在如图 4-53 所示的对话框中，选中“将该数值保存在这个字段中”单选按钮，保存位置为“班级”。

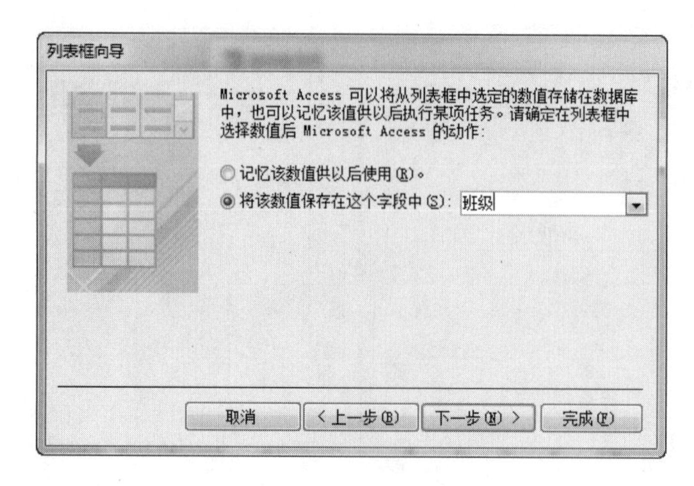

图 4-53　设置数值保存字段

步骤四：指定“列表框”控件对应的标签的标题为“班级”，如图 4-54 所示，然后单击“完成”按钮，将窗体切换到窗体视图，查看设置效果，如图 4-55 所示。

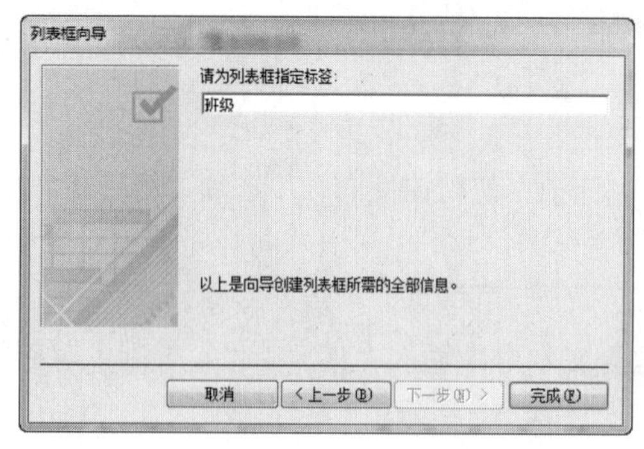

图 4-54　标签设置

图 4-55　设置效果

方法二：手动添加控件。

步骤一：在“控件”组的“其他”下拉列表中，取消选择“使用控件向导”选项。

步骤二：将“列表框”控件添加到窗体主体节区域的适当位置，设置列表框的“名称”属性为“班级”。

步骤三：设置“列表框”属性，在“数据”选项卡下的“行来源”属性中输入“1302;1303;1304;1305;1306”，如图 4-56 所示，各数据之间用分号分割，将“行来源类型”属性设置为“值列表”，如图 4-57 所示。

注意：控件中，“组合框”控件的添加方法与“列表框”控件的添加方法相同。

④添加“绑定对象框”控件，要求显示借阅者的照片，绑定对象框的名称为“pho”，附带标签的标题为“照片”，名称为“Lab9”。

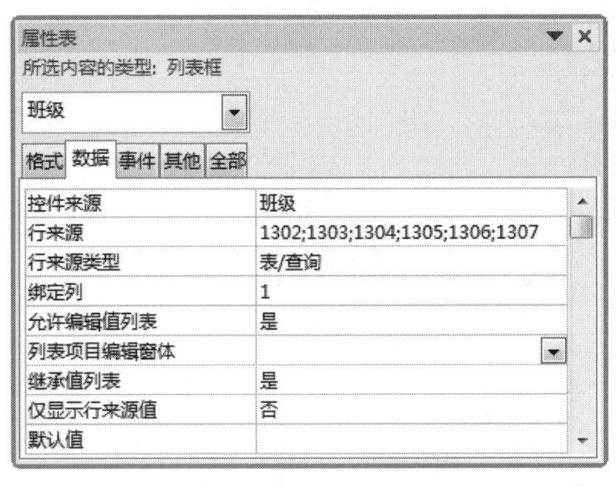

图 4-56 “行来源”属性设置

属性表
所选内容的类型：列表框
班级
格式 数据 事件 其他 全部

控件来源	班级
行来源	1302;1303;1304;1305;1306;1307
行来源类型	值列表
绑定列	1
允许编辑值列表	是
列表项目编辑窗体	
继承值列表	是
仅显示行来源值	否
默认值	

图 4-57 “行来源类型”属性设置

步骤一：单击“控件”组中的“绑定对象框”控件，添加到窗体主体节区域的适当位置。

步骤二：修改“绑定对象框”属性，将“数据”选项卡下的“控件来源”属性设置为“照片”，同时修改“其他”选项卡下的“名称”属性为“pho”。

步骤三：修改控件附带标签属性，标签控件的标题为“照片”，“名称”属性修改为“Lab9”。

步骤四：将窗体切换到窗体视图，单击“导航” 按钮浏览记录，查看设置效果。

⑤在窗体中使用向导添加 5 个命令按钮，按钮的名称依次为“com1”“com2”“com3”“com4”“com5”，按钮的标签依次为“下一条记录”“上一条记录”“添加记录”“保存记录”“删除记录”。

步骤一：在“控件”组的“其他”列表中选中“使用控件向导”选项。

步骤二：在“控件”组中单击“按钮”控件，拖放到窗体主体节区域的适当位置。在弹出的“命令按钮向导”对话框的“类别”列表框中选中“记录导航”选项，在“操作”列表框中选中“转至下一项记录”选项，如图 4-58 所示，完成后单击“下一步”按钮。

步骤三：在如图 4-59 所示的界面中设置按钮标题的显示方式为“文本”，内容为“下一条记录”，如图 4-59 所示，单击“下一步”按钮。

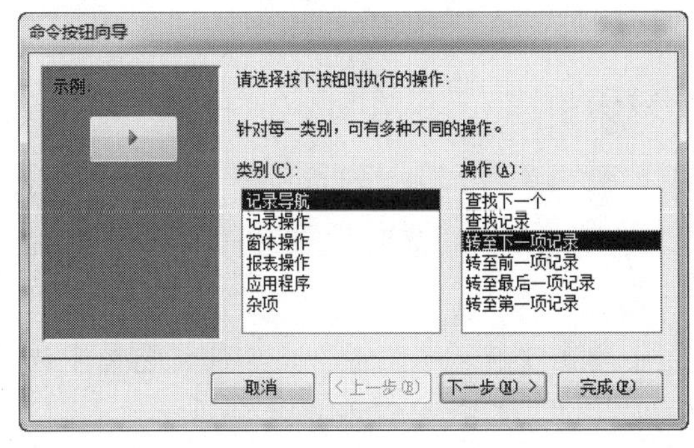

图 4-58 操作选择

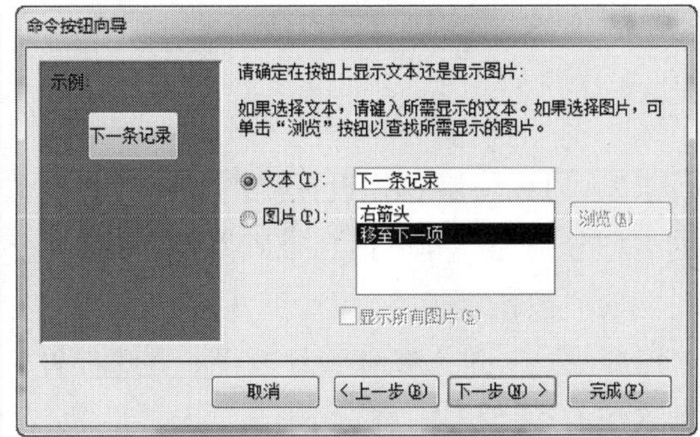

图 4-59 按钮标题设置

步骤四：在如图 4-60 所示的界面中指定控件名称为“com1”，单击“完成”按钮。

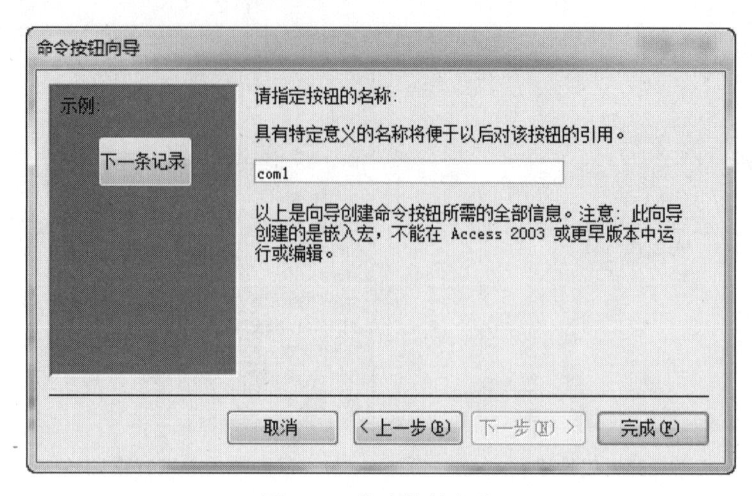

图 4-60　指定控件名称

重复以上步骤，完成其他按钮控件的添加（注意在添加过程中操作类型的选择）。

步骤五：根据设计效果图适当调整控件的位置，然后单击“保存”按钮，窗体命名为“借阅者信息”。然后，将窗体切换到窗体视图，查看设计效果，如图 4-61 所示。

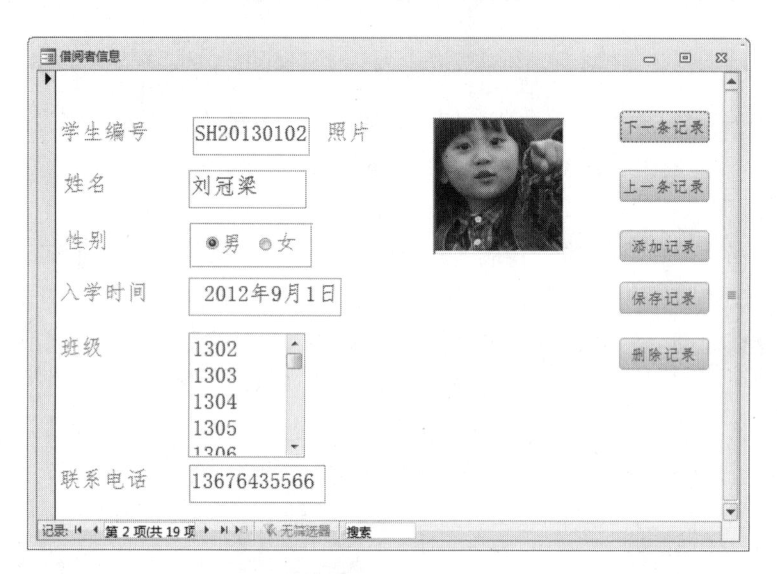

图 4-61　最终效果

2）通过使用窗体设计视图创建“报表显示”窗体，选项卡控件的名称为“T1”，页的名称分别为“图书信息报表”“出版社报表”“借还书信息报表”，在每一页中分别添加对应的“按钮”控件。

步骤一：进入窗体设计视图，在“控件”组中单击“选项卡”控件，添加到窗体主体节区域的适当位置，并修改选项卡控件的名称为“T1”，如图 4-62 和图 4-63 所示。

步骤二：选中“选项卡”控件，单击鼠标右键，弹出如图 4-64 所示的快捷菜单，选择“插入页”选项，插入效果如图 4-65 所示。

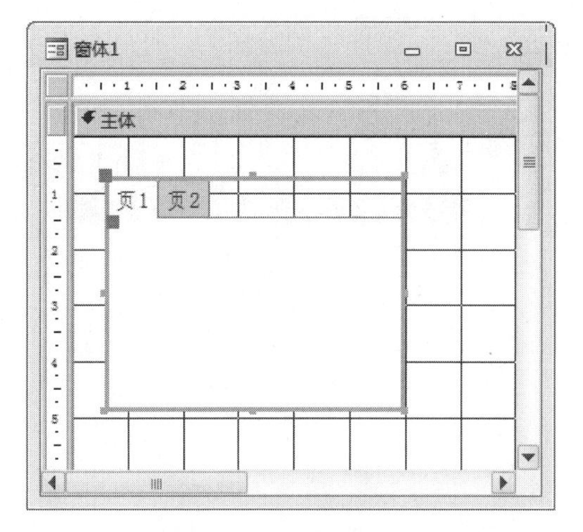

图 4-62　控件添加

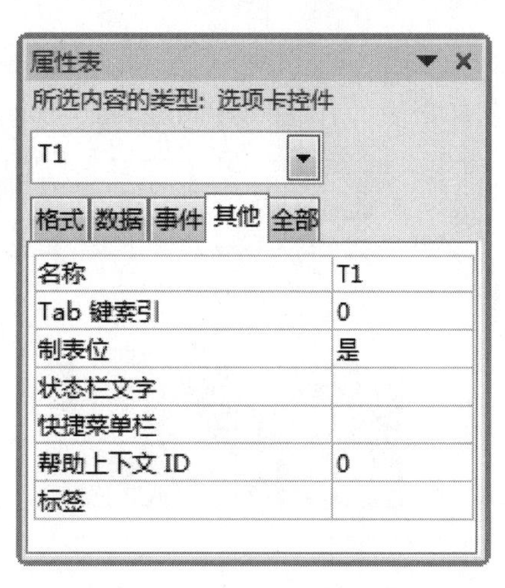

图 4-63　“名称”属性的修改

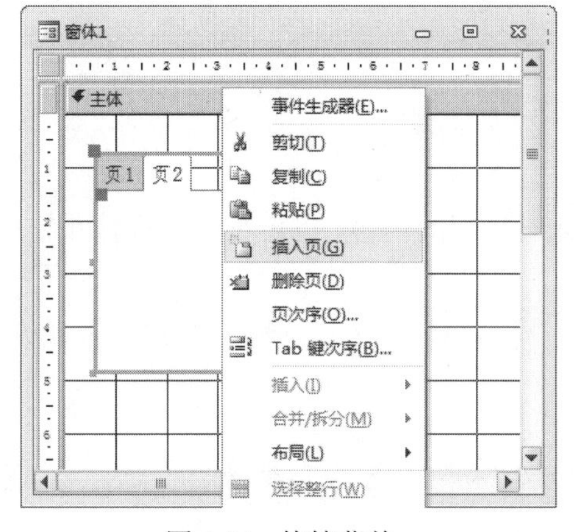

图 4-64　快捷菜单

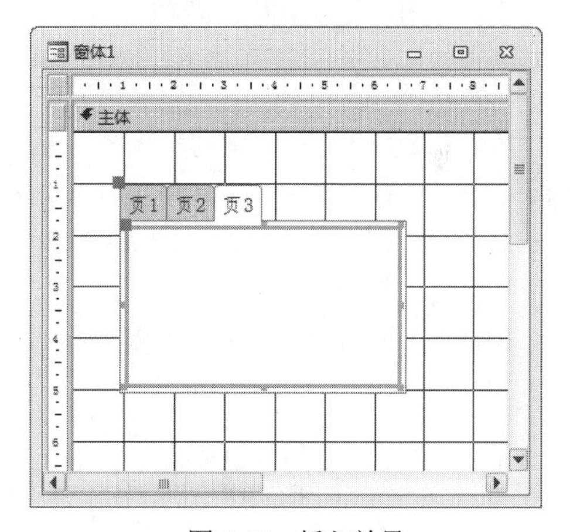

图 4-65　插入效果

步骤三：选中“页 1”，修改其“标题”属性为“图书信息报表”，如图 4-66 和图 4-67 所示。

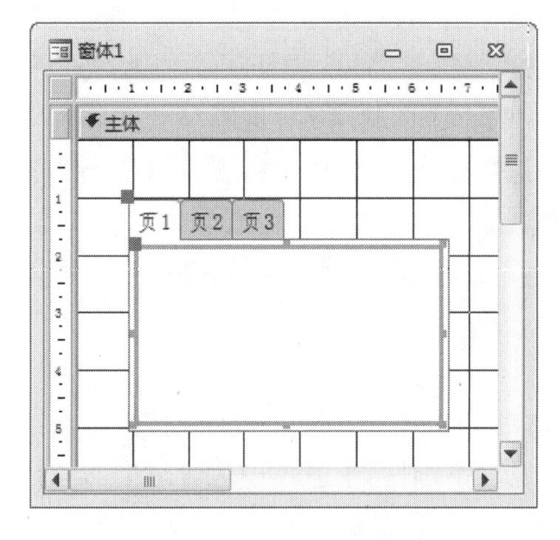

图 4-66　选中效果

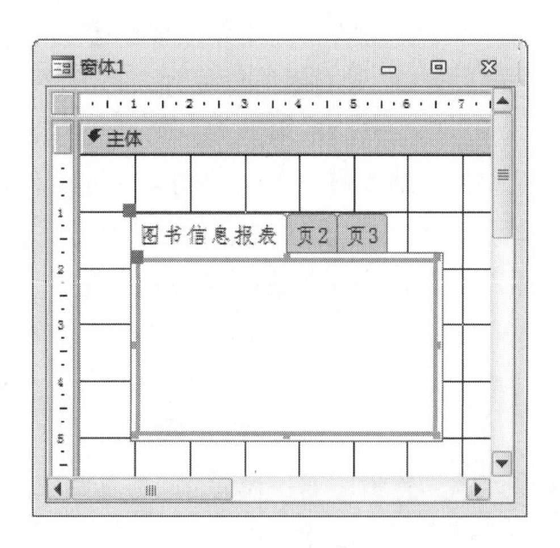

图 4-67　修改效果

步骤四：在“图书信息报表”中添加“按钮”控件，控件标题分别为“打开报表”和“打印报表”，如图 4-68 和图 4-69 所示。

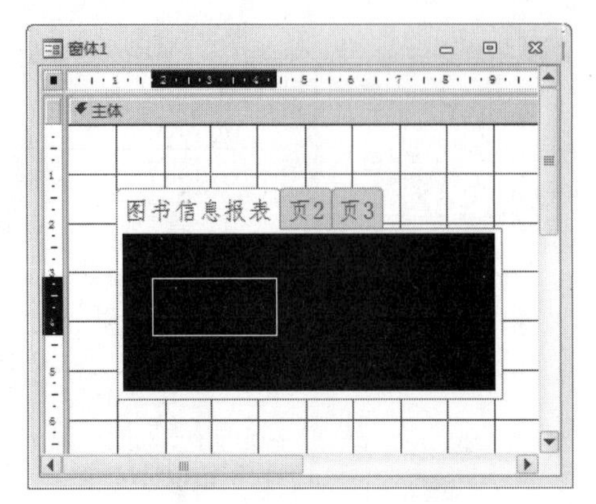

图 4-68　按钮控件添加

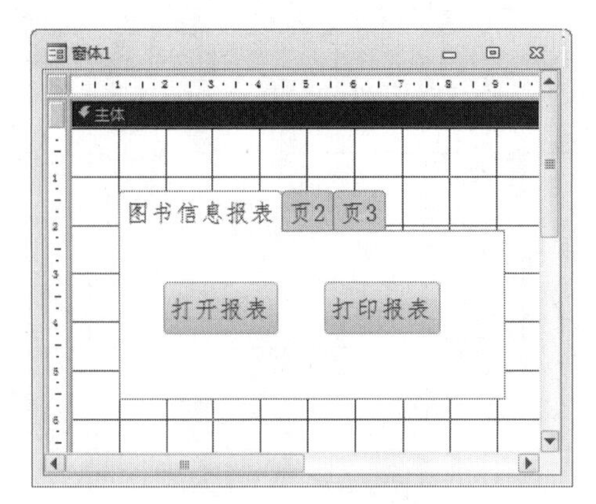

图 4-69　添加效果

重复步骤三～步骤四，完成对其他页的设置。

步骤五：添加“窗体页眉/页脚”节区，并在“窗体页眉”节添加标签控件，标签显示内容为“报表显示”。

注意：添加标签控件后，可在标签内直接输入要显示的内容，也可在标签内输入空格，然后再修改其“标题”属性。

步骤六：单击“保存”按钮，将窗体命名为“报表显示”，切换到窗体视图查看设计效果。

任务二　使用“设计视图”创建主/子窗体

一、任务分析

任务一主要讲解了窗体中常用控件的作用以及使用方法，在众多控件中还有一种“子窗体/子报表”控件，该控件主要用于创建主/子窗体。在“图书借阅管理系统”中包含“借阅者信息管理”“图书信息管理”以及“出版社信息管理”等模块，每个功能模块中又包含了对各类信息的基本操作，如记录的浏览、记录的添加和删除等，同时又要在该模块中实现与其他功能模块之间的切换，此时就需要通过创建主/子窗体来实现，以在一个窗体中实现两个功能。此外，在该系统中需要实现对数据的查找，为了方便查看查找出的记录，就要求查询条件以及查询结果显示在一个窗体中，此时也应使用主/子窗体，在主窗体中输入查询的条件，在子窗体中显示查询的结果。

本任务主要完成以下操作：

1）创建“借阅者信息管理”窗体，在该窗体中，主窗体包含 3 个命令按钮，按钮的标题分别为“借阅者信息查询”“返回主界面”“退出系统”，子窗体中包含对借阅者信息的基本操作（注：主窗体中 3 个命令按钮的功能在本例中不需要实现），最终效果如图 4-70 所示。

图 4-70　最终效果

2）创建“借阅者信息查询”窗体，在主窗体中添加“选项组”控件，控件附带标签标题为“请输入查询条件”，在“选项”组中添加“文本框”控件和“按钮”控件，“文本框”控件名称为“Text1”，附带标签标题为“学生编号或姓名：”，“按钮”控件的标题分别为“查询”“返回上一层”。在窗体中添加“子窗体/子报表”控件，控件名称为“Ch2”（注：本例中“返回上一层”按钮的功能不需要实现），效果如图 4-71 所示。

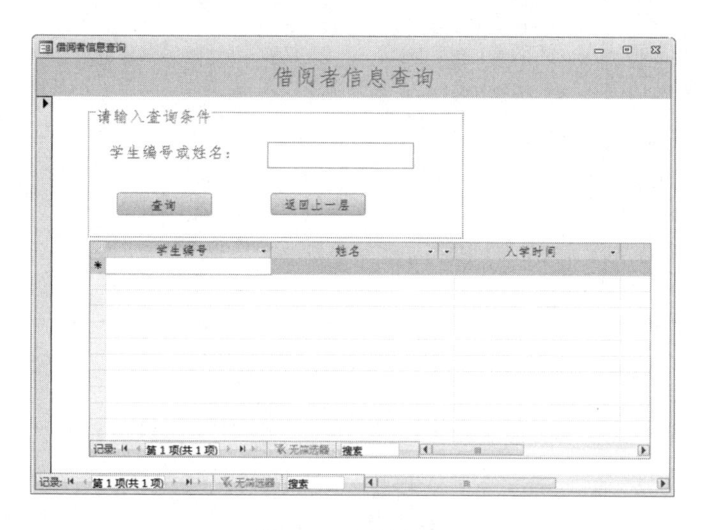

图 4-71　设计效果

二、任务实施

1）创建“借阅者信息管理”窗体，在该窗体中，主窗体包含 3 个命令按钮，按钮的标题分别为“借阅者信息查询”“返回主界面”“退出系统”，子窗体中包含对借阅者信息的基本操作。

步骤一：进入窗体设计视图，在主体节空白区域单击鼠标右键，添加窗体页眉/页脚节。

步骤二：在窗体页眉节添加“标签”控件，标签控件的标题为“借阅者信息管理”。

步骤三：在窗体主体节添加“子窗体/子报表”控件，如图 4-72 所示。控件附带标签的显示内容为“借阅者基本信息操作”，控件的名称属性为“Ch1”，源对象为“借阅者信息”窗体，添加效果如图 4-73 所示。

图 4-72 “子窗体/子报表”控件

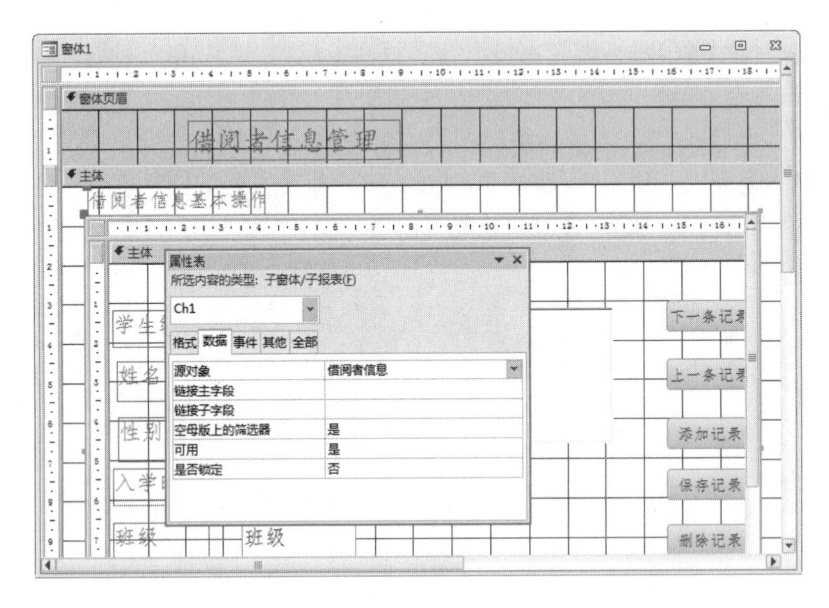

图 4-73 控件属性设置

步骤四：在子窗体右侧添加 3 个“按钮”控件，控件的标题分别为“借阅者信息查询”“返回主界面”“退出系统”。

步骤五：设置完成后，单击“保存”按钮，将窗体保存为“借阅者信息管理”，将窗体切换到窗体视图，查看设计效果。

2）创建“借阅者信息查询”窗体，在主窗体中添加“选项组”控件，控件附带标签标题为“请输入查询条件”，在“选项“组中添加“文本框”控件和“按钮”控件，“文本框”控件名称为“Text1”，附带标签标题为“学生编号或姓名:”，“按钮”控件的标题分别为“查询”“返回上一层”。在窗体中添加“子窗体/子报表”控件，控件名称为“Ch2”。

步骤一：首先创建主窗体。进入窗体设计视图，按要求完成对主窗体的设计，并将窗体保存为“借阅者信息查询”，效果如图 4-74 所示。

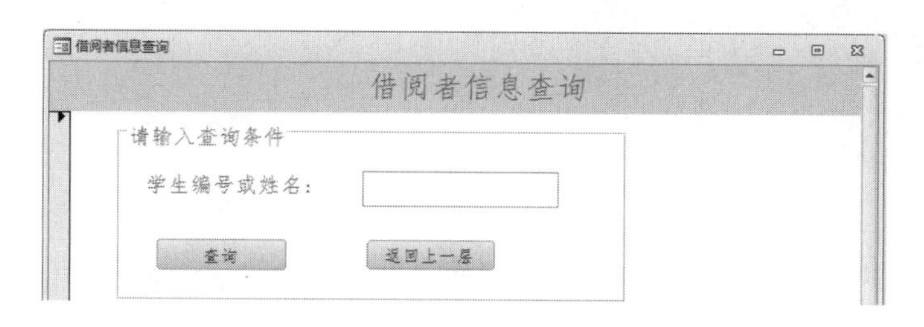

图 4-74 主窗体效果

其中，窗体页眉区域显示说明信息“借阅者信息查询”，“选项组”控件中，“文本框”控件的名称为“Text1”。

步骤二：以设计视图打开已创建的查询对象——“借阅者信息查询”，要求参数值“学生编号”和“姓名”应用“借阅者信息查询”窗体上“Text1”控件的值，如图 4-75 所示。

借阅者信息查询

借阅者表：*、学生编号、姓名、性别、入学时间、班级、联系电话

字段:	学生编号	姓名
表:	借阅者表	借阅者表
排序:		
显示:	□	□
条件:	[forms]![借阅者信息查询]![Text1]	
或:		[forms]![借阅者信息查询]![Text1]

图 4-75 查询修改

步骤三：使用窗体向导创建“借阅者信息查询子窗体”，窗体“记录源”为“借阅者信息查询”，窗体布局方式为“数据表”。

使用向导创建完成后单击“完成”按钮，如图 4-76 所示，弹出参数提示框，在此对话框中输入任意的“学生编号”或“姓名”，如图 4-77 所示，单击“确定”按钮，查看创建效果，如图 4-78 所示。

窗体向导

请为窗体指定标题:

借阅者信息查询

以上是向导创建窗体所需的全部信息。

请确定是要打开窗体还是要修改窗体设计:

◉ 打开窗体查看或输入信息(O)

○ 修改窗体设计(M)

取消 <上一步(B) 下一步(N)> 完成(F)

图 4-76 向导完成界面

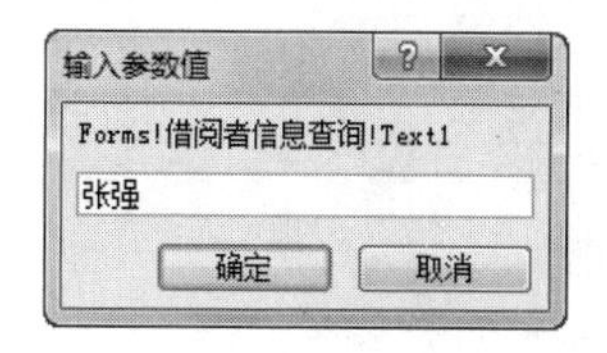

图 4-77 参数输入框

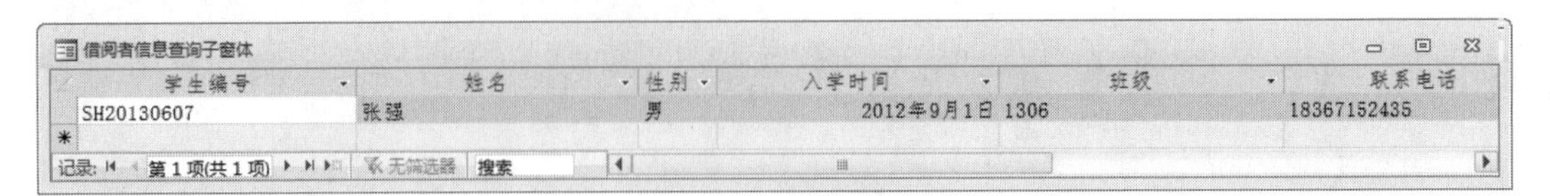

图 4-78　创建效果

步骤四：在“借阅者信息查询”窗体“选项组”控件下方添加“子窗体/子报表”控件，控件名称为“Ch2”，记录源为“借阅者信息查询子窗体”，如图 4-79 所示。

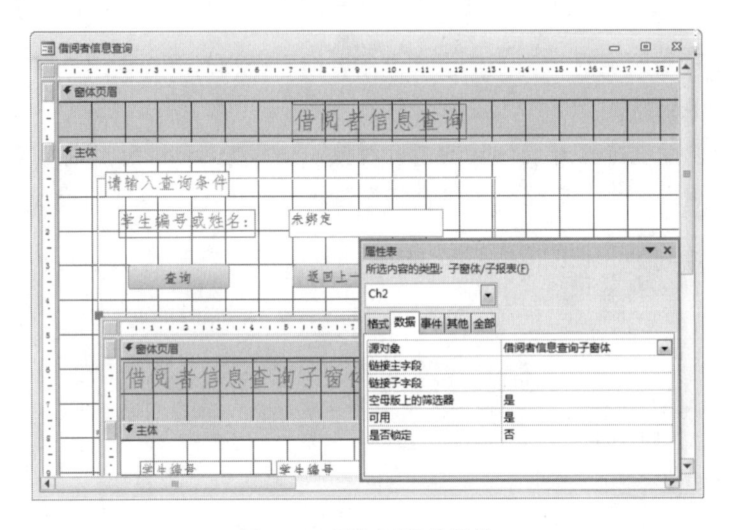

图 4-79　添加子窗体控件

步骤五：选中“查询”按钮控件，打开其属性表，在“数据”选项卡下的“单击”列表框中选择“事件过程”选项。在如图 4-80 所示的界面中单击“…”按钮，在弹出的 VBA 编辑界面中输入“Me!Ch2.Requery”，如图 4-81 所示。

步骤六：单击标准工具栏上的“Access 视图”按钮，切换到 Access 界面，将“借阅者信息查询”窗体切换到窗体视图，在“选项组”控件中的文本框中输入任意的“学生编号”或“姓名”，查看创建效果。

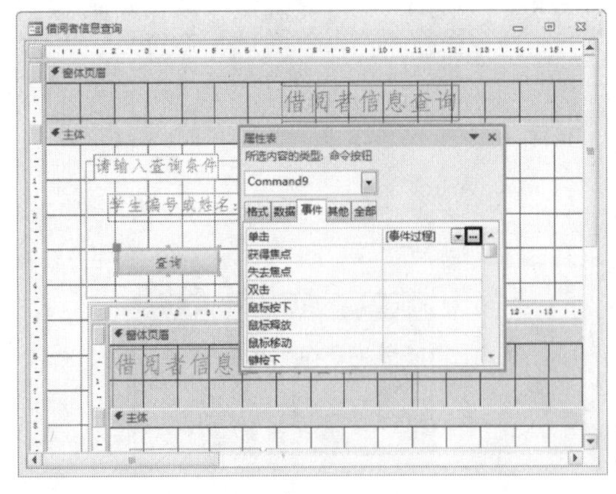

图 4-80　“事件”属性设置

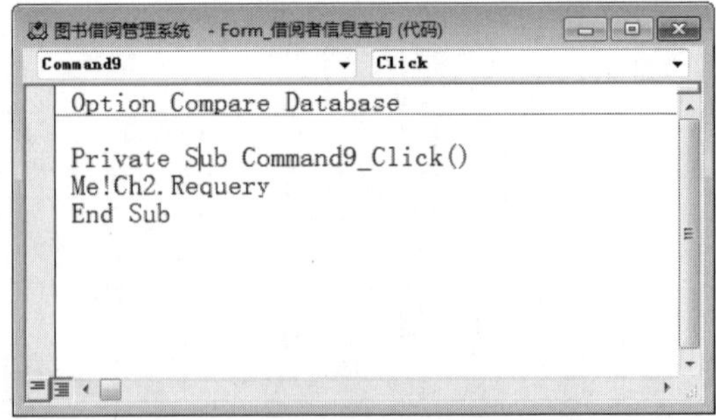

图 4-81　按钮功能代码

任务三　窗体及控件常用属性

一、任务分析

在完成了窗体的创建后，为了实现某些功能往往需要对窗体或控件的属性进行设置，属性用于决定表、查询、字段、窗体及报表的特性。窗体及窗体中的每个控件都具有各自的属性，这些属性决定了窗体及控件的外观、所包含的数据，以及对鼠标或键盘事件的响应。

本任务需要完成以下操作。

1）对任务二中创建的“借阅者信息查询”窗体作以下设置：取消窗体的水平和垂直滚动条、记录选定器、导航按钮、分隔线、最大和最小化按钮，原始效果和设置后的效果如图 4-82 和图 4-83 所示。

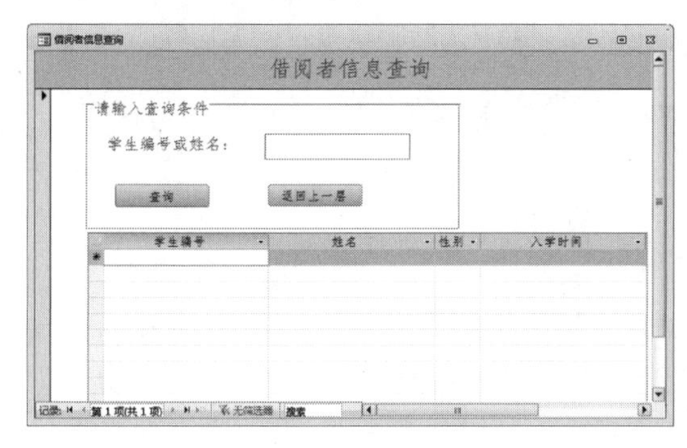

图 4-82　原始效果

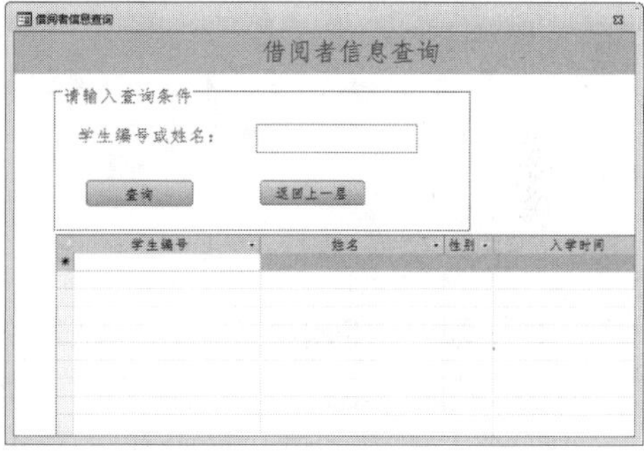

图 4-83　设置后的效果

2）设置已创建的“借阅者信息查询”窗体中的标题和“借阅者信息查询”标签的“格式”属性。其中，“字体名称”为“隶书”，“字号”为 16，前景颜色为“灰色”，“教师编号”标签的背景色为“蓝色”，前景色为“白色”，效果如图 4-84 所示。

图 4-84　设计效果

3）在已创建的“借阅者表”窗体中，在“学生编号”的右侧添加适当控件，以显示窗体中该学生所借图书的数量，如图 4-85 所示。“借阅者表”窗体中子窗体的名称为“借还书子窗体”。

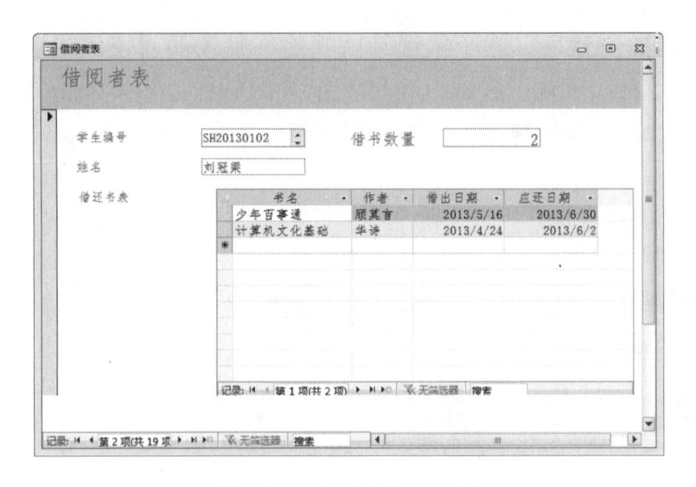

图 4-85　最后的设计效果

二、任务实施

1）对任务二中创建的“借阅者信息查询”窗体作以下设置：取消窗体的水平和垂直滚动条、记录选定器、导航按钮、分隔线、最大和最小化按钮。

步骤一：以设计视图方式打开“借阅者信息查询”窗体并选中窗体。

步骤二：在“设计”选项卡下的“工具”组中单击“属性表”命令，在弹出的“属性”对话框中根据要求对窗体属性进行设置，如图 4-86 所示。

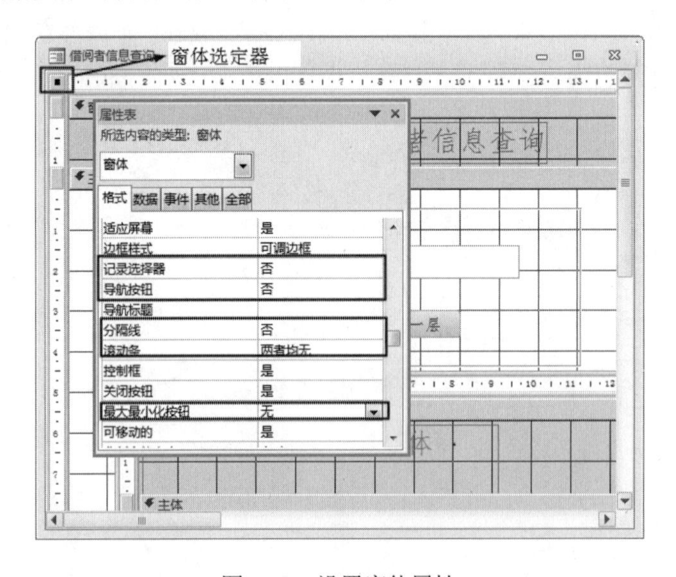

图 4-86　设置窗体属性

步骤三：设置完成后，将窗体保存并切换到窗体视图，查看设置效果。

2)设置已创建的“借阅者信息查询”窗体中的标题和“请输入查询条件”标签的“格式”属性。其中，标题的“字体名称”为“隶书”，“字号”为16，前景颜色为“灰色”；“请输入查询条件”标签的背景色为“蓝色”，前景色为“白色”。

步骤一：以设计视图方式打开“借阅者信息查询”窗体，如果此时没有弹出“属性表”对话框，则单击“工具”组中的“属性表”按钮，打开“属性表”对话框。

步骤二：选中“借阅者信息查询”标签，选择“格式”选项卡，在“字体名称”下拉列表中选择“隶书”选项，在“字号”下拉列表中选择“16”选项，如图4-87所示。然后，选中“请输入查询条件”标签，单击“前景色”栏，并单击右侧的“生成器”按钮，从打开的颜色对话框中选择“灰色”选项，如图4-88所示。

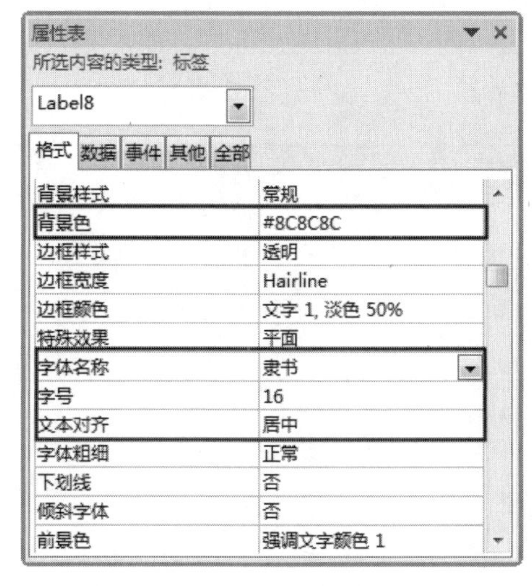

图4-87 窗体标题设置

图4-88 “请输入查询条件”标签设置结果

步骤三：选中“请输入查询条件”标签，按照上述方法设置其相关属性，设置完成后单击“保存”按钮，切换到窗体视图查看效果。

3）在已创建的“借阅者表”窗体中，在“学生编号”的右侧添加适当控件，以显示窗体中该学生所借图书的数量。

步骤一：以设计视图方式打开“借还书表 子窗体”，在“窗体页脚”节区域添加一个文本框，设置文本框控件的“控件来源”属性为“=Count（*）”，控件的“名称”属性为“Text4”，如图4-89所示。

步骤二：保存并关闭“借还书表 子窗体”，以设计视图方式打开“借阅者表”窗体，在“学生编号”文本框的右侧添加一个“文本框”控件，附带标签的标题为“借书数量”，打开“文本框”控件属性表，在“数据”选项卡下单击“控件来源”属性对应的“表达式生成器”按钮。在如图4-90所示的界面中选择“Text4”所在的位置，或在如图4-91所示的界面中直接设置“控件来源”属性为“=[借还书表 子窗体].[Form]![Text4]”。

步骤三：保存对窗体的设置，将窗体切换到窗体视图，浏览窗体中的记录，查看设置效果。

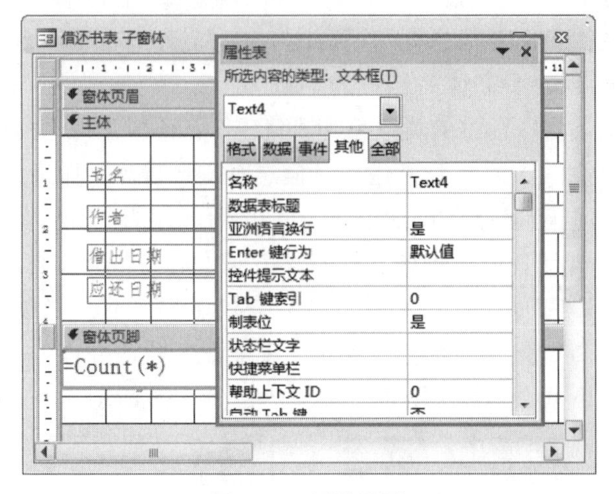

图 4-89　属性设置

图 4-90　表达式生成器

属性表

所选内容的类型：文本框(T)

Text8

格式　数据　事件　其他　全部

控件来源	=[借还书表 子窗体].[Form]![Text4]
文本格式	纯文本
输入掩码	
默认值	
有效性规则	
有效性文本	
筛选查找	数据库默认值
可用	是
是否锁定	否
智能标记	

图 4-91　“控件来源”属性设置

任务四　修饰“图书借阅管理系统”数据内部窗体

一、任务分析

窗体修饰的基本功能是设计完成后，对窗体上的控件及窗体本身的一些格式进行设定，使窗体界面看起来更加美观，布局更加合理，使用更加方便。除了通过设置窗体或控件的“格式”属性来对窗体及控件进行修饰外，还可通过应用主题和条件格式等功能进行格式设置。

本任务主要完成以下操作：

1）将系统主题设置为“跋涉”效果。

2）在已创建的“图书信息”窗体中，应用条件格式，使窗体中各类定价字段值以不同的颜色显示：30 元以下（包含 30 元）用红色显示；30～40 元（不含 40 元）用蓝色显示；40 元以上（包含 40 元）用绿色表示，效果如图 4-92 所示。

3）在“还书登记”窗体中，为“学生证号”与“图书编号”添加提示信息“内容不能为空”，设置效果如图 4-93 所示。

图 4-92　主题添加效果

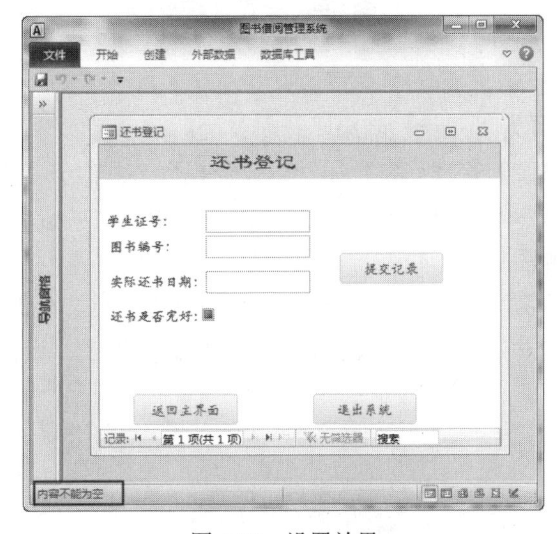

图 4-93　设置效果

4）创建如图 4-94 所示的窗体，要求将第一个和第二个文本框控件右对齐，将 3 个文本框之间的垂直间距设置为相同，效果如图 4-95 所示。

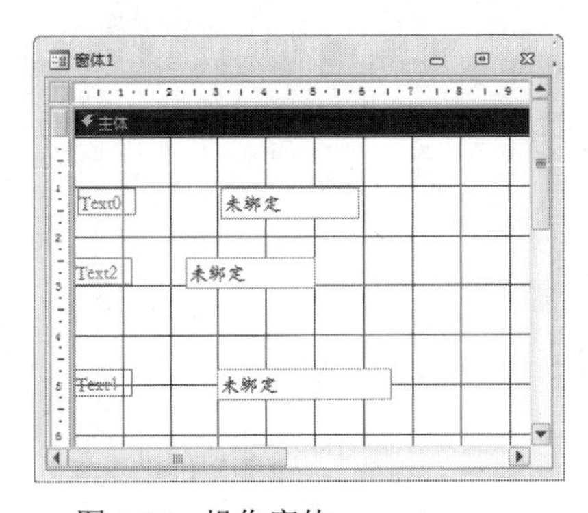

图 4-94　操作窗体

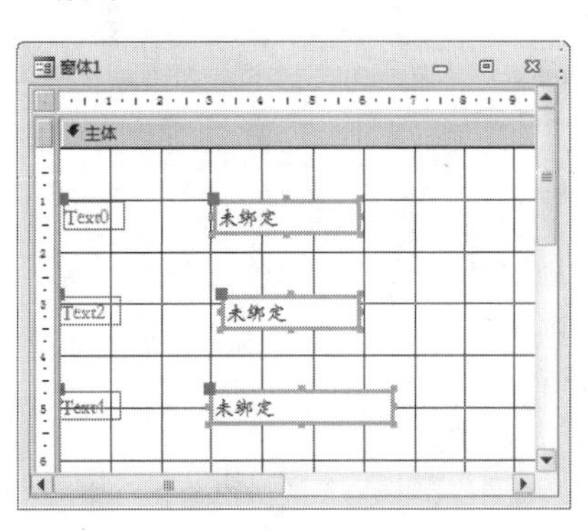

图 4-95　设置效果

5）将“图书借阅管理系统”中的“登录”窗体的背景图片设置为“D:\Access”文件夹下的“登录窗体.jpg”，效果如图 4-96 所示。

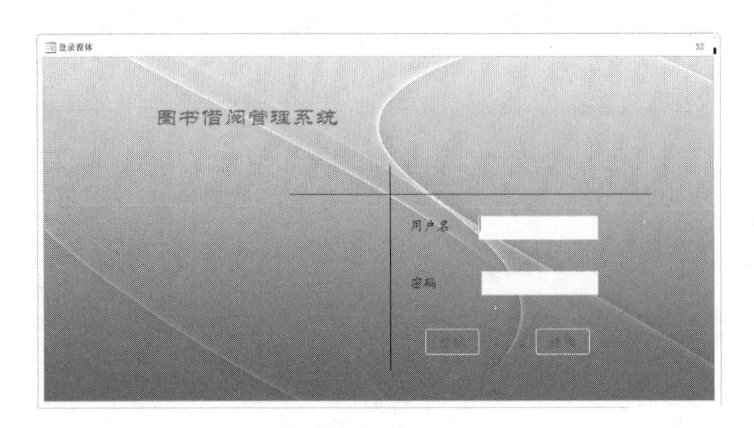

图 4-96　设置效果

二、任务实施

1）将系统主题设置为“跋涉”效果。

步骤一：在“图书借阅管理系统”中，以设计视图方式打开任意一个窗体。

步骤二：在“设计”选项卡下的“主题”组中，单击“主题”按钮，在下拉列表中选择“跋涉”主题，如图 4-97 所示。

设置完成后可以看到，窗体页眉节的背景颜色发生变化。此时，打开其他窗体，会发现所有窗体的外观均发生了变化，而且外观的颜色是一致的。设计效果如图 4-98 所示。

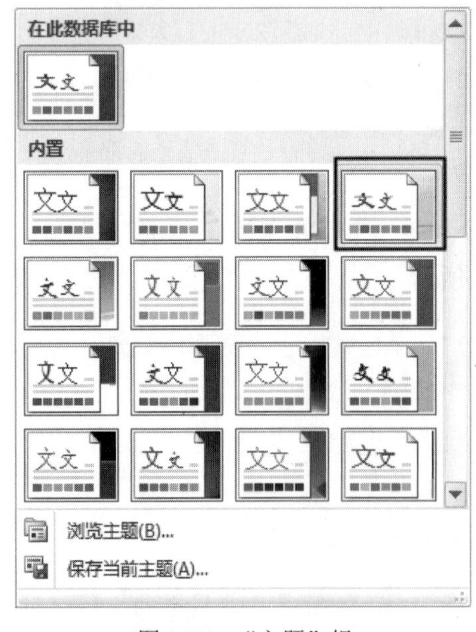

图 4-97　“主题”组

图 4-98　设计效果

2）在已创建的“图书信息”窗体中，应用条件格式，使窗体中各类定价字段值以不同的颜色显示：30 元以下（包含 30 元）用红色显示；30～40 元（不含 40 元）用蓝色显示；40 元以上（包含 40 元）用绿色表示。

步骤一：以设计视图方式打开“图书信息”窗体，选中“定价”文本框。

步骤二：在“格式”选项卡下，单击“条件格式”按钮，如图 4-99 所示，弹出如图 4-100 所示的对话框。

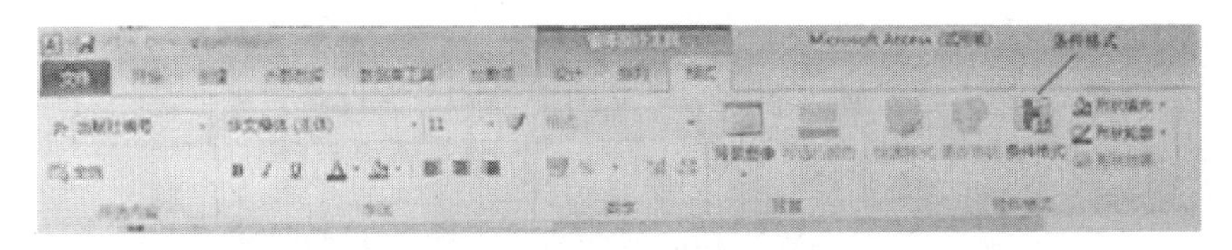

图 4-99　“条件格式”按钮

条件格式规则管理器
显示其格式规则(S): 定价
新建规则(N)　编辑规则(E)　删除规则(D)
规则(按所示顺序应用)　格式
确定　取消　应用

图 4-100　条件格式规则管理器

步骤三：在“条件格式规则管理器”对话框中单击“新建规则”按钮，打开“编辑格式规则”对话框，设置字段值小于或等于 30 时，字体颜色为“红色”，设置完成后单击“确定”按钮，如图 4-101 所示。

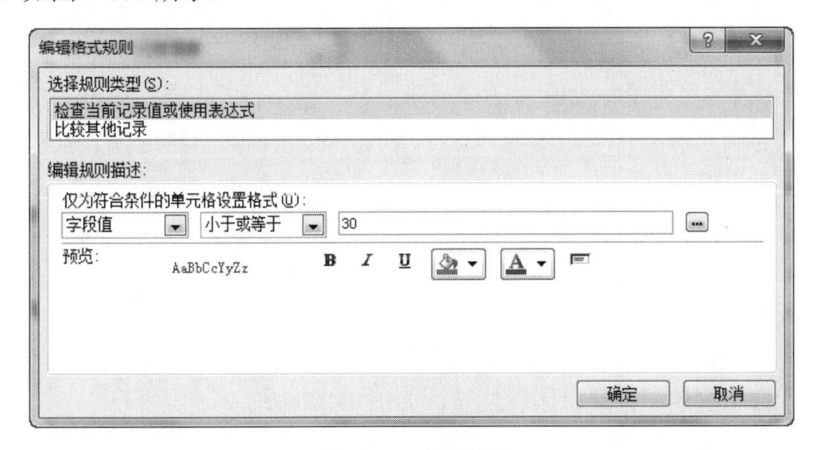

图 4-101　条件设置

步骤四：按照上述方法，完成其他条件的设置，设置完成后将窗体切换到窗体视图，查看设置效果。

3）在“还书登记”窗体中，为“学生证号”与“图书编号”添加提示信息“内容不能为空”。

步骤一：以设计视图方式打开“还书登记”窗体，选中“学生证号”文本框。

步骤二：打开控件属性表，在“其他”选项卡下的“状态栏文字”属性中输入提示信息，如图 4-102 所示。

步骤三：按照上述方法设置“图书编号”的提示信息，设置完成后，将窗体切换到窗体视图，查看效果。

图 4-102　属性设置

4）创建如图 4-104 所示的窗体，要求将第一个和第二个文本框控件右对齐，将 3 个文本框之间的垂直间距设置为相同。

步骤一：按要求完成窗体的创建。

步骤二：选中第一个和第二个控件，在“窗体设计工具”中的“排列”选项卡下单击“对齐”按钮，并选择“靠右”选项即可，如图 4-103 所示。

步骤三：选中 3 个控件，如图 4-104 所示，在“窗体设计工具”中的“排列”选项卡下，单击“调整大小和排序”组中的“大小/空格”按钮，然后再选择“垂直相等”选项即可，如图 4-105 所示。

步骤四：设置完成后，单击“保存”按钮，切换到窗体视图，查看设置效果。

5）将“图书借阅管理系统”中的“登录”窗体的背景图片设置为“D:/Access”文件夹下的“登录窗体.jpg”。

步骤一：以设计视图方式进入“登录”窗体。

步骤二：选中窗体，打开窗体属性表，如图 4-106 所示。

步骤三：在“格式”选项卡下的“图片”属性中设置，单击…按钮，选择背景图片

“登录窗体.jpg”，如图 4-107 所示。

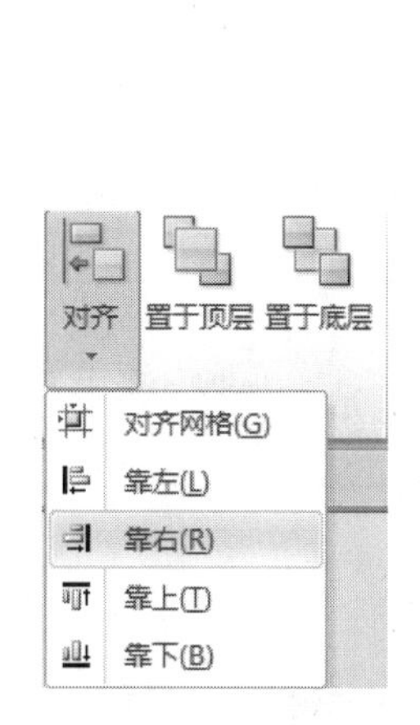

图 4-103 “对齐”按钮

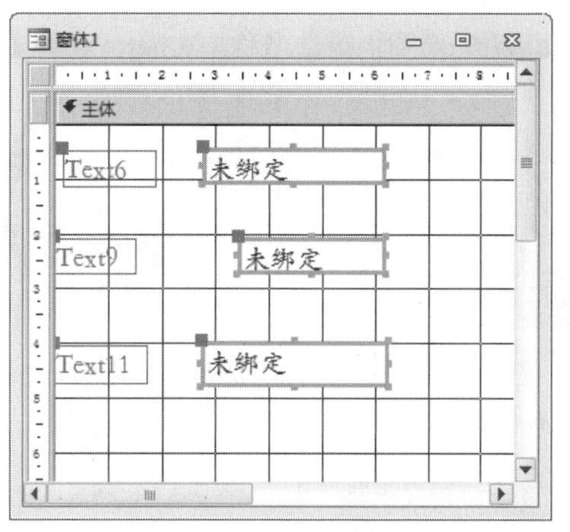

图 4-104 选中效果

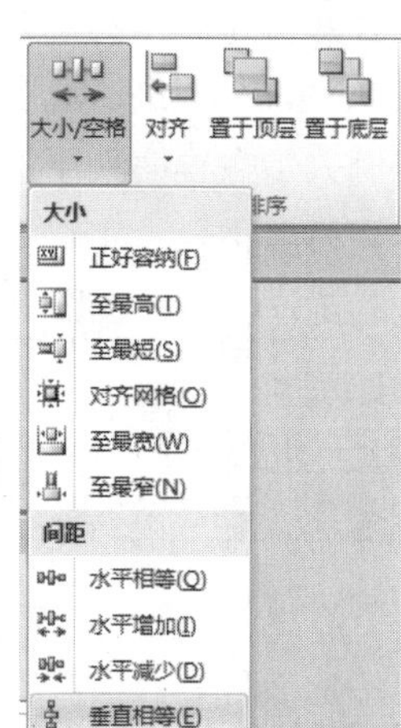

图 4-105 “垂直相等”选项

图 4-106 属性表

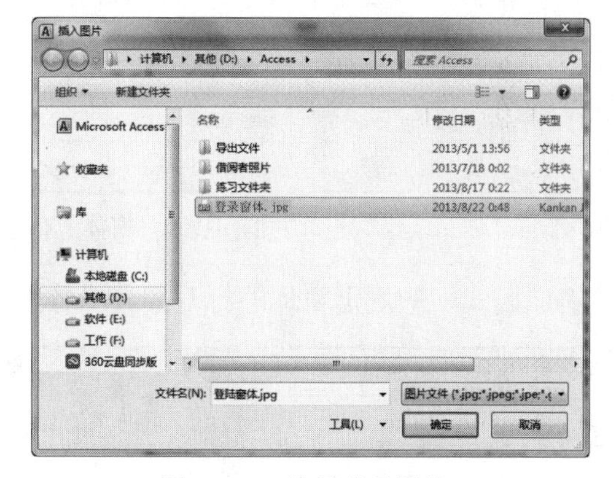

图 4-107 选择背景图片

步骤四：单击“保存”按钮，将窗体切换到窗体视图，查看设置效果。

注意：完成图片的设置后，可在“图片类型”属性设置图片的插入方式，最常用的方式是“嵌入”与“链接”。

项目拓展

VBA 常见操作

在 VBA 编程过程中经常会用到一些操作，如打开或关闭一个数据库对象、验证窗体或报表对象中控件的值、显示一些提示信息或实现一些“定时”功能（如动画）等，这些功能可以使用系统提供的对象或函数等来完成。

1. 打开窗体操作

打开窗体操作的命令格式如下：

DoCmd.OpenForm 窗体名称[,视图][,筛选名称][,Where 条件][,数据模式][,窗口模式]

有关参数说明如下：

窗体名称——字符串表达式，代表窗体的有效名称。

视图——各种视图的对应常量如图 4-108 所示。

设计视图	acDesign	数据表视图	acFormDS
窗体视图（默认值）	acNormal	打印预览	acPreview
布局视图	acViewLayout		

图 4-108　窗体的视图对应常量

筛选名称——字符串表达式，代表查询的有效名称。

Where 条件——字符串表达式，不包含 Where 关键字的有效 SQL Where 子句。

数据模式——规定窗体打开后的数据输入模式，各种数据输入模式的对应常量如图 4-109 所示。

追加模式	acFormAdd	编辑模式	acFormEdit
窗体默认设置（默认值）	acFormPropertySettings	只读模式	acFormReadOnly

图 4-109　窗体数据输入模式对应常量

窗口模式——规定窗体的打开形式，各种窗口模式的对应常量如图 4-110 所示。

对话框	acDialog	隐藏	acHidden
最小化	acIcon	窗体的属性所设置的模式	acWindowNormal(默认值)

图 4-110　窗体窗口模式对应常量

其中，筛选名称和 Where 条件两个参数用于对窗体的数据源数据进行过滤和筛选。

例如，以对话框形式打开名为“图书信息管理”的窗体：

DoCmd.OpenForm"图书信息管理",,,,,acDialog

注意：参数可以省略，取默认值，但是分隔符“,”不能省略。

2. 打开表操作

打开表操作的命令格式如下：

DoCmd.OpenTable 表名[,视图][,数据模式]

各参数说明如下：

表名——代表要打开的表的有效名称，为字符串表达式。

视图——代表将要打开的表的视图，各种视图的对应常量如图 4-111 所示。

数据模式——指定对表中数据的操作方式，各种数据模式的对应常量如图 4-112 所示。

设计视图	acViewDesign	数据表视图（默认值）	acViewNormal
打印预览	acViewPreview		

图 4-111 表的视图对应常量

追加模式	acAdd	编辑模式(默认值)	acEdit
只读模式	acReadOnly		

图 4-112 表的数据模式对应常量

例如，将“借阅者表”以设计视图的方式打开的语句为：

DoCmd.OpenTable "借阅者表",acViewDesign

3. 打开查询操作

打开查询操作的命令格式如下：

DoCmd.OpenQuery 查询名[,视图][,数据模式]

各参数的使用方式与打开表操作相同，这里不再赘述。

例如，打开“未还书信息”查询设计视图的语句为：

DoCmd.OpenQuery "未还书信息",acViewDesign

4. 关闭对象操作

关闭对象操作的命令格式如下：

DoCmd.Close[对象类型,对象名] [,保存]

各参数说明如下：

对象类型——表示要关闭的对象的类型，表、查询、窗体、报表、宏和模块分别用acTable、acQuery、acForm、acReport、acMacro 和 acModule。

对象名——指明要关闭对象的名字，为字符串表达式。

保存——用来指明当关闭对象时，对对象的保存操作，可以使用以下几个常量：acSaveNo、acSavePrompt (默认值)、acSaveYes，这 3 个常量分别表示“只关闭不保存”“提示是否保存”和“保存并关闭对象”。

例如，关闭名为“图书信息查询”的窗体：

DoCmd.Close acForm,"图书信息查询"。

注意：从 DoCmd.Close 命令的参数可以看出，该命令可以用于关闭 Access 中的各种对象，而且可以省略所有的参数，这种情况用于关闭当前对象。

5. 记录的保存

记录的保存操作的命令格式如下：

DoCmd.RunCommand acCmdSaveAsReport

6. If 语句

If 语句的基本格式如下：

If　条件表达式　then

语句序列

Endif

执行：当条件表达式成立时，执行语句序列，其中条件表达式只有两个值，即真和假。

项目测评

本项目的测评表见表 4-2。

表 4-2 项目测评表

项目名称	使用设计视图创建窗体			
任务名称	知识点	完成任务	掌握技能	所占权重
使用设计视图创建“借阅者信息”窗体	窗体的组成以及各组成部分所在的位置；窗体中常用控件的作用；.IIF 函数的使用方法	通过使用窗体设计视图完成“借阅者信息”窗体的创建；通过使用窗体设计视图创建“报表显示”窗体，选项卡控件的名称为“T1”，页的名称分别为“图书信息报表”“出版社报表”“借还书信息报表”，在每一页中分别添加对应的“按钮”控件	掌握设计视图创建窗体的基本流程，重点掌握各控件的添加以及使用方法	30%
使用“设计视图”创建主子窗体	主/子窗体的概念与作用；主/子窗体的分类	创建“借阅者信息管理”窗体，在该窗体中，主窗体包含 3 个命令按钮，按钮的标题分别为“借阅者信息查询”“返回主界面”“退出系统”，子窗体中包含对借阅者信息的基本操作；创建“借阅者信息查询”窗体，在主窗体中添加“选项组”控件，控件附带标签标题为“请输入查询条件”，在“选项”组中添加“文本框”控件和“按钮”控件，“文本框”控件名称为“Text1”，附带标签标题为“学生编号或姓名:”，“按钮”控件的标题分别为“查询”“返回上一层”，在窗体中添加“子窗体/子报表”控件，控件名称为“Ch2”	掌握创建“主/子窗体”的基本流程，能够独立完成 “主/子窗体”窗体的创建	30%
窗体及控件常用属性	掌握窗体及控件的常用属性以及各属性的作用	对任务二中创建的“借阅者信息查询”窗体中作以下设置：取消窗体的水平和垂直滚动条、记录选定器、导航按钮、分隔线、最大和最小化按钮；设置已创建的“借阅者信息查询”窗体中的标题和“借阅者信息查询”标签的“格式”属性，其中“字体名称”为“隶书”，“字号”为 16，前景颜色为“灰色”；“教师编号”标签的背景色为“蓝色”，前景色为“白色”；在已创建的“借阅者表”窗体中，在“学生编号”右侧添加适当控件，以显示窗体中该学生所借图书的数量	掌握窗体以及控件属性值的修改方法，并了解各属性的作用	25%
修饰“图书借阅管理系统”数据内部窗体	主题的概述；提示信息的作用；窗体布局包含内容	将系统主题设置为“跋涉”效果；在已创建的“图书信息”窗体中，应用条件格式，使窗体中各类定价字段值以不同的颜色显示：30 元以下（包含 30 元）用红色显示，30～40 元（不含 40 元）用蓝色显示，40 元以上（包含 40 元）用绿色表示；在“还书登记”窗体中，为“学生证号”与“图书编号”添加提示信息“内容不能为空”；创建窗体，现要求将第一个和第二个文本框控件右对齐，将 3 个文本框之间的垂直间距设置为相同	掌握窗体修饰的基本方法，能够独立完成窗体的修饰与美化	15%

项目小结

本项目通过 4 个任务完成了对使用“设计视图”创建窗体的学习，使用“设计视图”创

建窗体是最实用的方法之一，且在全国计算机等级考试中所占的分值约 10～15 分。

任务一主要学习了使用“设计视图”创建窗体的基本流程，重点学习窗体中控件的使用方法和作用。在众多控件中，需重点掌握“列表框”和“组合框”控件的使用。

任务二主要学习了“主/子窗体”的创建方法，通过本任务的学习应掌握“主/子窗体”的分类以及分类依据，并且能够独立地完成对该类型窗体的创建。

任务三需要重点掌握窗体及控件的常用属性以及各属性的作用。窗体及控件的属性在考试中出现的频率较高，应重点练习。

任务四通过 4 个操作完成了对修饰窗体内容的学习，主要讲解了窗体“主题”的应用方法，了解“主题”的设置效果，“条件格式属性”的使用方法以及添加效果，还有窗体布局的方法。在本任务中需要重点掌握“条件格式属性”与窗体布局的方法。

项目三　定制系统控制窗体

任务　创建导航窗体

一、任务分析

Access 2010 提供了一种新型的窗体，称为导航窗体。在导航窗体中，可以选择导航按钮的布局，也可以在所选布局上直接创建导航按钮，并通过这些按钮将已建的数据库对象集成在一起，形成数据库应用系统。使用导航窗体创建应用系统控制界面更简单、更直观。

本任务将完成以下操作：

1）使用“导航”按钮，创建“图书借阅管理系统”控制窗体，效果如图 4-113 所示。

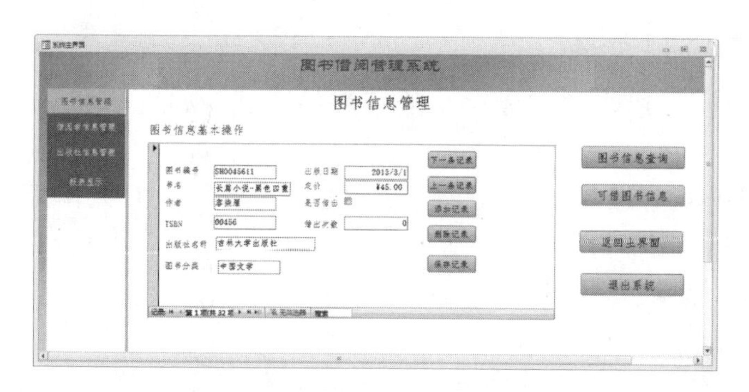

图 4-113　窗体效果

2）将“图书借阅管理系统”中已存在的“登录窗体”设置为启动窗体，效果如图 4-114 所示。

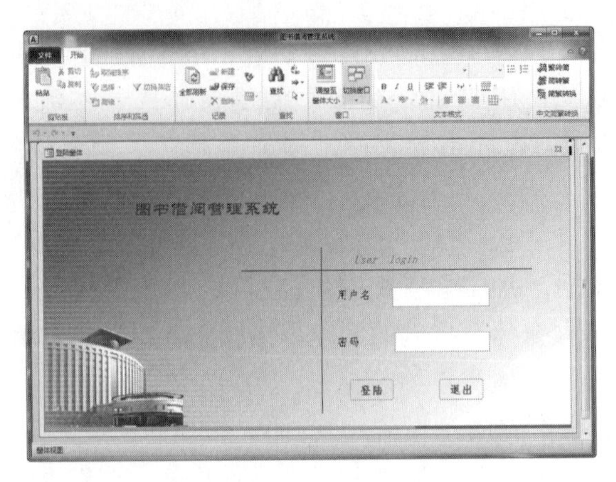

图 4-114　数据库启动效果

二、任务实施

1）使用“导航”按钮，创建“图书借阅管理系统”控制窗体。

步骤一：选择“创建”选项卡，单击“窗体”组中的“导航”按钮，从弹出的下拉列表中选择一种需要的窗体样式，本例选择“垂直标签，左侧”选项，如图 4-115 所示。

步骤二：在垂直标签上添加功能，鼠标单击左侧选中“新增”按钮，输入“图书信息管理”，导航窗体中间的显示区域会自动链接到“图书信息管理”窗体并显示出来，效果如图 4-116 所示。

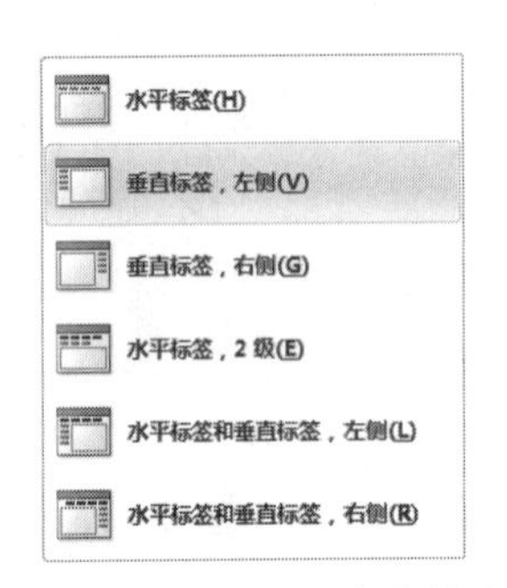

图 4-115　可选择的窗体样式

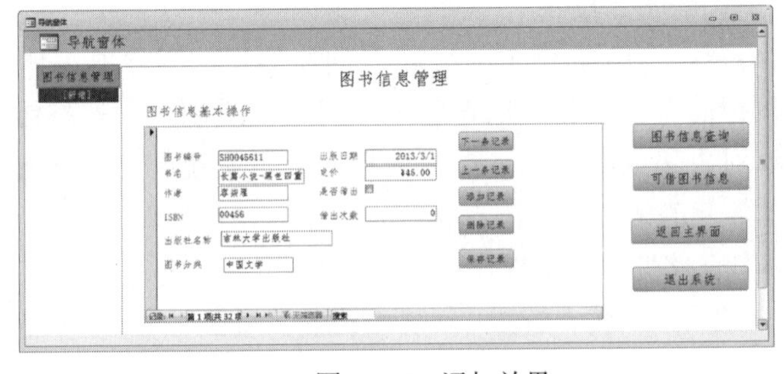

图 4-116　添加效果

步骤三：按照上述步骤完成对其他标签的添加，最终将窗体保存为“系统主界面”。

2）将“图书借阅管理系统”中已存在的“登录窗体”设置为启动窗体。

步骤一：打开“图书借阅管理系统”数据库，在“文件”选项卡下单击“选项”按钮，打开“Access 选项”对话框，如图 4-117 所示。

步骤二：在左侧选择“当前数据库”，设置窗口标题栏显示信息。在“应用程序标题”文本框中输入“图书借阅管理系统”，这样在打开数据库时，Access 窗口的标题栏上会显示“图书借阅管理系统”，如图 4-118 所示。

步骤三：设置窗口标题。单击“应用程序图标”文本框右侧的“浏览”按钮，找到所需图标所在的位置并将其打开，这样该图标会代替 Access 图标。

图 4-117　“Access 选项”对话框

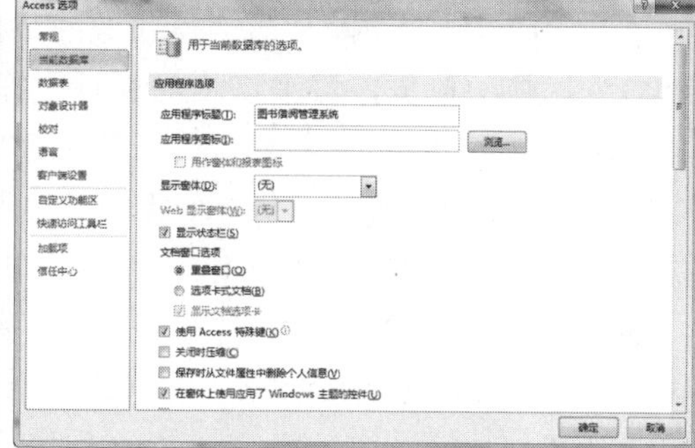

图 4-118　标题设置

步骤四：设置自动打开的窗体。在“显示窗体”下拉列表中，选择“登录窗体”，将该窗体作为启动后显示的第一个窗体，如图 4-119 所示，这样在打开“教学管理”数据库时，Access 会自动打开“教学管理”窗体。

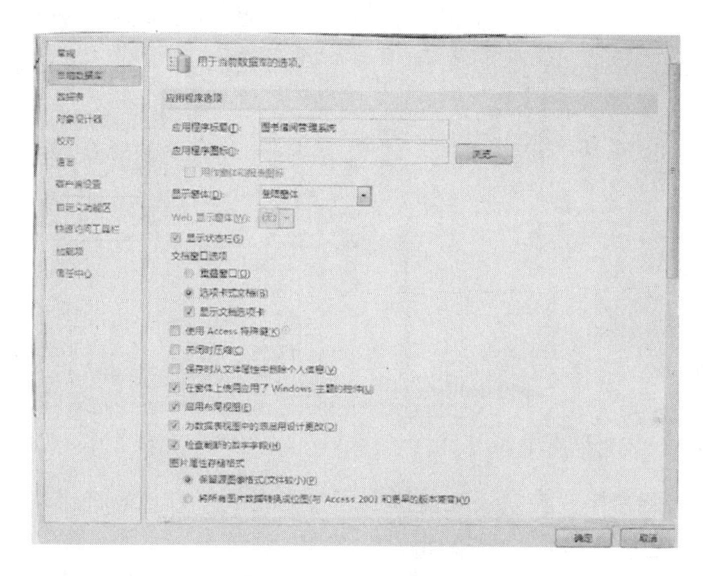

图 4-119　显示窗体设置

步骤五：取消选中的“使用 ACCESS 特殊键”复选框，这样在下一次打开数据库时，导航窗格将不再出现。单击“确定”按钮。

使用“切换面板管理器”创建“图书借阅管理系统”切换窗体

使用“切换面板管理器”创建的窗体是一种特殊窗体，称为切换窗体，该窗体是一个控制菜单，通过选择菜单实现对所集成的数据库对象的调用，每级控制菜单对应一个界面，称为切换面板页，每个切换面板页上提供相应的切换项及菜单项。创建切换窗体时，首先要启动切换面板管理器，然后创建所有的切换面板页和每页上的切换项，设置默认的切换面板页，最后为每个切换项设置相应内容。

（1）添加切换面板管理器工具

通常，使用“切换面板管理器”创建系统控制界面的第一步是启动切换面板管理器。由于 Access 2010 并未将“切换面板管理器”工具放在功能区中，因此使用前先要将其添加到功能区中。将“切换面板管理器”添加到“数据库工具”选项卡中的步骤如下。

步骤一：单击“文件”选项卡，在左侧的窗格中单击“选项”命令，如图 4-120 所示。

步骤二：在打开的“Access 选项”对话框的左侧窗格中，单击“自定义功能区”，此时右侧窗格将显示自定义功能区的相关内容，如图 4-121 所示。

图 4-120 “文件”选项卡

图 4-121 “Access 选项”对话框

步骤三：在右侧窗格“自定义功能区”下拉列表的下方，勾选“数据库工具”复选框，然后单击“新建组”按钮，结果如图 4-122 所示。

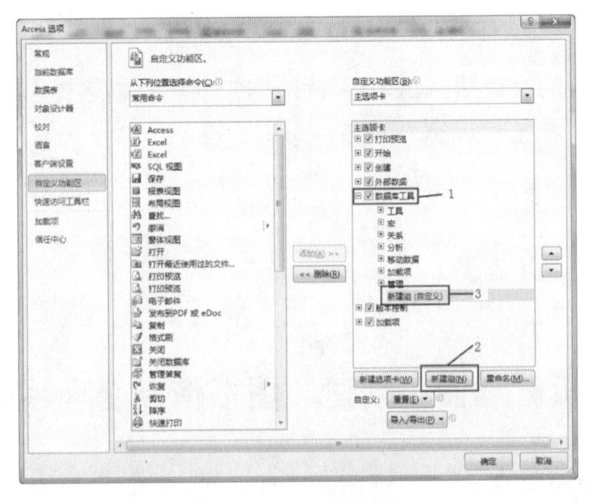

图 4-122 添加“新建组”

步骤四：单击“重命名”按钮，打开“重命名”对话框，在“显示名称”文本框中输入“切换面板”作为新建组的名称，然后选择一个合适的图标，单击“确定”按钮，如图4-123所示。

步骤五：单击“从下拉位置选择命令”下拉列表右侧的箭头，从列表中选择“切换面板管理器”选项，单击“添加”按钮，然后单击“确定”按钮，关闭“Access选项”对话框。这样“切换面板管理器”就被添加到“数据库工具”选项卡的“切换面板”组中，如图4-124所示，添加效果如图4-125所示。

图4-123　“重命名”对话框

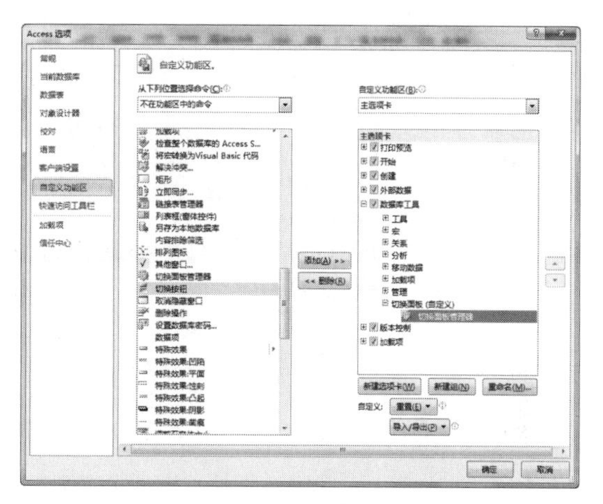

图4-124　添加界面

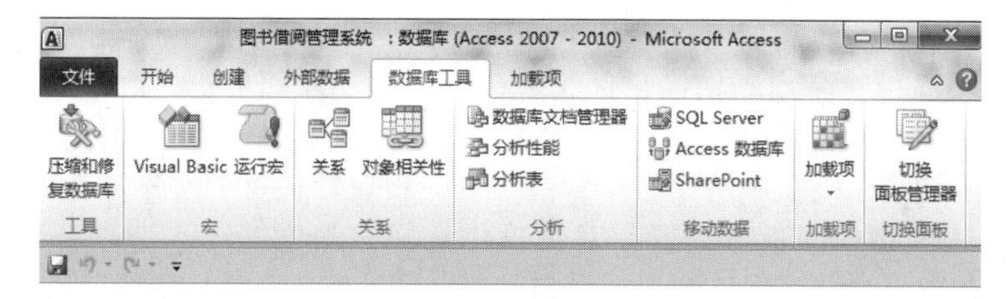

图4-125　添加效果

（2）启动切换面板管理器

步骤一：选择“数据库工具”选项卡，单击“切换面板”组中的“切换面板管理器”按钮。由于第一次使用管理器，因此Access显示“切换面板管理器”提示框，如图4-126所示。

步骤二：单击“是”按钮，弹出“切换面板管理器”对话框，如图4-127所示。

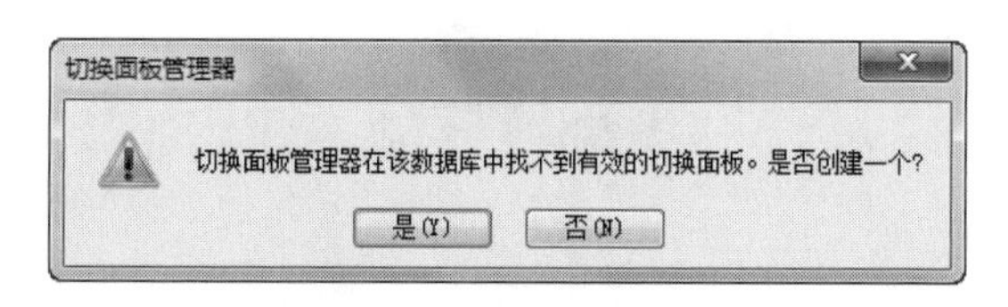

图4-126　提示对话框

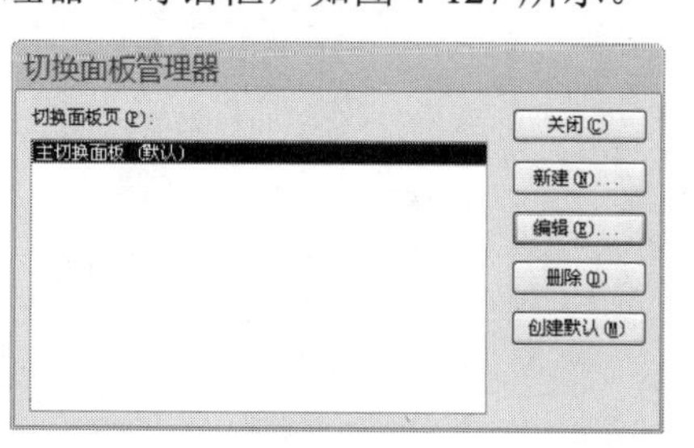

图4-127　“切换面板管理器”对话框

此时，“切换面板页”列表框中有一个 Access 创建的“主切换面板（默认）”项。

（3）创建新的切换面板页

分别创建“图书借阅管理系统”“图书信息管理”“借阅者信息管理”“借还书信息管理”“出版社信息管理”和“报表显示”7 个切换面板页。其中，“图书借阅管理系统”为主切换面板页，其包含其他 6 个切换面板页。

步骤一：在如图 4-128 所示的对话框中，单击“新建”按钮，打开“新建”对话框，在“切换面板页名”文本框中输入所建切换面板页的名称“图书借阅管理系统”，然后单击“确定”按钮。

步骤二：按照相同的方法创建“图书信息管理”“借阅者信息管理”“借还书信息管理”“出版社信息管理”“报表显示”等页，结果如图 4-128 所示。

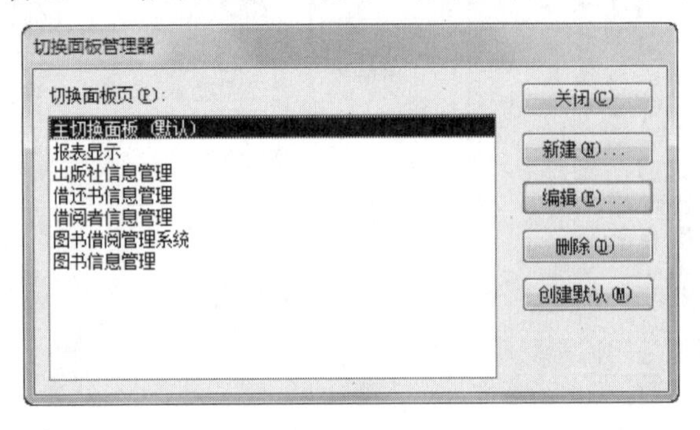

图 4-128　创建切换面板页

（4）设置默认的切换面板页

默认的切换面板页是启动切换窗体时最先打开的切换面板页，也就是上面提到的主切换面板页，它由“（默认）”来标识。“教学管理”切换窗体首先要打开的切换面板页应为已经建立的切换面板页中的“教学管理”页。设置默认页的操作步骤如下。

步骤一：在“切换面板管理器”对话框中选择“教学管理”选项，单击“创建默认”按钮，这时在“教学管理”的后面会自动加上“（默认）”，说明“教学管理”切换面板页已经变为默认切换面板页。

步骤二：在“切换面板管理器”对话框中选择“主切换面板”选项，然后单击“删除”按钮，弹出“切换面板管理器”提示框。

步骤三：单击“是”按钮，删除 Access“主切换面板”选项。设置后的“切换面板管理器”对话框如图 4-129 所示。

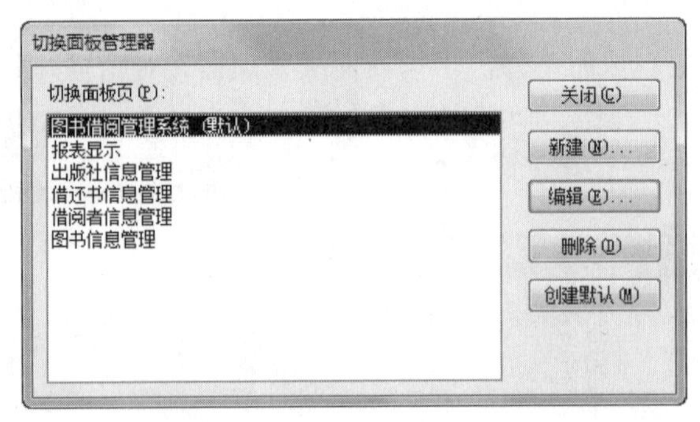

图 4-129　设置默认切换面板页效果

（5）为切换面板页创建切换面板项

“图书借阅管理系统”切换面板页上的切换项应包括“图书信息管理”“借阅者信息管理”“借还书信息管理”“出版社信息管理”和“报表显示”等。在主切换面板页上加入切换面板项，可以打开相应的切换面板页，使其在不同的切换面板页之间进行切换。

步骤一：在“切换面板页”列表框中选择“图书借阅管理系统（默认）”选项，然后单击“编辑”按钮，打开“编辑切换面板页”对话框。

步骤二：单击“新建”按钮，打开“编辑切换面板项目”对话框。在“文本”文本框中输入“图书信息管理”，在“命令”下拉列表中选择“转至‘切换面板’”选项（选择此项的目的是为了打开对应的切换面板页），在“切换面板”下拉列表中选择“图书信息管理”选项，如图4-130所示。

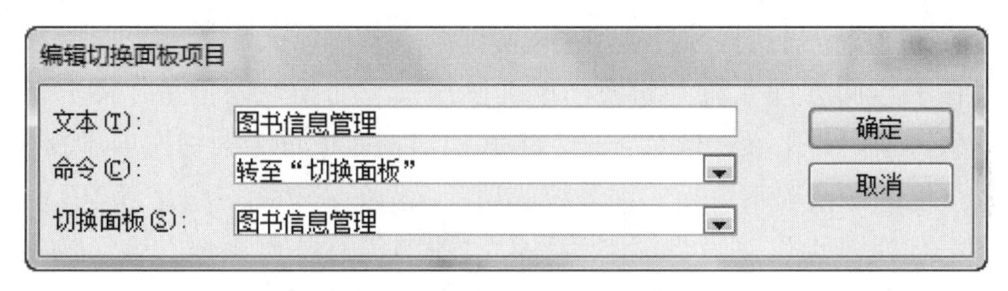

图4-130　创建切换面板页上的切换面板项

步骤三：单击“确定”按钮，此时创建了“图书信息管理”切换面板页的切换面板项。

步骤四：用相同方法，在“图书借阅管理系统”切换面板页中加入“借阅者信息管理”“借还书信息管理”等切换面板项，分别用来打开相应的切换面板页，添加效果如图4-131所示。

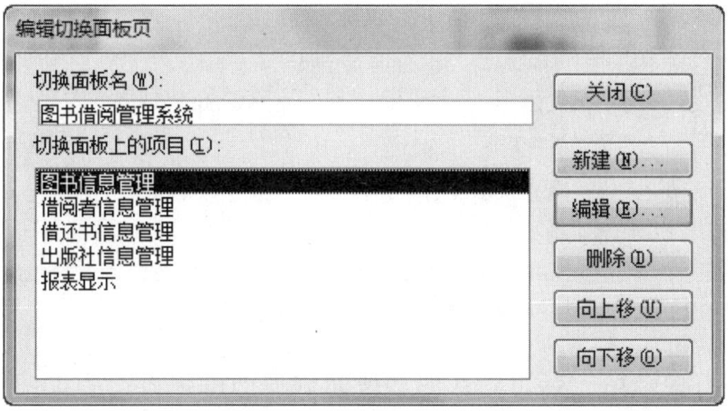

图4-131　添加效果

步骤五：建立一个“退出系统”切换面板项来实现退出应用系统的功能。在“编辑切换面板页”对话框中，单击“新建”按钮，打开“编辑切换面板项目”对话框，如图 4-132 所示，在“文本”文本框中输入“退出系统”，在“命令”下拉列表中选择“退出应用程序”选项，然后单击“确定”按钮，添加效果如图 4-133 所示。

图 4-132 添加“退出系统”项

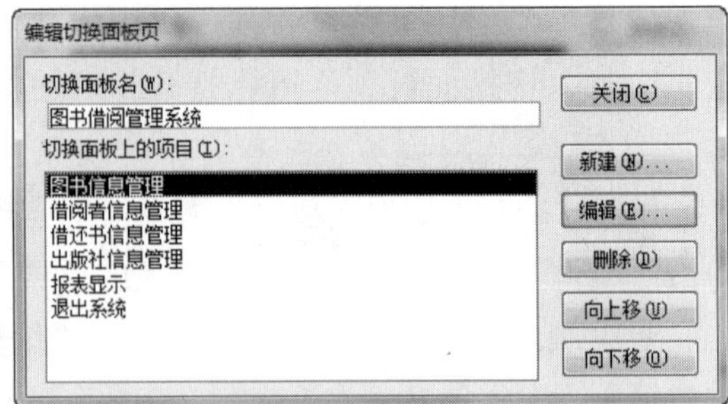

图 4-133 添加效果

步骤六：单击“关闭”按钮，返回“切换面板管理器”对话框。

（6）为切换面板上的切换项设置相关内容

虽然“图书借阅管理系统”切换面板页已加入了切换项，但是“图书信息管理”“借阅这信息管理”“出版社信息管理”等其他切换面板页上的切换项还没有设置，这些切换面板页上的切换项将直接实现系统的功能。例如，“图书信息管理”切换面板上也应有“图书信息查询”“可借图书信息”“图书信息基本操作”等切换项。下面为“图书信息管理”切换面板页创建一个“图书信息查询”切换面板项，该项打开已经建立的“图书信息查询”窗体。

步骤一：在“切换面板管理器”对话框中，选中“图书信息管理”切换面板页，单击“编辑”按钮，打开“编辑切换面板页”对话框。

步骤二：在该对话框中，单击“新建”按钮，打开“编辑切换面板项目”对话框。

步骤三；在“文本”文本框中输入“图书信息查询”，在“命令”下拉列表中选择“在‘编辑’模式下打开窗体”选项，在“窗体”下拉列表中选择“图书信息查询”选项，如图 4-134 所示。

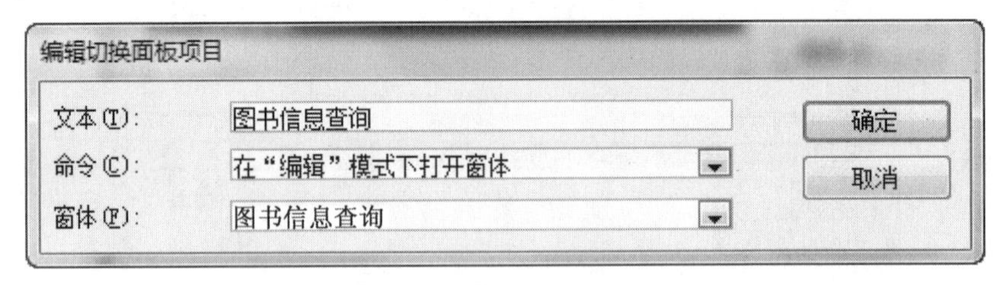

图 4-134 设置切换面板项

步骤四：单击“确定”按钮。其他切换面板项的创建方法与上面的创建方法是相同的。

创建完成后，在“窗体”对象中会自动生成一个名为“切换面板”的窗体，双击该窗体即可看到如图 4-135 所示的“图书借阅管理系统”启动窗体，单击该窗体中的“图书信息管理”项即可看到如图 4-136 所示的窗体，在此窗体中单击 “图书信息查询”项可看

到如图 4-137 所示的窗体。

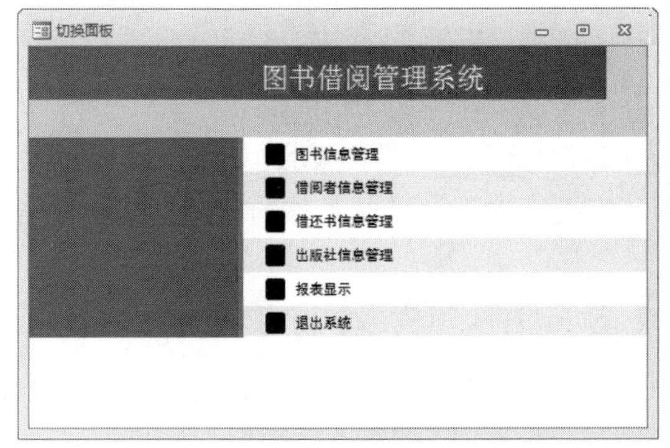

图 4-135　“图书借阅管理系统”启动窗体

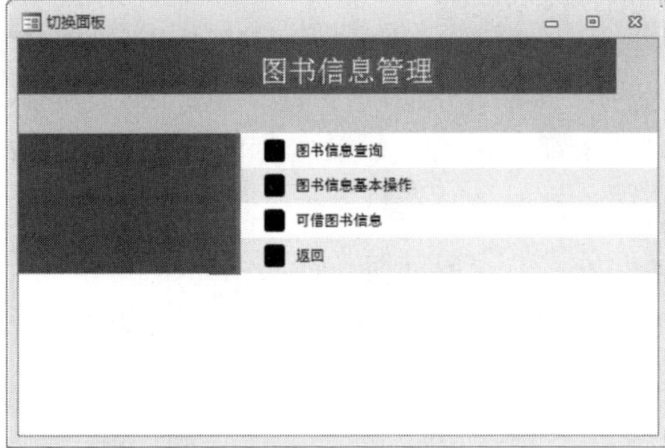

图 4-136　“图书信息管理”窗体

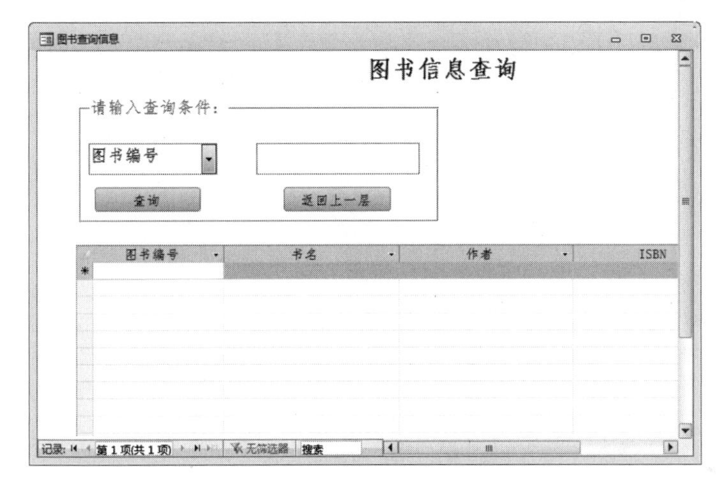

图 4-137　“图书信息查询”窗体

项目测评

本项目的测评表见表 4-3。

表 4-3　项目测评表

项目名称	定制系统控制窗体			
任务名称	知识点	完成任务	掌握技能	所占权重
创建导航窗体	导航窗体的类型；启动窗体的作用；Access 选项的作用	使用“导航”按钮，创建图书借阅管理系统”控制窗体；将“图书借阅管理系统”中已存在的“登录窗体”设置为启动窗体	能够熟练地完成对“导航”窗体的创建，并完成数据库的相应设置	100%

项目小结

本项目学习了导航窗体的创建方法，在完成对系统的创建后，创建导航窗体可以使窗体变得简单且容易操作。通过本项目的学习，应正确地理解导航窗体的作用，能够根据需要独立地完成导航窗体的创建。

本项目所学的知识点在考试中出现频率较低，但在实际应用中使用较多，因此也需要重点掌握。

模块五　报表

项目一　自动创建报表

任务一　使用报表工具创建出版社报表

一、任务分析

在对图书馆书籍进行管理的过程中，特别是在进行工作汇报时，往往需要将系统中的数据进行整理，汇总后再进行汇报。在对管理数据进行汇总的过程中，报表起到了举足轻重的作用。使用报表可以实现格式化地输出数据，并对数据进行汇总，或制作成图标形式，以准确地反映数据之间的关系与变化，为日后的工作作指导。

在 Access 中提供了多种创建报表的方法，如可以使用“报表”“报表设计”“空报表”“报表向导”和“标签”等方法来创建报表。其中，“报表”按钮提供了最快的报表创建方式，它既不向用户提供提示信息，也不需要用户做任何其他的操作就可立即生成报表，在创建的报表中将显示基础表或查询中的所有字段。

本任务将使用报表工具完成出版社报表的创建，效果如图 5-1 所示。

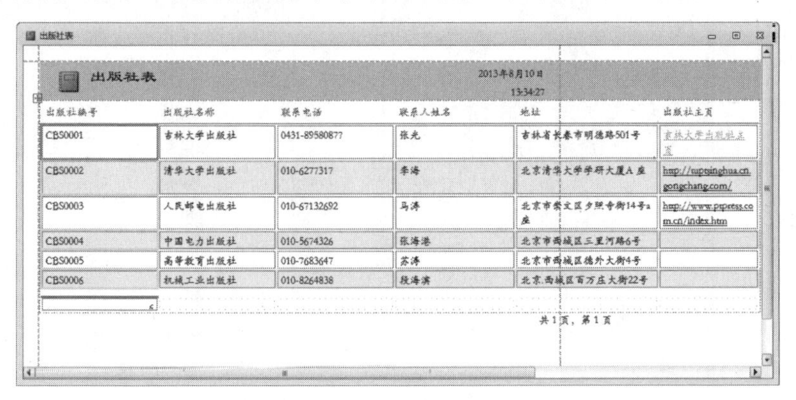

出版社表

2013年8月10日 13:34:27

出版社编号	出版社名称	联系电话	联系人姓名	地址	出版社主页
CBS0001	吉林大学出版社	0431-89580877	张光	吉林省长春市明德路501号	吉林大学出版社主页
CBS0002	清华大学出版社	010-6277317	李海	北京清华大学学研大厦A座	http://tuptsinghua.cn.gongchang.com/
CBS0003	人民邮电出版社	010-67132692	马涛	北京市崇文区夕照寺街14号a座	http://www.ptpress.com.cn/index.htm
CBS0004	中国电力出版社	010-5674326	张海港	北京市西城区三里河路6号	
CBS0005	高等教育出版社	010-7683647	苏涛	北京市西城区德外大街4号	
CBS0006	机械工业出版社	010-8264838	段海滨	北京.西城区百万庄大街22号	

6

共1页，第1页

图 5-1　创建效果

二、任务实施

使用报表工具完成出版社报表的创建。

步骤一：进入“图书借阅管理系统”，在表对象组中选中“出版社表”。

步骤二：在“创建”选项下的“报表”组中单击“报表”按钮，如图 5-2 所示。

步骤三：单击“保存”按钮，命名为“出版社报表”，效果如图 5-3 所示。

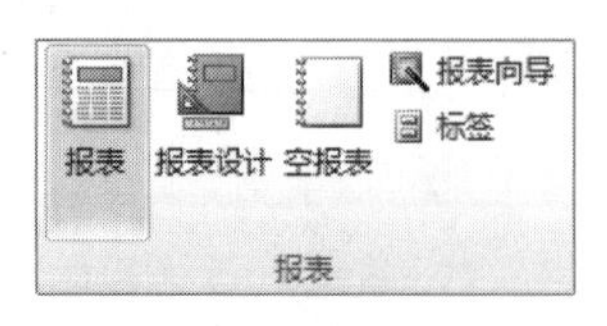

图 5-2　“报表”按钮

出版社表　2013年8月10日 13:55:27

出版社编号	出版社名称	联系电话	联系人姓名
CBS0001	吉林大学出版社	0431-89580877	张光
CBS0002	清华大学出版社	010-6277317	李涛
CBS0003	人民邮电出版社	010-67132692	马涛
CBS0004	中国电力出版社	010-5674326	[illegible]
CBS0005	高等教育出版社	010-7683647	苏涛
CBS0006	机械工业出版社	010-8264838	[illegible]

共 1 页，第 1 页

图 5-3　创建效果

任务二　使用“报表向导”创建图书表报表

一、任务分析

使用报表工具创建报表是创建了一种标准化的报表样式，虽然快捷，但是存在一些不足之处，尤其是不能选择出现在报表中的数据源字段，使用“报表向导”则提供了创建报表时选择字段的自由。除此之外，还可以指定数据的分组和排序方式以及报表的布局样式。

图书表报表主要用于对图书馆中的图书信息进行汇总，使用报表对图书进行分类并统计出图书的数量，将图书信息按照一定的规则输出，以方便对图书信息的管理。

本任务将使用“报表向导”创建图书表报表，要求按照“出版社”和“图书类别”进行分组，并按定价升序输出图书的“图书编号”“书名”“作者”“出版社”“图书分类”和“定价”，效果如图 5-4 所示。

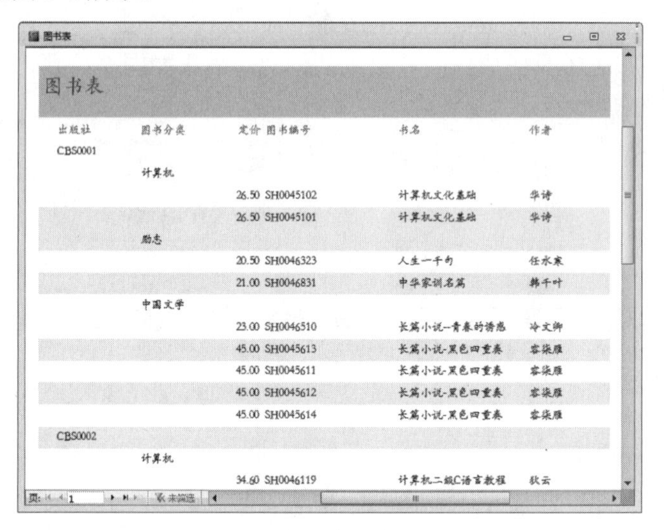

图书表

出版社	图书分类	定价	图书编号	书名	作者
CBS0001					
	计算机				
		26.50	SH0045102	计算机文化基础	华诗
		26.50	SH0045101	计算机文化基础	华诗
	励志				
		20.50	SH0046323	人生一千句	任水寒
		21.00	SH0046831	中华家训名篇	韩千叶
	中国文学				
		23.00	SH0046510	长篇小说--青春的诱惑	冷文卿
		45.00	SH0045613	长篇小说-黑色四重奏	容柒雁
		45.00	SH0045611	长篇小说-黑色四重奏	容柒雁
		45.00	SH0045612	长篇小说-黑色四重奏	容柒雁
		45.00	SH0045614	长篇小说-黑色四重奏	容柒雁
CBS0002					
	计算机				
		34.60	SH0046119	计算机二级C语言教程	狄云

图 5-4　输出效果

二、任务实施

使用“报表向导”创建图书表报表，要求按照“出版社”和“图书类别”进行分组，并按定价升序输出图书的“图书编号”“书名”“作者”“出版社”“图书分类”和“定价”。

步骤一：在“创建”选项卡下的“报表”组中，单击“报表向导”按钮，弹出如图5-5所示的初始界面，在该界面中选择报表数据源，并添加显示字段，添加完成后单击“下一步”按钮。

步骤二：在弹出的分组界面中，系统会自动指定“出版社”为默认分组字段，此时只需添加“图书分类”分组字段即可，如图5-6所示，设置完成后单击“下一步”按钮。

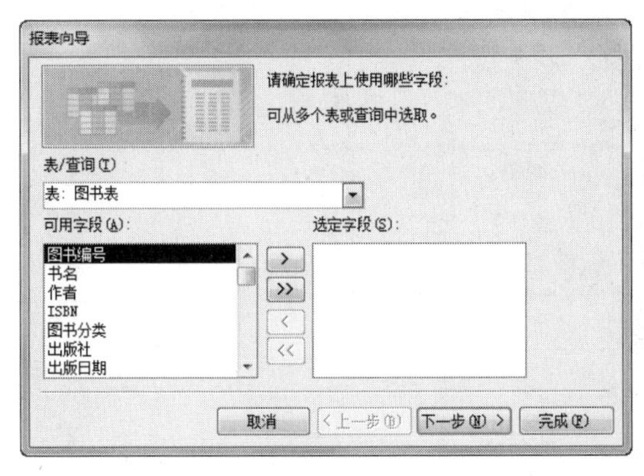

图5-5　向导初始界面

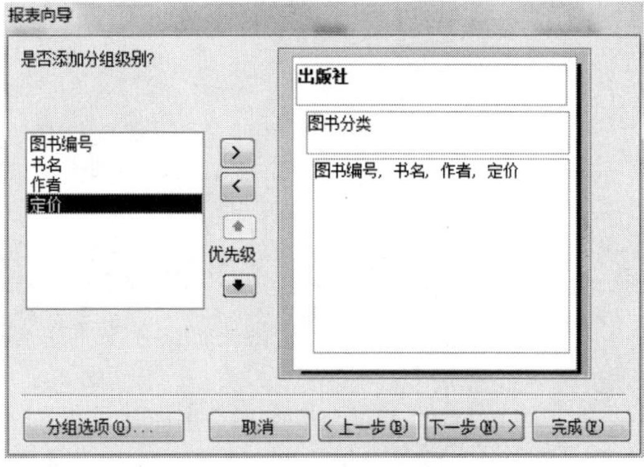

图5-6　添加显示字段

步骤三：设置“定价”为报表排序字段，并指定排序准则为“升序”，单击“下一步”按钮。

步骤四：指定报表布局方式，如图5-7所示，单击“下一步”按钮，指定报表标题，如图5-8所示，单击“完成”按钮。

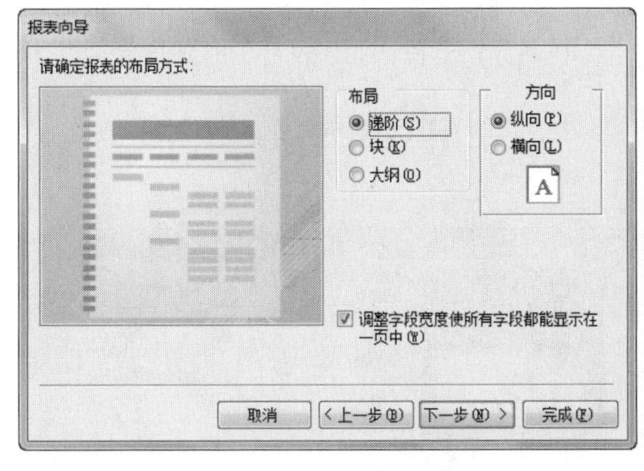

图5-7　指定布局方式

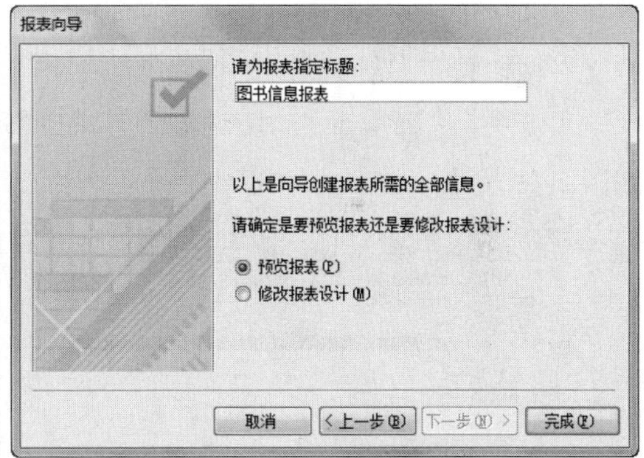

图5-8　指定报表标题

任务三　使用“标签”工具创建图书标签报表

一、任务分析

标签是一种类似名片的短信息载体。在日常工作中，经常需要制作一些“图书名称”标签或“借阅者信息”标签等。使用Access提供的“标签”可以方便地创建各种各样的标签报表。

在图书借阅过程中为了方便对图书进行管理，往往需要在图书上粘贴相应的标签，以减少工作人员的工作量，且使查找更加有条理。

本任务将制作“图书信息”标签报表，要求分两列显示图书的“图书编号”“书名”“出版社”和“图书分类”字段，效果如图 5-9 所示。

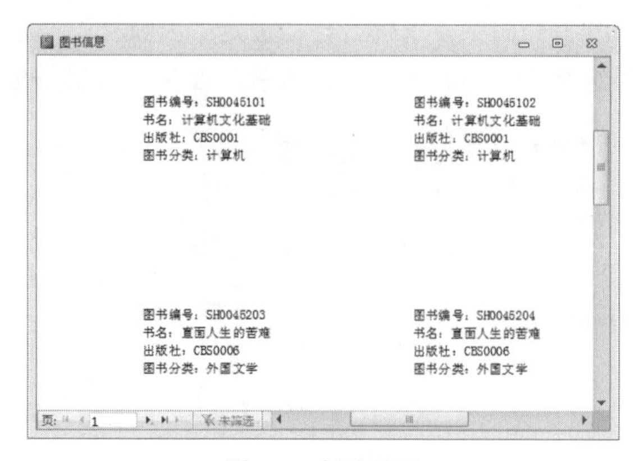

图 5-9　创建效果

二、任务实施

制作“图书信息”标签报表，要求分两列显示图书的“图书编号”“书名”“出版社”和“图书分类”字段。

步骤一：进入“图书借阅管理系统”，在“导航”窗格中选择“图书表”。

步骤二：选择标签尺寸。在“创建”选项卡下的“报表”组中，单击“标签”按钮，打开如图 5-10 所示的对话框，指定所需的标签尺寸（如果不能满足需要，可以单击“自定义”按钮自行设计标签），单击“下一步”按钮。

步骤三：选择文本的字体和颜色。可以根据需要选择标签文本的字体、字号和颜色等，如图 5-11 所示。

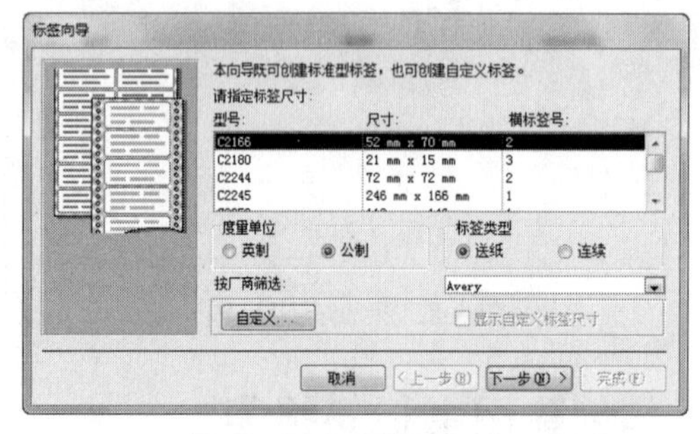

图 5-10　选择标签尺寸

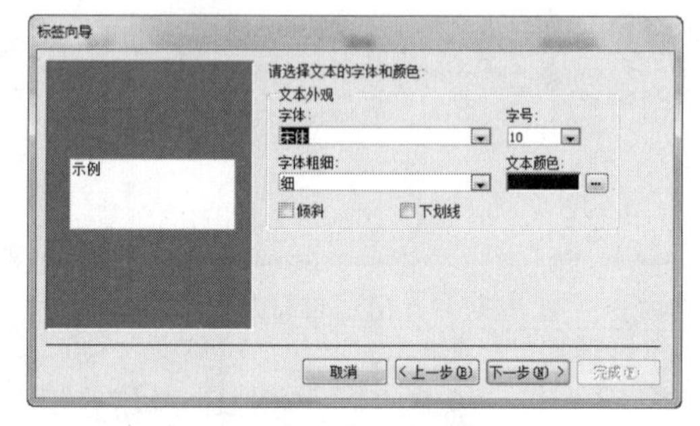

图 5-11　选择文本的字体和颜色

步骤四：确定标签的显示内容。在图 5-12 中，在“可用字段”窗格中双击“图书编号”字段，发送到“原型标签”窗格中。然后单击下一行，把鼠标光标移到下一行，再双击“书名”字段，以此类推。为了让标签意义更明确，应在每个字段前面输入所需文本，然后单击“下一步”按钮。

步骤五：选择排序字段。在图 5-13 中，在“可用字段”窗格中，双击“图书编号”字段，发送到“排序依据”窗格中，作为排序依据，单击“下一步”按钮。

步骤六：指定标签报表名称。在 “请指定报表的名称”文本框中，输入“图书信息”作为报表名称，如图 5-14 所示，然后单击“完成”按钮，设计结果如图 5-15 所示。

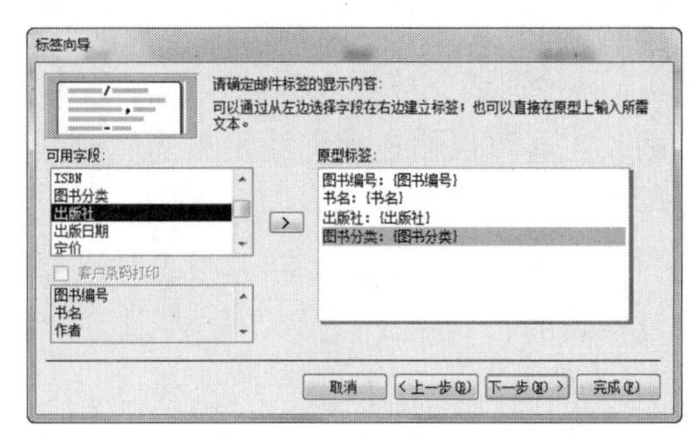

图 5-12　确定显示内容

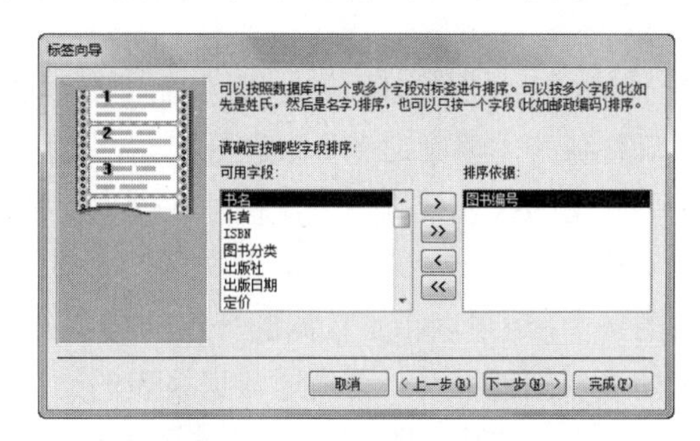

图 5-13　选择排序字段

图 5-14　指定标签报表名称

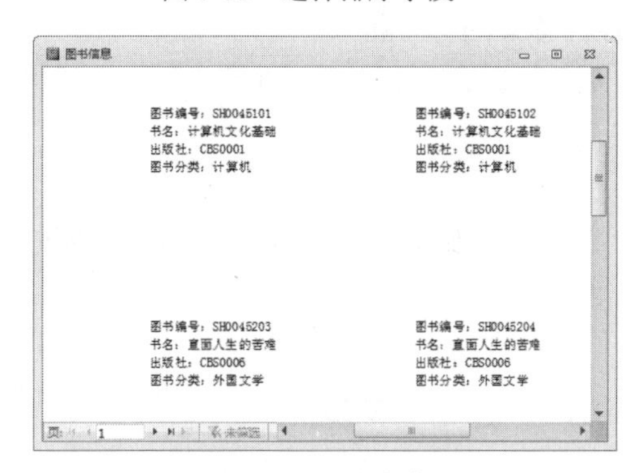

图 5-15　设计结果

项目测评

本项目的测评表见表 5-1。

表 5-1　项目测评表

项目名称	自动创建报表			
任务名称	知识点	完成任务	掌握技能	所占权重
使用报表工具创建出版社报表	报表的概念；报表的作用；“报表”组的组成	使用报表工具完成出版社报表的创建	能够使用报表工具快速完成简单报表的创建	20%
使用“报表向导”创建图书表报表	了解报表的分组级别；了解报表中字段的排序准则	使用“报表向导”创建图书表报表，要求按照“出版社”和“图书类别”进行分组，并按定价升序输出图书的“图书编号”“书名”“作者”“出版社”“图书分类”“定价”	掌握报表的使用方法，能够使用“报表向导”完成报表的创建，掌握向导中报表的分组与排序准则	60%
使用“标签”工具创建图书标签报表	标签报表的基本作用	制作“图书信息”标签报表，要求分两列显示学生的“图书编号”“书名”“出版社”和“图书分类”字段	能够根据实际需要使用标签向导完成标签的创建	20%

项目小结

本项目主要学习如何使用 Access 提供的系统工具快速地完成报表的创建。

任务一主要学习了“报表”工具，使用“报表”工具可以快速地完成报表的创建，但是创建出的报表结构单一，往往在创建完成后还需在报表的设计视图中进行修改。

任务二主要学习了“报表向导”的使用方法，“报表向导”提供了创建报表时选择字段的自由，还可以指定数据的分组和排序方式以及报表的布局样式。在学习初期，通过“报表向导”创建报表，正确地认识报表的结构，为后期学习打好基础。

任务三学习了标签报表的使用方法，使用 Access 提供的“标签”，可以方便地创建各种各样的标签报表。

本项目学习的内容相对简单，应首先掌握报表的基础知识，然后正确地认识报表，以为后面的学习打下基础。

项目二　自定义报表

任务一　使用“报表设计”创建借阅者报表

一、任务分析

使用“报表向导”创建报表虽然可以选择字段和分组，但只是快速创建了报表的基本框架，其中还有很多不尽如人意的地方。使用“报表设计”可以根据用户需要设计出各种样式和功能的报表。

本任务主要完成以下操作：

1）通过报表设计视图创建一个输出“1302”与“1303”班“男”借阅者信息的纵览式报表，报表中显示“学生编号”“姓名”“性别”“班级”“入学时间”和“联系电话”，报表名称为“LR01”，效果如图 5-16 所示。

2）通过报表设计视图创建显示借阅者信息的表格式报表，报表中显示“学生编号”“姓名”“性别”“班级”“入学时间”“联系电话”，报表名称为“借阅者信息报表”，设置效果如图 5-17 所示。

3）创建“学生借阅情况”主/子报表，在主报表中显示借阅者的“学生编号”“姓名”“班级”，子报表中显示借阅图书的“图书编号”“书名”“借出日期”“应还日期”，效果如图 5-18 所示。

4）创建“借阅者信息”报表，要求按照性别统计各班级的借阅者人数，最终以柱形图的形式显示统计结果，如图 5-19 所示。

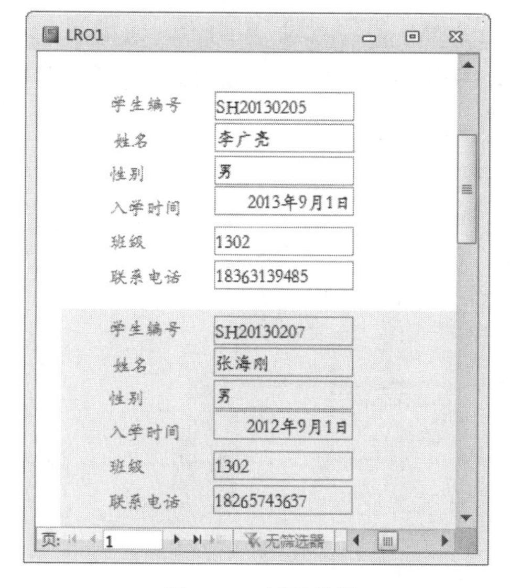

图 5-16 创建效果

图 5-17 设置效果

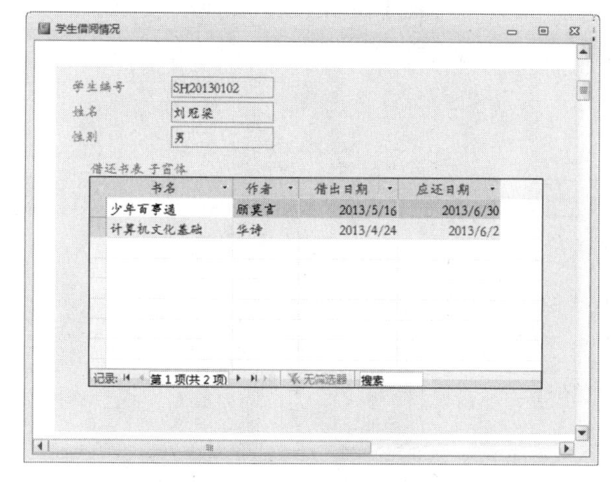

图 5-18 主/子报表效果

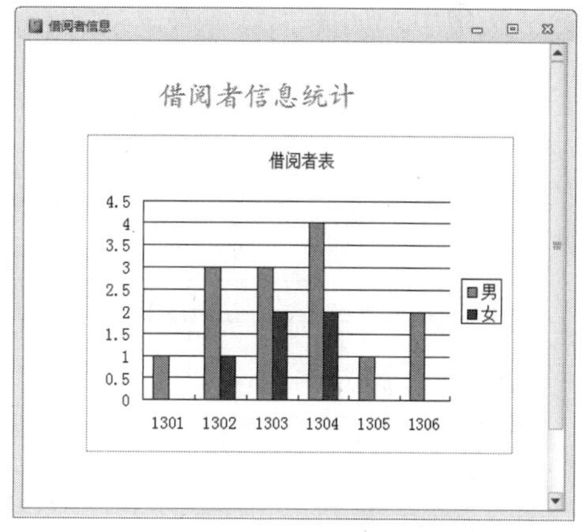

图 5-19 统计结果

二、任务实施

1）通过报表设计视图创建一个输出“1302”与“1303”班“男”借阅者信息的纵览式报表，报表中显示“学生编号”“姓名”“性别”“班级”“入学时间”“联系电话”，报表名称为“LR01”。

步骤一：打开“图书借阅管理系统”，在“创建”选项卡下的“报表”组中单击“报表设计”按钮，进入报表设计视图。

步骤二：打开报表“属性表”，在“数据”选项卡下单击“查询生成器”按钮进入查询生成器界面，设置查询条件，如图 5-20 所示。

步骤三：设置完成后单击“保存”按钮，然后单击“关闭”按钮，则报表的记录源设置成了一条 SQL 语句：“SELECT 借阅者表.学生编号,借阅者表.姓名,借阅者表.性别,借阅者表.入学时间,借阅者表.班级,借阅者表.联系电话 FROM 借阅者表 WHERE (((借阅者表.性别)="男") AND ((借阅者表.班级)="1302" Or "1303"))”。如果单击“另存为”按钮，则还会生成一条新的查询。

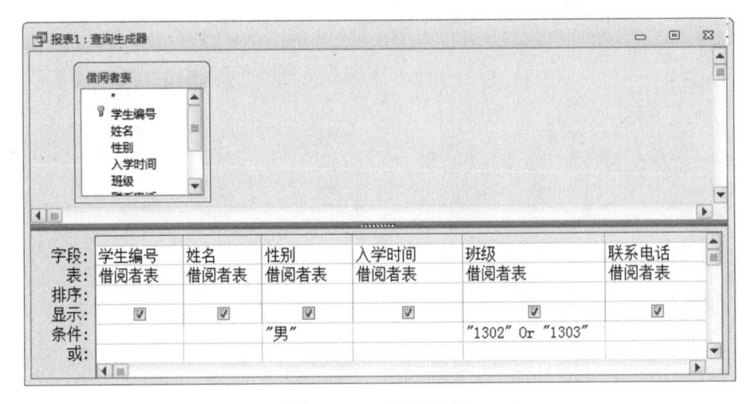

图 5-20　条件设置

步骤四：单击“添加现有字段”按钮，将字段列表中的相应字段拖动至报表的主体节区域中，如图 5-21 所示，打印预览视图如图 5-22 所示。

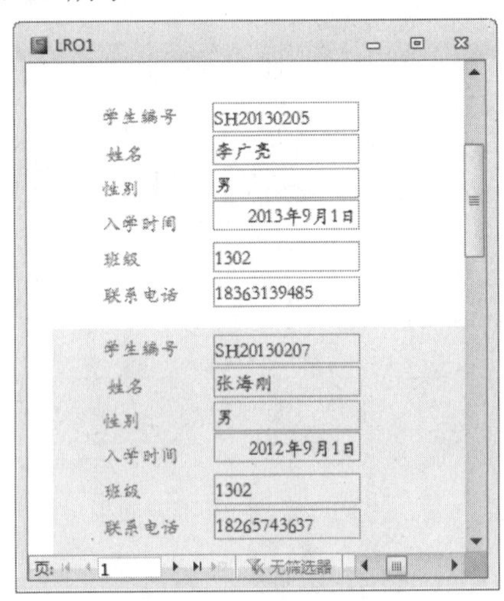

图 5-21　添加字段

图 5-22　打印预览效果

步骤五：单击“保存”按钮，将查询保存为“LR01”。将报表切换到打印预览视图，查询设计效果。

2）通过报表设计视图创建显示借阅者信息的表格式报表，报表中显示“学生编号”“姓名”“性别”“班级”“入学时间”“联系电话”，报表名称为“借阅者信息报表”。

步骤一：进入报表设计视图，将报表的数据源设置为“借阅者表”。

步骤二：在“页面页眉”节设置列标题。在“报表页眉”区域设置报表标题为“借阅者信息报表”，在“页面页眉”节添加新的标签控件，并修改标题属性，如图 5-23 所示。

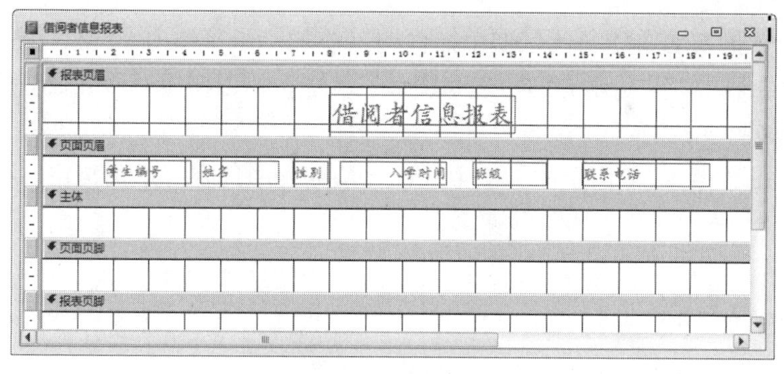

图 5-23 标题设置

步骤三：在标签所对应的主体节区域内添加文本框控件，并将文本框控件与对应的字段绑定，如图 5-24 所示。

步骤四：单击“保存”按钮，将报表保存为“借阅者信息报表”，效果如图 5-25 所示。

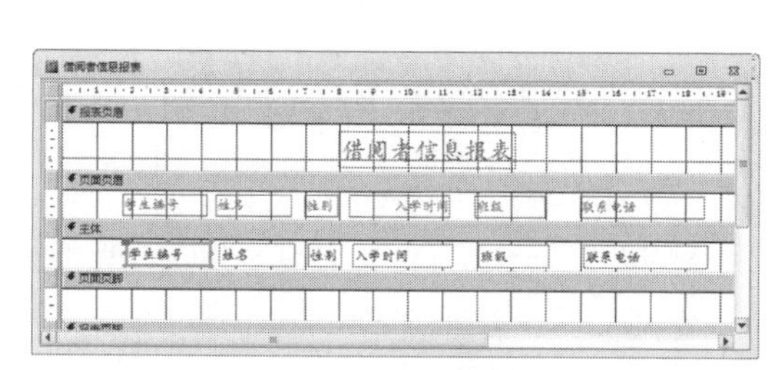

图 5-24 主体节设置

图 5-25 创建效果

3）创建“学生借阅情况”主/子报表，在主报表中显示借阅者的“学生编号”“姓名”“班级”。在子报表中显示借阅图书的“图书编号”“书名”“借出日期”“应还日期”。

步骤一：进入报表设计视图，将报表记录源设置为“借阅者表”，如图 5-26 所示。

步骤二：将“学生编号”“姓名”和“班级”字段通过拖动的方式添加到报表的主体节区域，如图 5-27 所示。

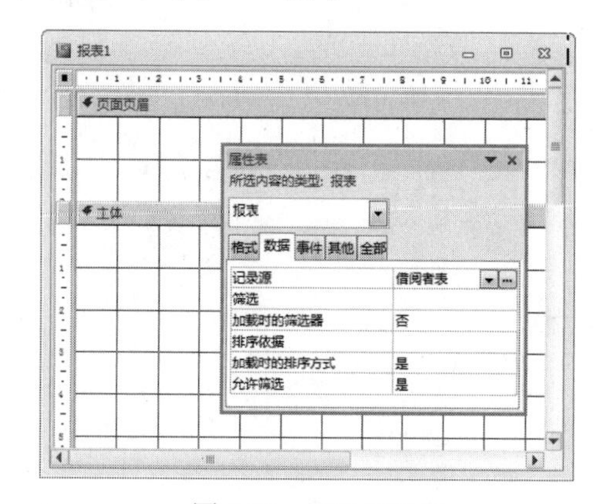

图 5-26 记录源设置

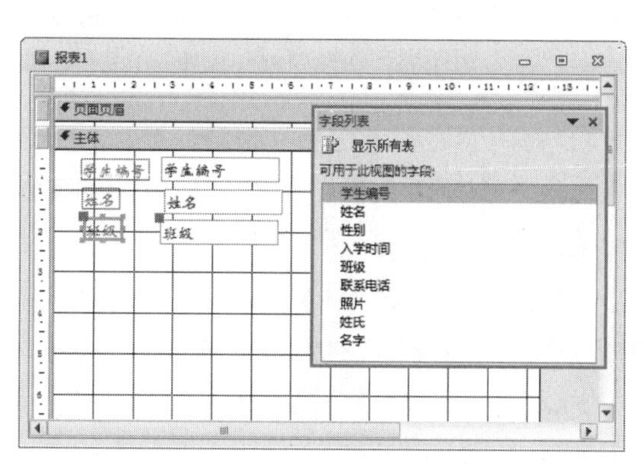

图 5-27 添加字段

步骤三：在报表的主体节区域使用控件向导添加“子窗体/子报表”控件，在“子报表向导”界面中选中“使用现有的报表和窗体”单选按钮，指定子报表数据源为“借还书表.子窗体”，如图 5-28 所示，单击“下一步”按钮。

步骤四：在如图 5-29 所示的界面中选中“从列表中选择”单选按钮，指定链接字段为“学生编号”，单击“下一步”按钮。

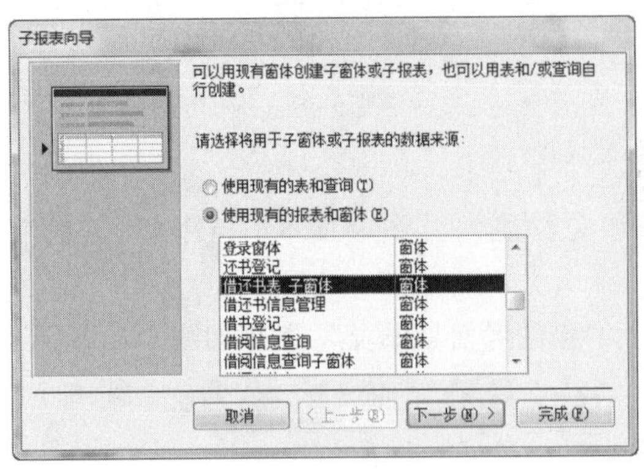

图 5-28 数据源设置

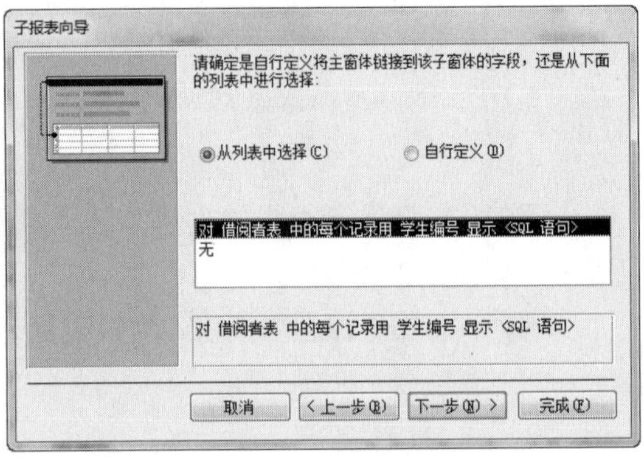

图 5-29 确定链接字段

步骤五：在如图 5-30 所示的界面中指定子报表的标题，单击“完成”按钮，将报表保存为“学生借阅情况”，将报表切换到报表视图，查看设计效果，如图 5-31 所示。

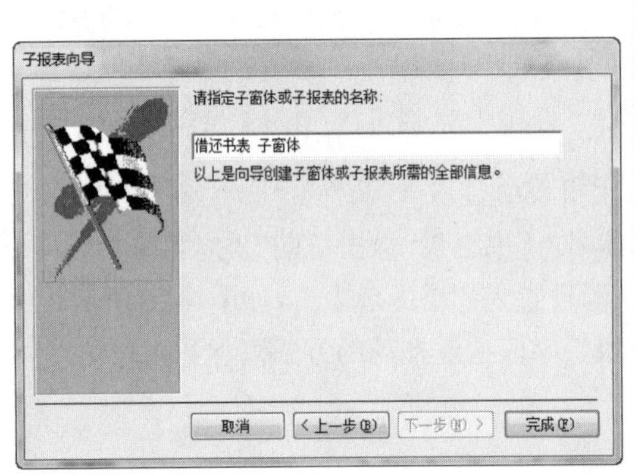

图 5-30 指定子报表标题

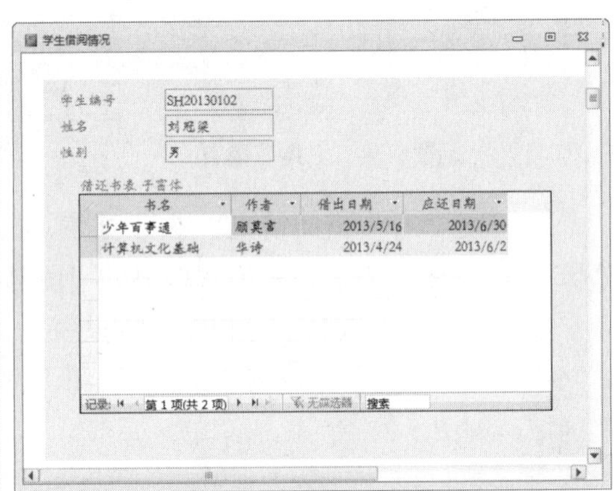

图 5-31 设计效果

4）创建“借阅者信息”报表，要求按照性别统计各班级的借阅者人数，最终以柱形图的形式显示统计结果。

步骤一：进入报表设计视图，在页眉节区域添加标签控件，标签的“标题”属性为“借阅者信息”。

步骤二：在“设计”选项卡下的“其他”下拉列表中选择“使用控件向导”选项，如图 5-32 所示。

图 5-32 “使用控件向导”选项

步骤三：在“设计”选项卡下选择“图表”控件，添加到报表的主体节区域的相应位置，弹出如图 5-33 所示的界面，选择图表数据源“借阅者表”，单击“下一步”按钮。

步骤四：在如图 5-34 所示的界面中选择图表所用字段“学生编号”“性别”和“班级”，完成后单击“下一步”按钮。

图 5-33　指定数据源

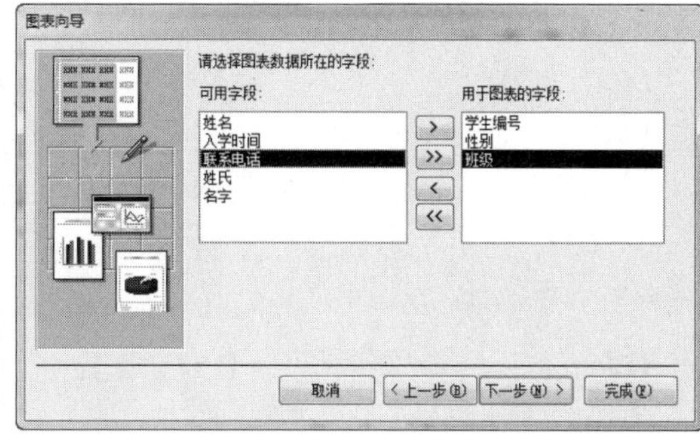

图 5-34　指定图表字段

步骤五：在如图 5-35 所示的界面中选择图表类型为“柱形图”，单击“下一步”按钮。

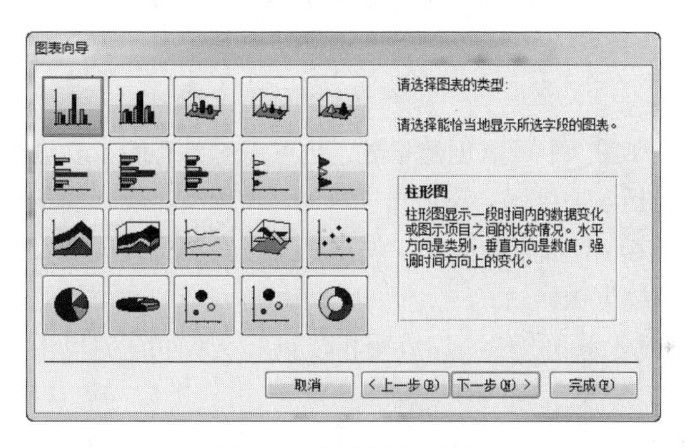

图 5-35　指定图表类型

步骤六：在如图 5-36 所示的界面中选择数据在图表中的布局方式，单击“下一步”按钮。弹出如图 5-37 所示的界面，指定图表的标题，并单击“完成”按钮。

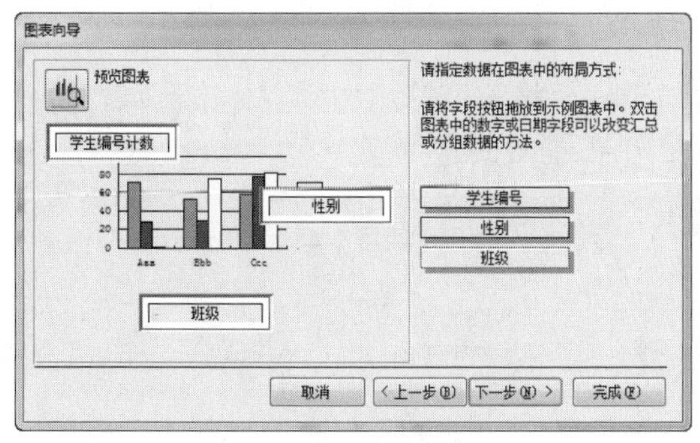

图 5-36　指定布局方式

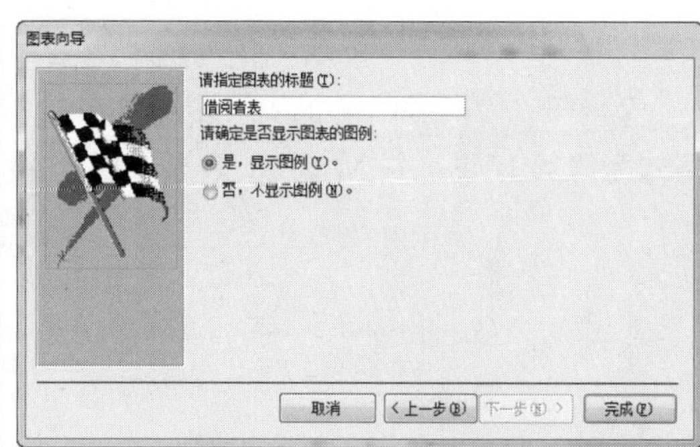

图 5-37　指定图表标题

步骤七：指定报表的名称为“借阅者信息统计”，将报表切换到打印预览视图，查看最终效果，如图 5-38 所示。

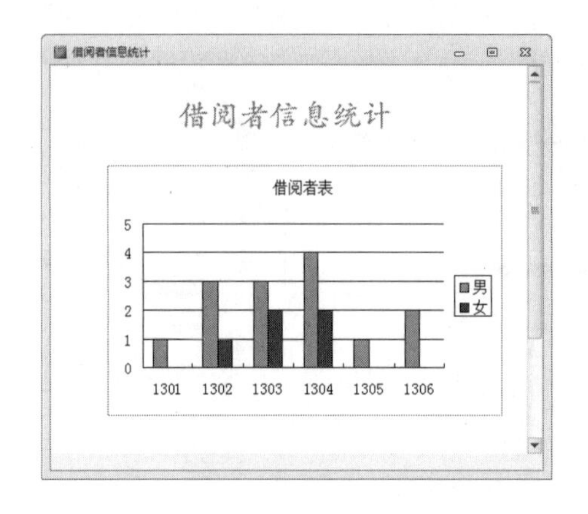

图 5-38　最终效果

任务二　编辑报表内容

一、任务分析

在报表的“设计视图”中可以创建报表，也可以对已有的报表进行编辑和修改，对报表内容的编辑主要包括添加页码、添加日期时间、使用节、绘制线条与矩形。通过对上述 4 项内容的编辑可以实现对报表的美化，使报表变得更加精致美观。

本任务主要完成以下操作：

1）向“借阅者信息报表”中添加日期和时间，效果如图 5-39 所示。

图 5-39　添加效果

2）在“借阅者信息报表”中添加分页符与页码，将分页符添加到主体节区域，页码格式为“第 N 页，共 M 页”，效果如图 5-40 和图 5-41 所示。

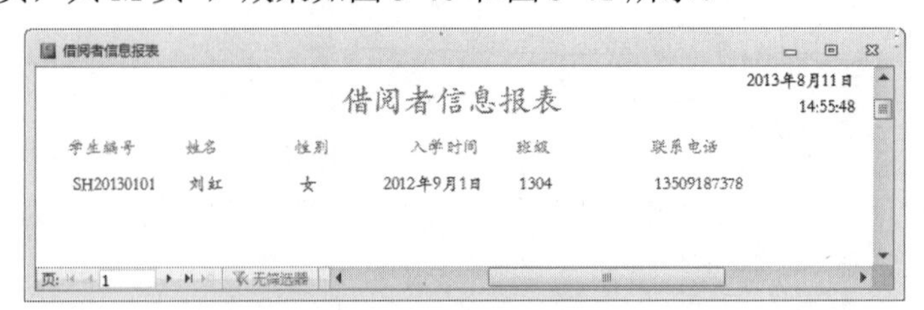

图 5-40　分页符添加效果

图 5-41 页码添加效果

3）在“借阅者信息报表”的报表页眉区域的标签控件的下方添加直线控件，控件宽度为 14cm，高度为 0cm，左边距为 3cm，上边距为 1.2cm，边框样式为实线，添加效果如图 5-42 所示。

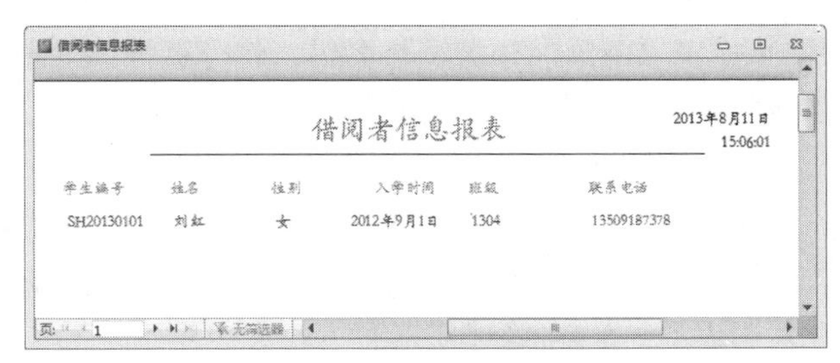

图 5-42 添加效果

二、任务实施

1）向“借阅者信息报表”中添加日期和时间。

步骤一：以设计视图方式打开“借阅者信息报表”。

步骤二：添加日期和时间，添加方法有以下两种。

方法一：在“创建”选项卡下的“页眉/页脚”组中单击“日期和时间”按钮，如图 5-43 所示，在弹出的界面中设置日期和时间的格式，如图 5-44 所示。

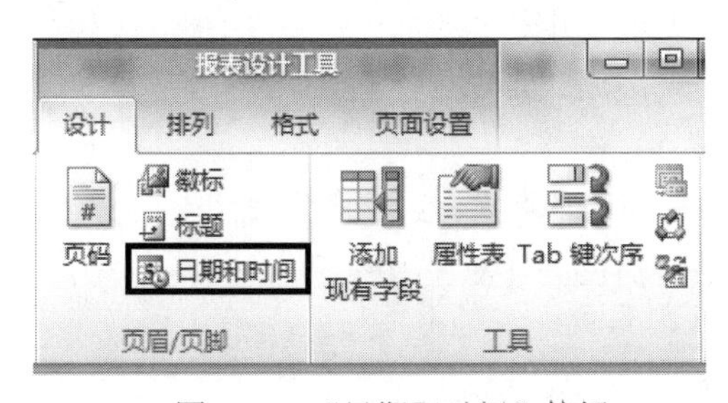

图 5-43 “日期和时间”按钮

图 5-44 格式设置

方法二：在报表的页眉区域添加两个文本框控件，将文本框的“控件来源”属性分别设置为日期和时间的计算表达式“=Date()”与“=Time()”，如图 5-45 所示。将“日期”文本框属性表中，格式选项卡下的“格式”属性修改为“长日期”（调整日期的显示样式），将两个文本框的“边框样式”属性均改为“透明”。

步骤三：设置完成后，单击“保存”按钮，将报表切换到打印预览视图，查看设置效果，如图 5-46 所示。

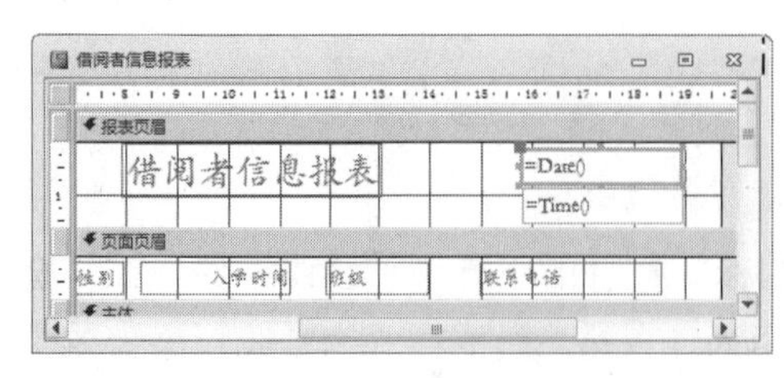

图 5-45　日期和时间设置

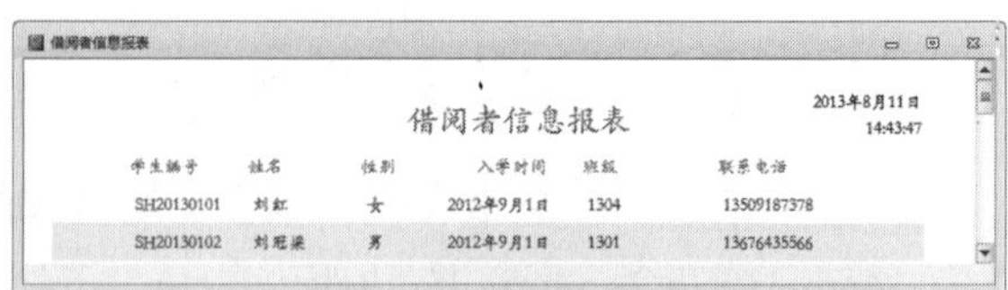

图 5-46　设置效果

2）在“借阅者信息报表”中添加分页符与页码，将分页符添加到主体节区域，页码格式为“第 N 页，共 M 页”。

步骤一：以设计视图方式打开“借阅者信息报表”。

步骤二：添加分页符。在“设计”选项卡下的“控件”组中选中“插入分页符”控件，如图 5-47 所示，将其添加到主体节“学生编号”控件的下方，添加完成后，分页符会以短虚线的形式标识在左边界上，如图 5-48 所示。

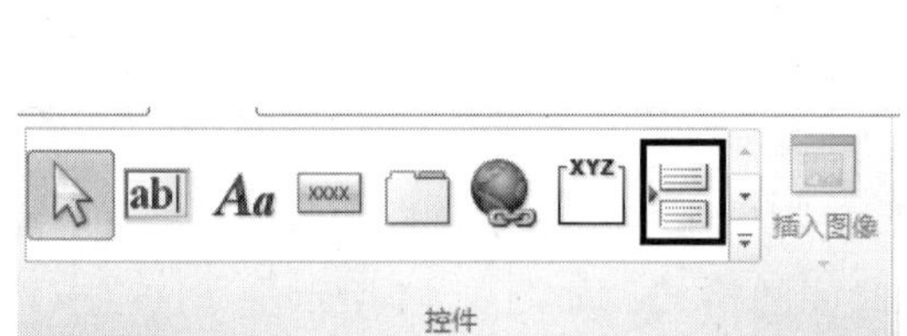

图 5-47　“插入分页符”控件

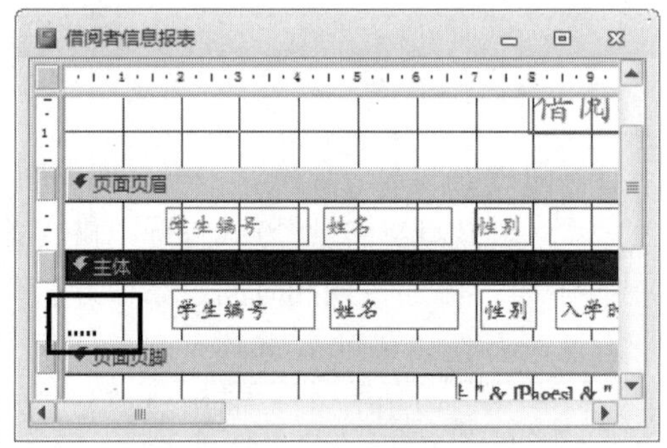

图 5-48　添加效果

步骤三：添加页码，添加方法有以下两种。

方法一：在“创建”选项卡下的“页眉/页脚”组中单击“页码”按钮，在弹出的界面中设置页码样式，如图 5-49 所示。

方法二：在报表“页面页脚”节添加文本框控件，将文本框控件的“控件来源”属性设置为“="共 " & [Pages] & " 页，第 " & [Page] & " 页"”。

步骤四：单击“保存”按钮，将报表切换到打印预览视图，查看效果。

图 5-49　页码设置

3）在“借阅者信息报表”的报表页眉区域的标签控件的下方添加直线控件，控件宽度为 14cm，高度为 0cm，左边距为 3cm，上边距为 1.2cm，边框样式为实线。

步骤一：以设计视图方式打开“借阅者信息报表”。

步骤二：在“设计”选项卡下的“控件”组中选中“直线”控件，如图 5-50 所示添加到报表页眉区域，添加效果如图 5-51 所示。

图 5-50　“直线”控件

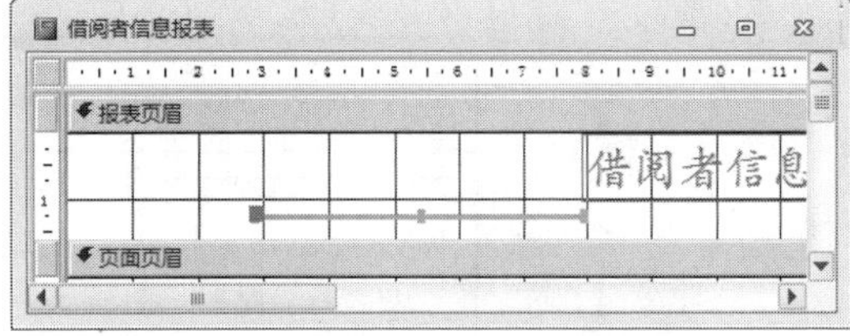

图 5-51　添加效果

步骤三：打开“直线”控件的属性表，依次设置其“格式”属性，如图 5-52 所示。

步骤四：单击“保存”按钮，将报表切换到打印预览视图，查看效果，如图 5-53 所示。

图 5-52　“格式”属性设置

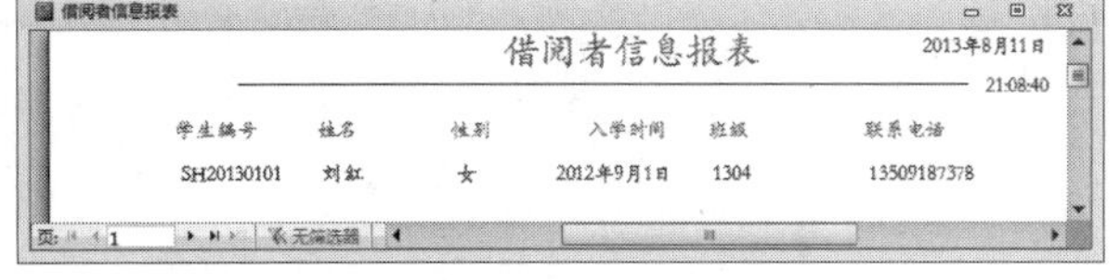

图 5-53　最终效果

任务三　将报表中的数据进行排序与分组

一、任务分析

报表中显示的数据默认是按照自然顺序排列，即按输入的先后顺序排列。在实际应用中，经常需要按照某个指定的顺序排列数据，如按照年龄从小到大等，称为报表的“排序”。此外，报表设计还经常需要就某个字段按照其值的相等与否来进行分组，以便执行一些统计操作，这称为报表的“分组”。报表的排序与分组可以使数据查看更为方便，可以更清晰地了解报表反映的内容，同时也可以使报表的整体结构更加清晰、美观。

本任务将主要完成以下操作：

1）将“借阅者信息报表”中的数据按照“班级”进行分组，并在每个分组前面显示班级信息，效果如图 5-54 所示。

2）在“借阅者信息报表”中按照“性别”升序进行排序并输出，效果如图 5-55 所示。

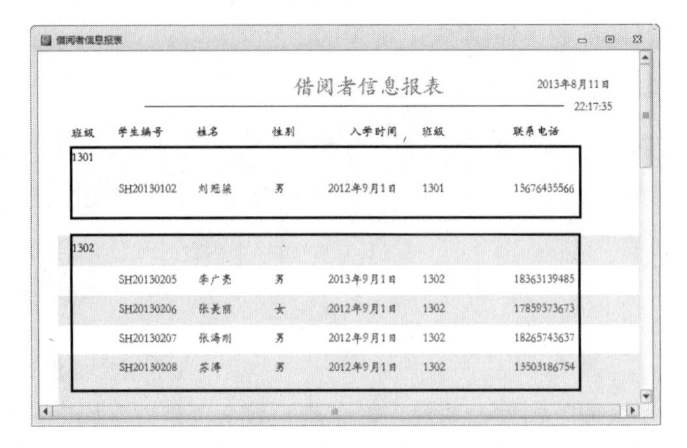

借阅者信息报表

2013年8月11日 22:17:35

班级	学生编号	姓名	性别	入学时间	班级	联系电话
1301						
	SH20130102	刘冠梁	男	2012年9月1日	1301	13676435566
1302						
	SH20130205	李广亮	男	2013年9月1日	1302	18363139485
	SH20130206	张美丽	女	2012年9月1日	1302	17859373673
	SH20130207	张海刚	男	2012年9月1日	1302	18265743637
	SH20130208	苏涛	男	2012年9月1日	1302	13503186754

图 5-54　最终效果

借阅者信息报表

2013年8月11日 22:32:18

班级	学生编号	姓名	性别	入学时间	班级	联系电话
1301						
	SH20130102	刘冠梁	男	2012年9月1日	1301	13676435566
1302						
	SH20130205	李广亮	男	2013年9月1日	1302	18363139485
	SH20130207	张海刚	男	2012年9月1日	1302	18265743637
	SH20130208	苏涛	男	2012年9月1日	1302	13503186754
	SH20130206	张美丽	女	2012年9月1日	1302	17859373673

图 5-55　最终效果

二、任务实施

1）将“借阅者信息报表”中的数据按照“班级”进行分组，并在每个分组前面显示班级信息。

步骤一：以设计视图方式打开“借阅者信息报表”。

步骤二：在“设计”选项卡下的“分组与排序”组中单击“分组与排序”按钮，如图 5-56 所示，此时在报表下方出现“分组、排序和汇总”区域，如图 5-57 所示。

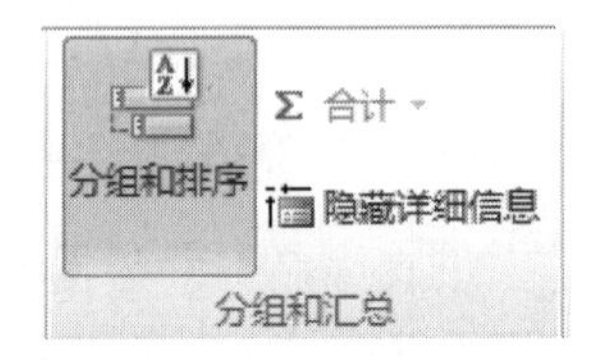

图 5-56　“分组与排序”按钮

图 5-57　“分组、排序和汇总”区域

步骤三：单击“添加组”按钮，在弹出的字段菜单中选择“班级”选项，此时出现“职称页眉”节，添加效果如图 5-58 所示。

如果要添加“班级页脚”节，可以单击图 5-58 中的 更多▶ ，将“无页脚节”改为“有页脚节”，即可在屏幕上出现“职称页脚”节，可以在属性表中设置“职称页脚”的相关属性。

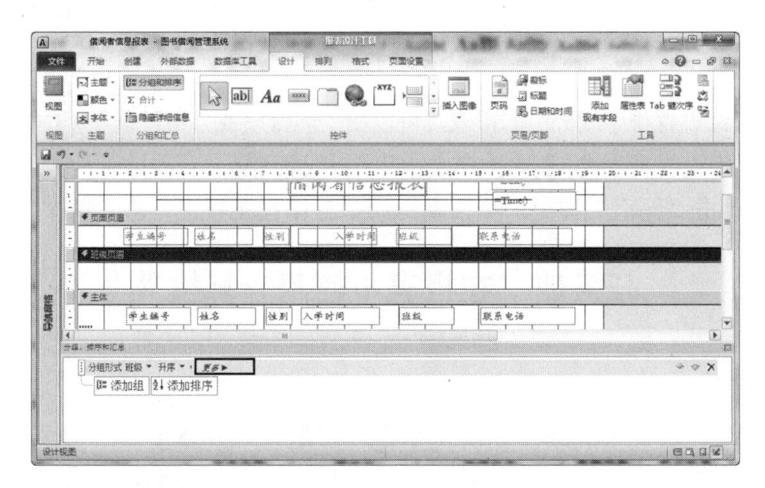

图 5-58　添加组效果

步骤四：打开“属性表”对话框，将班级页眉对应的“组页眉”的“高度”属性设置为“1”，然后在“页面页眉”区域添加一个“标签”控件，标题为“班级”，并在其对应的“班级页眉”节添加“文本框”控件，并与“班级”字段进行绑定。

步骤五：单击“保存”按钮，将报表切换到打印预览视图，查看效果，如图 5-59 所示。注意，若要在打印预览视图查看设计效果，需将已添加的“分页符”删除。

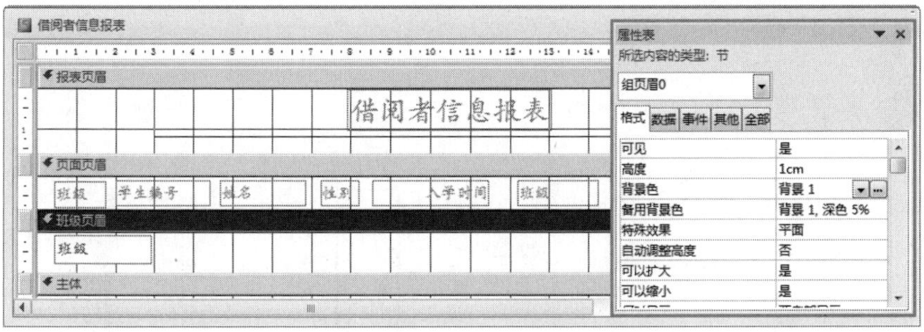

图 5-59　添加效果

2）在“借阅者信息报表”中按照“性别”升序进行排序并输出。

步骤一：以设计视图方式打开“借阅者信息报表”。

步骤二：在“设计”选项卡下的“分组与排序”组中单击“分组与排序”按钮，此时在报表下方出现“分组、排序和汇总”区域。

步骤三：单击“添加排序”，在弹出的“字段列表”窗格中选择“性别”选项，排序方式选择“升序”选项，设置如图 5-60 所示。

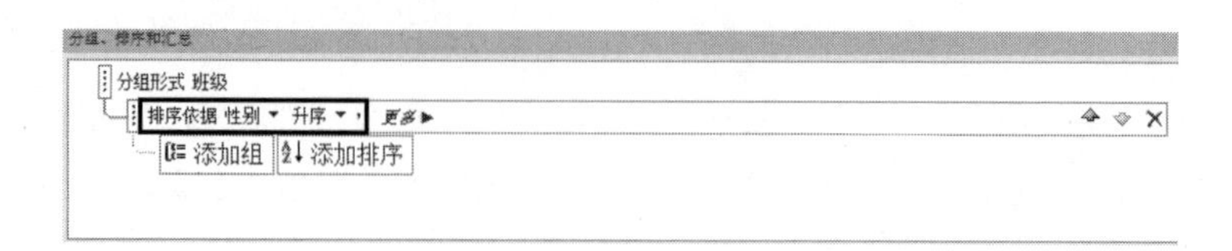

图 5-60 排序设置

注意：对已经设置排序或分组的报表，可以在上述排序或分组设置环境中进行以下操作：添加排序、分组字段或表达式，删除排序、分组字段或表达式，更改排序、分组字段或表达式。

步骤四：单击“保存”按钮，将报表切换到打印预览视图，查看效果。

任务四 在报表中使用计算控件

一、任务分析

在报表的设计过程中，除在版面上布置绑定型控件直接显示字段数据外，还经常需要进行各种运算并将结果显示出来。例如，报表中页码的输出、分组统计数据的输出等均是通过设置绑定控件的“控件来源”属性为计算表达式而实现的，这些控件称为“计算控件”。

在“图书借阅管理系统”中，已完成“借阅者信息报表”的创建，为了更加直观地查看报表中的数据，需要对数据进行合理的统计，如各班级中借阅者的人数、报表中记录的总个数等，都需要通过添加计算控件来实现。

本任务将主要完成以下操作。

1）在“借阅者信息报表”中根据“入学时间”计算借阅者的入学天数，设置效果如图 5-61 所示。

借阅者信息报表

2013年8月12日 0:09:33

班級	学生编号	姓名	性别	入学时间	入学天数	班級	联系电话
1301							
	SH20130102	刘冠梁	男	2012年9月1日	345	1301	13676435566
1302							
	SH20130205	李广亮	男	2013年8月1日	11	1302	18363139485
	SH20130207	张海刚	男	2012年9月1日	345	1302	18265743637
	SH20130208	苏涛	男	2012年9月1日	345	1302	13503186754
	SH20130206	张美丽	女	2012年9月1日	345	1302	17859373673

图 5-61 设置效果 1

2）统计“借阅者信息报表”各组中借阅者的人数，统计结果显示在各分组的下方，设置效果如图 5-62 所示。

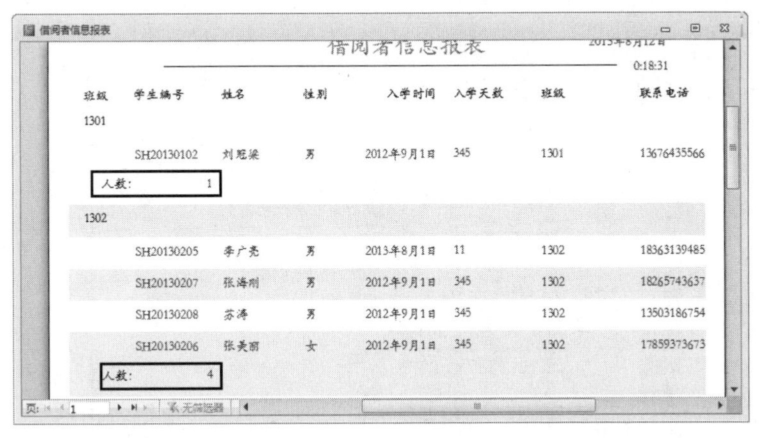

图 5-62　设置效果 2

二、任务实施

1）在“借阅者信息报表”中根据“入学日期”计算借阅者的入学天数。

步骤一：以设计视图方式打开“借阅者信息报表”。

步骤二：在“报表页眉”节区域，“入学时间”与“班级”标签之间添加新的标签控件，标题为“入学天数”，并在其对应的“主体”节区域添加“文本框”控件。

步骤三：设置“文本框”控件的“控件来源”属性为“=Date（）-[入学时间]”，如图 5-63 所示。

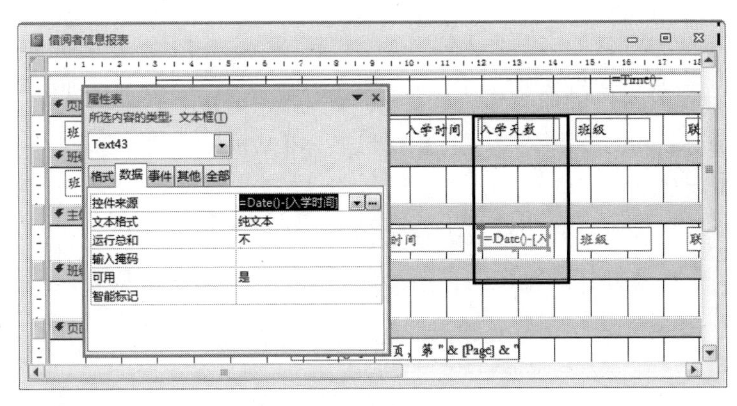

图 5-63　属性设置

步骤四：单击“保存”按钮，将报表切换到打印预览视图，查看效果。

2）统计“借阅者信息报表”各组中借阅者的人数，统计结果显示在各分组的下方。

步骤一：以设计视图方式打开“借阅者信息报表”。

步骤二：在报表中添加“班级页脚”节。

步骤三：在“班级页脚”节区域添加“文本框”控件，附带标签的标题为“人数:”，“文本框”控件的“控件来源”属性为“=Count([学生编号])”，如图 5-64 所示。

步骤四：单击“保存”按钮，将报表切换到打印预览视图，查看设置效果。

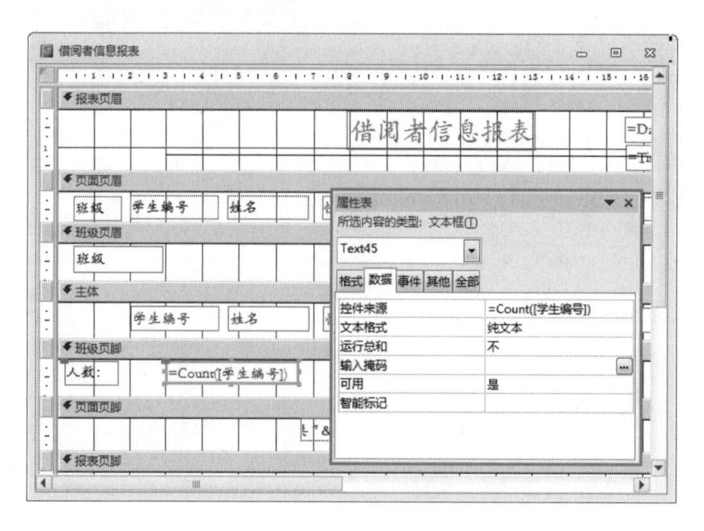

图 5-64　属性设置

VBA 常用操作

1. 打开报表操作

VBA 中打开报表操作的命令格式如下：

DoCmd.OpenReport 报表名称[,视图][,筛选名称][,Where 条件]

有关参数说明如下：

报表名称——代表要打开的报表的有效名称，为字符串表达式。

视图——代表将要打开的报表的视图，各种视图对应的常量见表 5-2。

表 5-2　视图与对应的常量

视图	常量	视图	常量
设计视图	acViewDesign	打印视图（默认值）	acViewNormal
打印预览	acViewPreview	布局视图	acViewLayout
报表视图	acViewReport		

筛选名称——字符串表达式，代表查询的有效名称。

Where 条件——字符串表达式，其中的筛选名称和 Where 条件两个参数用于对报表的数据源数据进行过滤和筛选，视图参数规定了要打开的报表的视图，若采用 acViewNormal 视图，则以打印机形式输出。

例如预览名为“借阅者信息报表”报表的语句为：

DoCmd.OpenReport "借阅者信息报表", acViewPreview

注意：参数可以省略，取默认值，但是分隔符“，”不能省略。

2. 关闭报表操作

VBA 中关闭报表操作的命令格式如下：

DoCmd.Close[对象类型,对象名] [,保存]

有关参数说明如下：

对象类型——表示要关闭的对象的类型，报表为 acReport。

对象名——指明要关闭对象的名字，为字符串表达式。

保存——用来指明当关闭对象时对对象的保存操作，可以使用以下几个常量：acSaveNo、acSavePrompt (默认值)、acSaveYes，这 3 个常量分别表示“只关闭不保存”、“提示是否保存”、“保存并关闭对象”。

例如，关闭名为“借阅者信息报表”的报表：“DoCmd.CloseacReport,"借阅者信息报表"”。

3. 打印报表操作

VBA 中打印报表操作的命令格式如下：

①DoCmd.OpenReport 报表名称,acViewPreview [,筛选名称][,Where 条件]

②DoCmd.RunCommand　acCmdPrint

语句说明如下：

语句①——以打印预览视图打开需要打印的报表。

语句②——采用 DoCmd.RunCommand 方法，结合参数 acCmdPrint 调用打印对话框的菜单命令。

例如，打印“借阅者信息报表”：

DoCmd.OpenReport "借阅者信息报表", acViewPreview

DoCmd.RunCommand acCmdPrint

实例操作：完善“报表显示”窗体中“打开报表”按钮的功能。

步骤一：以设计视图方式打开“报表显示”窗体。

步骤二：在“借阅者信息报表”选项卡下，选中“打开报表”按钮，通过“单击事件”属性进入其 VBA 编辑界面，编写代码“DoCmd.OpenReport "借阅者信息报表", acVicwPreview”。

步骤三：选中“打印报表”按钮，通过“单击事件”属性进入其 VBA 编辑界面，编写以下代码：

```
DoCmd.OpenReport "借阅者信息报表", acViewPreview
DoCmd.RunCommand acCmdPrint
```

项目测评

本项目的测评表见表5-3。

表5-3 项目测评表

项目名称	自定义报表			
任务名称	知识点	完成任务	掌握技能	所占权重
使用“报表设计”创建借阅者报表	报表的组成部分以及各组成部分的所在位置和作用；掌握报表的分类	通过报表设计视图创建一个输出“1302”与“1303”班“男”借阅者信息的纵览式报表，报表中显示“学生编号”“姓名”“性别”“班级”“入学时间”“联系电话”，报表名称为“LR01”；通过报表设计视图创建显示借阅者信息的表格式报表，报表中显示“学生编号”“姓名”“性别”“班级”“入学时间”“联系电话”，报表名称为“借阅者信息报表”；创建“学生借阅情况”主/子报表，在主报表中显示借阅者的“学生编号”“姓名”“班级”，子报表中显示借阅图书的“图书编号”“书名”“借出日期”、“应还日期”	能够使用设计视图独立完成不同类型报表的创建；掌握报表中各节区域的添加与删除方法；掌握主/子报表的创建方法	20%
编辑报表内容	熟记常用的日期和时间计算表达式；页码的书写格式；分页符的作用	向“借阅者信息报表”中添加日期和时间；在“借阅者信息报表”中添加分页符与页码，将分页符添加到主体节区域，页码格式为“第N页，共M页”	能够熟练地完成向报表中添加日期、时间与页码；能够正确地判断页码的添加位置	30%
将报表中的数据进行排序与分组	排序与分组的概念以及作用；掌握排序与分组的优先级；熟记“组页眉/组页脚”的作用	将“借阅者信息报表”中的数据按照“班级”进行分组，并在每个分组前面显示班级信息；在“借阅者信息报表”中按照“性别”升序进行排序并输出	能够根据要求独立完成报表记录的排序与分组；掌握“组页眉/组页脚”的添加与删除方法	25%
在报表中使用计算控件	计算控件的两种添加形式以及各自的作用；掌握Access常用函数	在“借阅者信息报表”中根据“入学时间”计算借阅者的入学天数；统计“借阅者信息报表”各组中借阅者的人数，统计结果显示在各分组的下方	能够根据要求独立完成向报表中添加计算控件，并能正确地判断控件的添加位置	25%

项目小结

本项目主要学习了如何使用设计视图来创建报表，并且掌握了关于报表的一些基本技能。

任务一主要学习了如何使用“报表设计”完成报表的创建。使用“设计视图”创建报表的过程与创建窗体的过程相似，因此需要将两者进行区分。使用“设计视图”创建报表在考试过程中出现的概率较小，但是作为基本技能需要重点掌握。

任务二讲述了报表内容的编辑方法。在编辑报表内容中重点讲解了“日期和时间”以及“页码”的添加方法。在全国计算机等级考试中，“页码”内容为易考点，同时也是学习过程中的难点，因此需要重点练习。

任务三讲解了报表中记录的分组与排序，讲述了报表中“组页眉/组页脚”的添加与删除方法以及各自的作用。对报表中的记录进行排序或分组可以提高报表的可读性，同时可以使报表中的内容更加清晰，界面更加美观。本任务所学习的内容不论是在实际应用中还是在考试过程中都非常重要，需要重点掌握。

任务四主要学习了计算控件的添加方法，讲述了计算控件添加的两种形式。通过本任务的学习，能够根据要求在报表中正确地添加计算控件，熟悉在不同节区域添加计算控件所实现的不同功能。

模块六　宏

项目一　宏的创建与应用

宏操作简称为“宏”，是 Access 中的一个对象，是一种功能强大的工具。通过宏能够自动执行重复的任务，使用户更方便、快捷地操作 Access 数据库系统。本模块将在介绍宏的基本概念的基础上，讲解宏的创建和参数设置、宏的调试和运行、事件触发宏等内容。

常用的宏操作见表 6-1。

表 6-1　常用宏操作

命令	功能描述	参数说明
CloseWindow	关闭指定的 Access 对象，如果没有指定窗口或对象，则关闭活动窗口或当前对象	对象类型：选择要关闭的对象类型 对象名称：要关闭对象名称 保存：选择关闭时是否保存对对象的更改
OpenForm	在窗体视图，窗体设计视图、打印预览或数据表视图中打开一个窗体，并通过选择窗体的数据输入与窗体方式，限制窗体显示的记录	窗体名称：打开窗体的名称 视图：选择打开窗体或设计视图等 筛选名称：限制窗体中记录的筛选 Where 条件：有效的 SQL Where 子句或 Access，用来从窗体的基表或基础查询中选择记录的表达式 数据模式：窗体的数据输入方式 窗口模式：打开窗体的窗口模式
OpenQuery	在数据表视图、设计视图或打印预览中打开选择查询和交叉表查询	查询名称：打开运行的查询名称 视图：选择打开查询的视图 数据模式：查询的数据输入方式
OpenReport	在设计视图或打印预览视图中打开报表或立即打开报表，也可以限制需要在报表中打印的记录	报表名称：选择报表名称 视图：打开报表的视图 筛选条件：限制报表记录的筛选 Where 条件：有效的 SQL Where 子句或 Access，用来从报表的基表或基础查询中选择记录的表达式 窗口模式：选择报表的模式
OpenReport	在设计视图或打印预览视图中打开报表或立即打开报表，也可以限制需要在报表中打印的记录	报表名称：选择报表名称 视图：打开报表的视图 筛选条件：限制报表记录的筛选 Where 条件：有效的 SQL Where 子句或 Access，用来从报表的基表或基础查询中选择记录的表达式 窗口模式：选择报表的模式
OpenTable	在数据表视图、设计视图或打印预览视图中打开表，也可以选择表的数据输入方式	表名称：打开表的名称 视图：打开表的视图 数据模式：表的数据输入模式
MaximizeWindow	活动窗口最大化	此操作无参数
MinimizeWindow	活动窗口最小化	此操作无参数

（续）

命令	功能描述	参数说明
RestoreWindow	窗口复原	此操作无参数
Quit	退出 Access 数据库	选项：选择是否退出

任务一　创建操作序列宏

一、任务分析

通过编写 VBA 语句来实现控件的部分功能，这种方法较为复杂，且在编写过程中很容易出错，因此对于一些较简单的功能一般使用宏操作来实现。

本任务将主要完成以下操作：

1）创建一个宏操作，运行该宏时实现打开“借书登记”窗体的操作，宏名为“macro1”，设计效果如图 6-1 所示。

2）修改“macro1”宏，要求当运行该宏时打开“借书登记”窗体并关闭“借还书信息管理”窗体，设计效果如图 6-2 所示。

图 6-1　设计效果

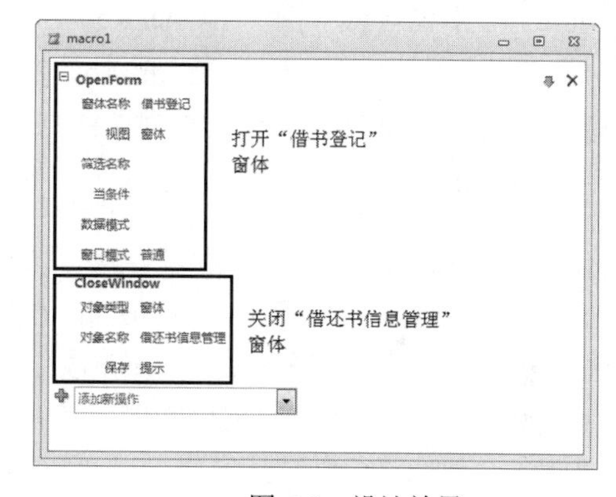

图 6-2　设计效果

二、任务实施

1）创建一个宏操作，运行该宏时实现打开“借书登记”窗体的操作，宏名为“macro1”。

步骤一：打开“图书借阅管理系统”数据库。

步骤二：在“创建”选项卡下的“宏与代码”组中单击“宏”按钮。

步骤三：在弹出的界面的“添加新操作”下拉列表中选择 “OpenForm”选项，在“窗体名称”下拉列表中选择“借书登记”选项。设置完成后单击“保存”按钮，将宏保存为“macro1”。

步骤四：单击“运行”按钮，查看宏效果。

2）修改“macro1”宏，要求当运行该宏时打开“借书登记”窗体并关闭“借还书信息管理”窗体。

步骤一：以设计视图方式打开“macro1”宏。

步骤二：在“添加新操作”下拉列表中选择“CloseWindow”选项，指定关闭类型为“窗体”，确定关闭对象的名称为“借还书信息管理”。设置完成后，单击“保存”按钮。

步骤三：打开“借阅信息管理”窗体，然后运行“macro1”宏操作，查看设计效果。

注意：运行该宏时操作的执行顺序为：先打开“借书登记”窗体，然后再关闭“借还书信息管理”窗体。

任务二　创建宏组

一、任务分析

在宏的分类中，操作序列宏是最简单一类，只要将宏需要完成的操作按照顺序在宏的编辑区域进行相应的添加即可。但是，如果在一个宏中添加了多个宏操作，那么为了方便宏的管理可以将宏操作进行分组。

本任务将主要完成下面的操作：

创建宏“macro3”，在该宏中包含两个宏，分别为“macro3_1”和“macro3_2”。其中，宏 macro3_1 中包含以下操作：OpenReport 操作在打印预览视图中打开“出版社报表”，Maxsize 操作最大化活动窗口；宏 macro3_2 中有以下两个操作：Beep 操作使计算机发出嘟嘟声，OpentTable 操作在数据表视图中打开“借阅者表”。

二、任务实施

创建宏“macro3”，在该宏中包含两个宏，分别为“macro3_1”和“macro3_2”。其中，宏 macro3_1 中包含以下操作：OpenReport 操作在打印预览视图中打开“出版社报表”，Maxsize 操作最大化活动窗口；宏 macro3_2 中有以下两个操作：Beep 操作使计算机发出嘟嘟声，Opentable 操作在数据表视图中打开“借阅者表”。

步骤一：进入“宏”设计窗口，在“添加新操作”下拉列表中选择“Group”操作（或在操作目录中将“Group”块拖动到“宏”设计窗格中），输入宏组名称，即完成分组，如图 6-3 所示。

图 6-3　Group 操作

步骤二：在“Group”中通过“添加新操作”下拉列表添加操作，如图 6-4 所示。

图 6-4 添加宏操作

步骤三：按照上述步骤，添加“macro3_2”宏，添加完成后单击“保存”按钮，将宏命名为“macro3”，效果如图 6-5 所示。

图 6-5 创建效果

任务三 子宏的创建

一、任务分析

创建宏组只是将宏里面的操作进行分组，并不影响宏的执行，还是按照宏操作的添加顺序执行，并不能单独地执行组中的某个操作。在宏的分类中，还存在一类宏，不仅可以完成对宏的分组，还可以对宏组中的宏进行引用，并执行里面的任意操作，这类宏称为子宏。

本任务将主要完成以下操作：

1）创建一个名为“macro4”的宏，该宏由“macro4_1”“macro4_2”两个子宏组成，这两个子宏的功能如下：

macro4_1 打开“借书登记”窗体并关闭“借还书信息管理”窗体。

macro4_2 打开“还书登记”窗体并关闭“借还书信息管理”窗体。

2）将“借还书信息管理”窗体中标题为“借书登记”“还书登记”的按钮控件的“单击”事件分别设置为“macro4_1”与“macro4_2”。

二、任务实施

1）创建一个名为“macro4”的宏，该宏由“macro4_1”“macro4_2”两个子宏组成，这两个子宏的创建步骤分别如下。

①创建 macro4_1 宏。

步骤一：在“创建”选项卡下的“宏与代码”组中，单击“宏”按钮，进入“宏”设计窗口。

步骤二：在“操作目录”窗格中，把程序流程中的子宏命令“Submacro”拖到“宏”设计窗口中。在子宏名称文件夹中，默认名称为 Sub1，把该名称修改为“macro4_1”，如图 6-6 所示。

步骤三：在“添加新操作”下拉列表中，根据题目要求添加宏操作，如图 6-7 所示。

图 6-6　子宏名称设置

图 6-7　添加宏操作

②创建 macro4_2 宏。

按照上述步骤完成 “macro4_2”子宏的创建。设置完成后单击“保存”按钮，宏名为“macro4”，效果如图 6-8 所示。

图 6-8　最终效果

2）将 “借还书信息管理”窗体中标题为“借书登记”“还书登记”的按钮控件的“单击”事件分别设置为“macro4_1”与“macro4_2”

步骤一：以设计视图方式打开“借还书信息管理”窗体。

步骤二：选中标题为“借书登记”的按钮，打开其“属性表”，在“事件”选项卡下的“单击”属性对应的下拉列表中选择“macro4.Macro4_1”选项，如图 6-9 所示。

图 6-9 调用子宏

步骤三：按照上述方法设置“还书登记”按钮的单击事件为“macro4_2”，设置完成后单击“保存”按钮。将窗体切换到窗体视图，分别单击两个命令按钮，查看设置效果。

任务四 创建条件宏

一、任务分析

通过前 3 个任务的学习掌握了宏的基本创建方法，但是之前创建、使用的所有宏都是无条件宏，即只要运行宏就会执行宏中的操作，但在实际应用中更希望只有当满足指定条件时才执行宏的一个或多个操作。例如，“图书信息管理系统”中的登录界面，只有输入正确的“用户名”和“密码”才可以成功地登录到“系统主界面”，否则提示“用户名或密码错误，请重新输入！”信息。要实现上述功能，可以使用“If”块进行流程控制，还可以使用“Else If”和“Else”块来扩展“If”块，类似于 VBA 等其他编程语言。

本任务主要完成以下操作：

1）创建如图 6-10 所示的窗体 L03，在窗体中添加一个名为“T”的选项组控件，附带标签的标题为“表对象”。在选项组中添加两个选项按钮，其选项值依次为“1”、“2”，附带标签的标题依次为“借阅者表”“图书表”。在窗体中添加一个名为“Cmd”的命令按钮，标题为“打开”，命令按钮的功能如下：当选中“借阅者表”选项时，单击“打开”按钮，打开学生表的数据表视图；当选中“图书表”选项时，单击“打开”按钮，打开图书表的数据表视图；命令按钮的功能要求用宏来实现，宏的名称为“macro5”，效果如图 6-11 所示。

2）在“图书借阅管理系统”中已创建好“登录窗体”，在该窗体中存在两个文本框，用于输入“用户名”和“密码”，名称分别为“T”和“P”，效果如图 6-12 所示。要求创建宏“macro6”，要求当“T”文本框中输入“admin”，“P”文本框中输入“admin”时，单击“登录”按钮实现打开“系统主界面”窗体，并关闭“登录窗体”。如果不满足以上条件，则弹出提示信息“用户名或密码错误，请重新输入!”，如图 6-13 所示，并发出嘟嘟声，提示信息类型为“警告”，标题为“错误提示”。

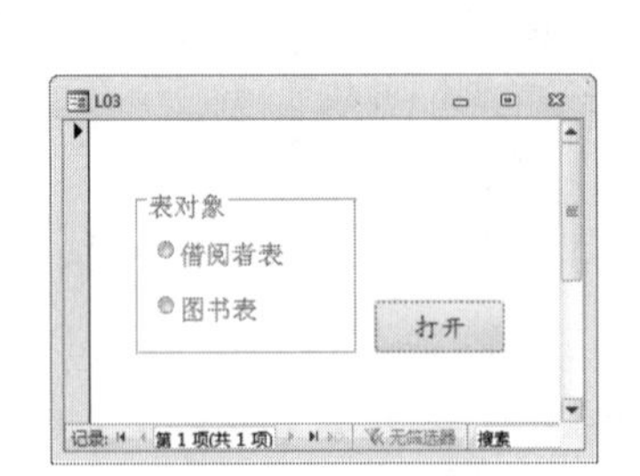

图 6-10　窗体 L03

图 6-11　宏设计效果

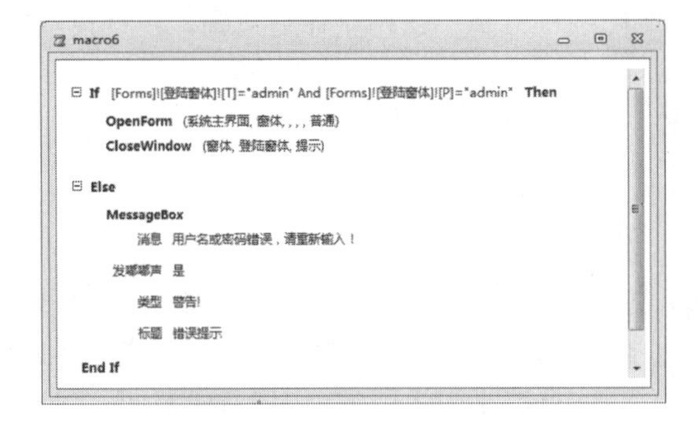

图 6-12　宏设计效果

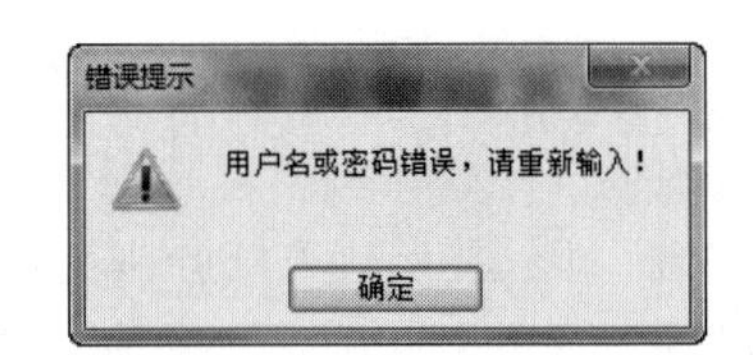

图 6-13　“错误提示”对话框

二、任务实施

1）创建如图 6-10 所示的窗体 L03，在窗体中添加一个名为“T”的选项组控件，附带标签的标题为“表对象”。在选项组中添加两个选项按钮，其选项值依次为 1、2，附带标签的标题依次为“借阅者表”“图书表”。在窗体中添加一个名为“Cmd”的命令按钮，标题为“打开”，命令按钮的功能如下：当选中“借阅者表”选项时，单击“打开”按钮，打开学生表的数据表视图；当选中“图书表”选项时，单击“打开”按钮，打开图书表的数据表视图。命令按钮的功能要求用宏来实现，宏的名称为“macro5”。

步骤一：按照题目要求完成“L03”窗体的创建，窗体设计如图 6-14 所示。

步骤二：从“操作目录”窗格中，把“If”拖到“宏”设计窗口中（或在组合框中直接输入 If 操作）。

步骤三：在条件表达式中输入“[Forms]![L03]![T]=1”,在“操作”行中输入“Open Table”，“操作参数”区域的“表名称”选择为“借阅者表”，“视图”选择为“数据表”，如图 6-15 所示。用同样的方法完成另一个操作，宏设计如图 6-16 所示。

对象	属性	属性值
选项组	名称	T
选项组附带标签	标题	表对象
选项按钮 1	选项值	1
选项按钮 1 附带标签	标题	借阅者表
选项按钮 2	选项值	2
选项按钮 2 附带标签	标题	图书表
命令按钮	名称	Cmd
	标题	打开

图 6-14 窗体设计

图 6-15 宏设计 1

图 6-16 宏设计 2

步骤四：单击“保存”按钮，在弹出的“另存为”对话框中指定“宏名称”为“macro5”，然后单击“确定”按钮。

步骤五：修改窗体中“打开”命令按钮的“单击”事件属性，选择为“macro5”，并保存，如图 6-17 所示。

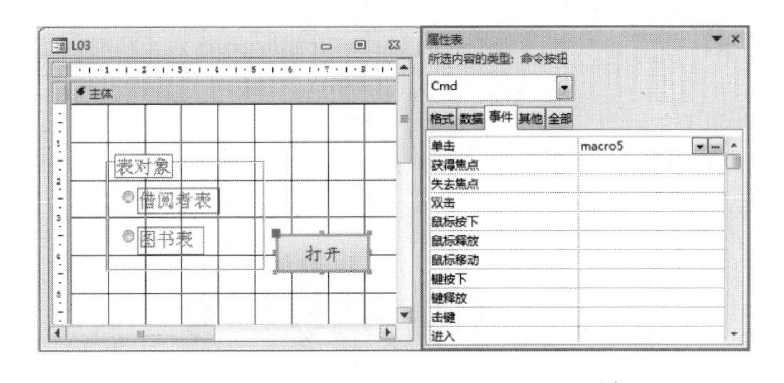

图 6-17 单击“事件”属性设置

步骤六：将窗体切换到窗体视图，查看设计效果。

2）在“图书借阅管理系统”中已创建好“登录窗体”，在该窗体中存在两个文本框，用于输入“用户名”和“密码”，名称分别为“T”和“P”。要求创建宏“macro6”，要求当“T”文本框中输入“admin”，“P”文本框中输入“admin”时，单击“登录”按钮实现打开“系统主界面”窗体，并关闭“登录窗体”。如果不满足以上条件，则弹出提示信息“用户名或密码错误，请重新输入！”，并发出嘟嘟声，提示信息类型为“警告”，标题为“错误提示”。

步骤一：进入“宏”设计窗口，添加“If”块，在其对应的条件表达式中输入“[Forms]![登录窗体]![T]= "admin" And [Forms]![登录窗体]![P]= "admin"”，并添加相应的操作，如图 6-18 所示。

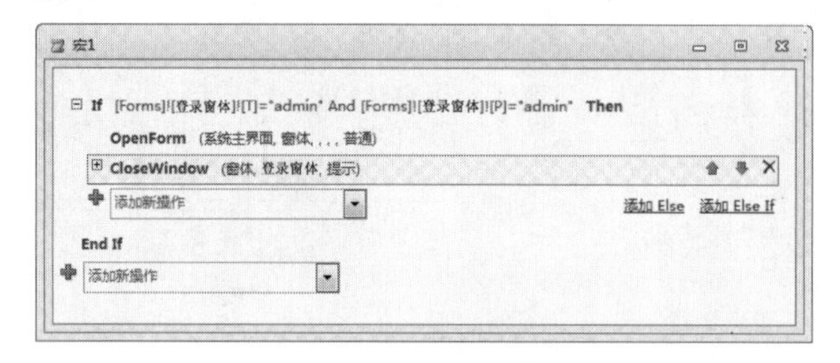

图 6-18　宏条件设置

步骤二：单击右下方的“添加 Else”命令按钮，向“If”块中添加“Else”块，并添加 Message Box 操作，具体如图 6-19 所示。

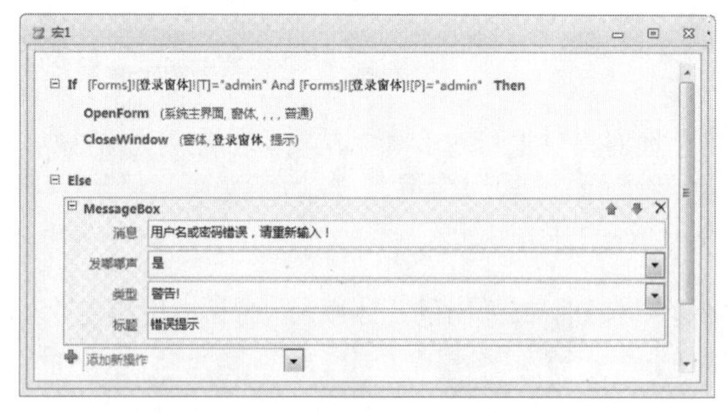

图 6-19　提示信息添加

步骤三：将宏保存为“macro6”，并设置为“登录窗体”中“登录”按钮的单击事件，查看设置效果。

宏的调试与事件触发宏

1. 调试宏

在 Access 数据库系统中提供了单步执行的宏调试工具。使用单步跟踪执行可以观察宏的流程和每个操作的结果，从中发现并排除出现的问题或错误的操作。

以宏“macro3”为例，单步执行的调试操作步骤如下。

步骤一：以设计视图方式打开要调试的宏。

步骤二：在工具栏上单击“单步”按钮，使其处于凹陷的状态。在工具栏上单击“运行”按钮，系统将出现“单步执行宏”对话框，如图 6-20 所示。

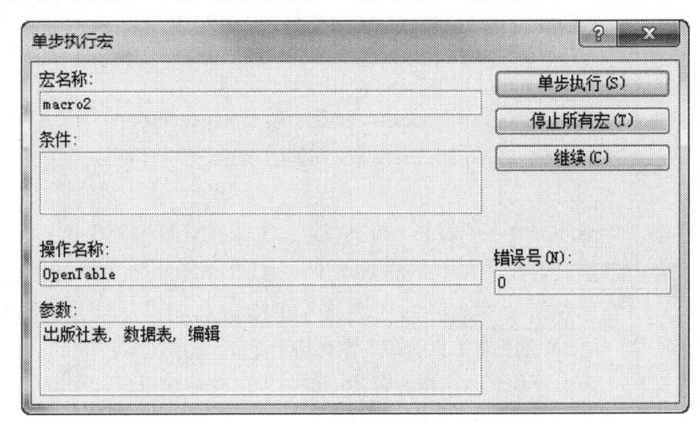

图 6-20 “单步执行宏”对话框

步骤三：单击“单步执行”按钮，执行其中的操作。单击“停止所有宏”按钮，停止宏的执行并关闭对话框。单击“继续”按钮会关闭“单步执行宏”对话框，并执行宏的下一个操作命令。如果宏操作有误，则会出现“操作失败”对话框，如果要在宏执行的过程中暂停宏的执行，则可以使用组合键<Ctrl+Break>。

2. 通过事件触发宏

在模块四中曾简单地对事件进行过介绍，在实际的应用过程中，设计完成的宏更多地是通过窗体、报表或查询产生的“事件”触发并投入运行的。

本项目的测评表见表 6-2。

表 6-2 项目测评表

项目名称	宏的创建与应用			
任务名称	知识点	完成任务	掌握技能	所占权重
创建操作序列宏	了解宏的概念以及作用；重点掌握常用宏操作，熟悉宏操作的作用以及各参数的意义；熟悉宏的设计视图，掌握各命令按钮的作用	创建一个宏操作，运行该宏实现打开“借书登记”窗体的操作，宏名为“macro1”；修改“macro1”宏，要求当运行该宏时打开“借书登记”窗体并关闭“借还书信息管理”窗体	掌握操作序列宏的基本创建方法	20%

（续）

创建宏组	掌握宏组的作用；熟悉宏组中宏的执行流程	创建宏“macro3”，在该宏中包含两个宏，分别为“macro3_1”和“macro3_2”。宏macro3_1中包含以下操作：OpenReport操作在打印预览视图中打开“出版社报表”，Maxsize操作最大化活动窗口；宏macro3_2中以下有两个操作：Beep操作使计算机发出嘟嘟声，Opentable操作在数据表视图中打开“借阅者表”	掌握宏组的两种创建方法：需要分组的宏操作已存在的前提下如何对宏操作进行分组；当需要分组的操作不存在时如何进行创建	10%
子宏的创建	子宏的概念以及作用；子宏与宏组的区别；子宏的引用格式	创建一个名为“macro4”的宏，该宏由“macro4_1”“macro4_2”两个子宏组成，这两个宏的功能分别如下： macro4_1——打开“借书登记”窗体并关闭“借还书信息管理”窗体；macro4_2——打开“还书登记”窗体并关闭“借还书信息管理”窗体 将“借还书信息管理”窗体中标题为“借书登记”“还书登记”的按钮控件的“单击”事件分别设置为“macro4_1”与“macro4_2”	掌握子宏的创建方法以及子宏在窗体或报表中的引用格式	20%
创建条件宏	条件宏的作用；If语句的基本执行流程；MessageBox操作的作用，以及各个参数的作用；窗体、报表或相关控件的引用格式	（1）创建窗体L03，在窗体中添加一个名为“T”的选项组控件，附带标签的标题为“表对象”。在选项组中添加两个选项按钮，其选项值依次为1、2，附带标签的标题依次为“借阅者表”“图书表”。在窗体中添加一个名为“Cmd”的命令按钮，标题为“打开”，命令按钮的功能如下：当选中“借阅者表”选项时，单击“打开”按钮，打开学生表的数据表视图；当选中“图书表”选项时，单击“打开”按钮，打开图书表的数据表视图。命令按钮的功能要求用宏来实现，宏的名称为“macro5”。 （2）在“图书借阅管理系统”中已创建好“登录窗体”，在该窗体中存在两个文本框，用于输入“用户名”和“密码”，名称分别为“T”、“P”。要求创建宏“macro6”，要求当“T”文本框中输入“admin”，“P”文本框中输入“admin”时，单击“登录”按钮实现打开“系统主界面”窗体，并关闭“登录窗体”。如果不满足以上条件，则弹出提示信息“用户名或密码错误，请重新输入！”，并发出嘟嘟声，提示信息类型为“警告”，标题为“错误提示”	掌握条件宏的创建方法；熟悉宏条件的设置方法；熟悉窗体或报表值的引用方法	50%

项目小结

本项目主要讲解了4个任务，通过本项目可以掌握宏的基本分类、基本概念和作用以及宏的基本创建方法。

任务一主要讲解了操作序列宏的创建方法，主要讲解了宏的一些基本的概念以及作用，熟悉一些基本的宏，并演示了操作序列宏的基本创建方法。操作序列宏的创建方法是宏操作的基础，只有熟练地完成操作序列宏的创建才能正确地认识和创建其他类型的宏。

任务二主要学习了如何对操作较多的宏操作进行分类管理，虽然将宏操作分到了不同的组中，但是并不能影响宏的执行，仍然是按照宏操作的书写顺序依次执行。

任务三主要讲解了子宏的创建方法，这里需要重点区分宏组与子宏。宏组中的宏操作不可以单独引用，而子宏中的宏操作可以单独引用，并且当运行整个宏时执行的只是第一个子宏。子宏的创建既能完成对宏的分组，同时也可以实现对子宏的单独引用。

任务四重点学习了条件宏的创建方法，条件宏与其他宏的区别在于，当运行该宏时并不是无条件地运行，而是根据书写的条件进行选择性的执行。但是需要注意，在条件宏中对于没有设置执行条件的操作会无条件地执行。条件宏在考试和实际应用中都非常重要，需要重点掌握。

在宏的分类中还包含一类自动运行宏，如果希望创建的某个宏在启动数据库之后能自动地运行，则只需要在导航窗格的“宏”组中将需要自动运行的宏重命名为“Autoexec”即可。

项目二　使用宏创建自定义菜单和快捷菜单

任务　创建“图书信息查询”窗体自定义菜单

一、任务分析

项目一主要学习了宏的打开与关闭操作，以及各类宏的创建方法，实际上宏可以完成的工作还有很多。例如，完成一个系统的创建，系统投入到实际运行中后，有一些常用的功能或界面需要被快速找到，而不是通过窗体来实现切换，对于这样的情况可以将一些常用的操作进行汇总并添加到窗体的工具栏或快捷菜单中，以方便使用者进行操作。

本任务将主要完成以下操作：

1）创建一个“图书信息管理”菜单，将其添加到窗体的加载项中，如图 6-21 所示，菜单中包含的命令如下：

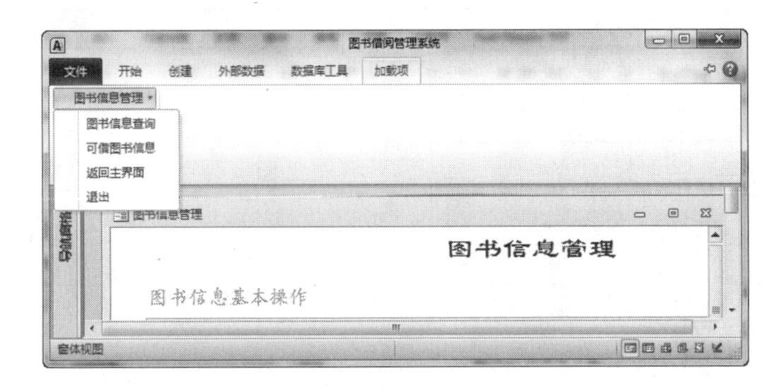

图 6-21　设置效果

①打开“图书信息查询”窗体。

②运行“可借图书信息”查询。

③关闭“图书信息管理”窗体并打开“系统主界面”窗体。

④退出“图书借阅管理系统”。

2）创建一个宏菜单，将其作为“借阅者信息报表”的快捷菜单，如图 6-22 所示，菜单中包含的操作如下：

①打印（P）。

②退出（Q）。

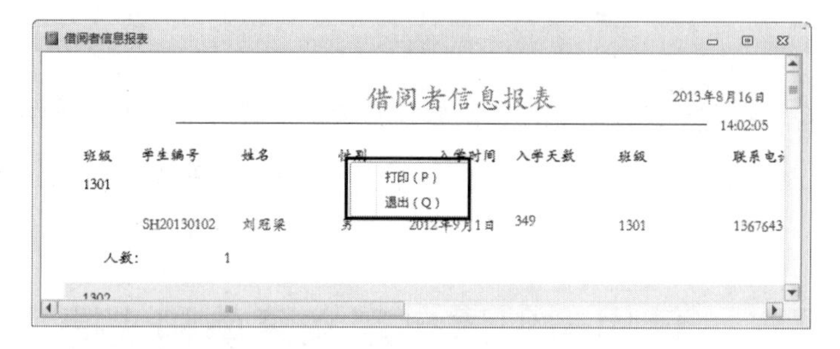

图 6-22　创建效果

3）创建子菜单。修改操作 2）所创建的报表快捷菜单，在其中添加“导出”操作，包含导出的类型为“文本文件”与“PDF”两类，如图 6-23 所示。

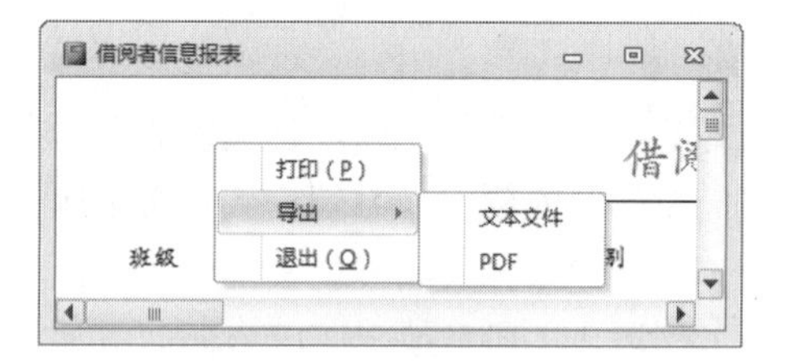

图 6-23　设计效果

4）根据全局菜单内容图表创建系统全局菜单，创建要求见表 6-3，设计效果如图 6-24 所示。

表 6-3　菜单内容明细

一级菜单	二级菜单	三级菜单	四级菜单
图书信息管理	图书信息基本操作	——	——
	查询图书信息		
	可借图书信息		
借阅者信息管理	借阅者信息基本操作	——	——
	借阅者信息查询		
借还书信息管理	借书登记	——	——
	还书登记		
	借阅信息查询		
	未还书系信息		

（续）

一级菜单	二级菜单	三级菜单	四级菜单
报表管理	出版社报表	打开	——
		导出	PDF 格式(*.pdf)
			文本文件(*.txt)
			Excel 2003 工作簿(*.xls)
		打印	——
	图书报表	打开 导出	——
			PDF 格式(*.pdf)
			文本文件(*.txt)
			Excel 2003 工作簿(*.xls)
		打印	——
	借阅者报表	打开	——
		导出	PDF 格式(*.pdf)
			文本文件(*.txt)
			Excel 2003 工作簿(*.xls)
		打印	——
切换面板	——	——	——
系统主界面	——	——	——
退出	——	——	——

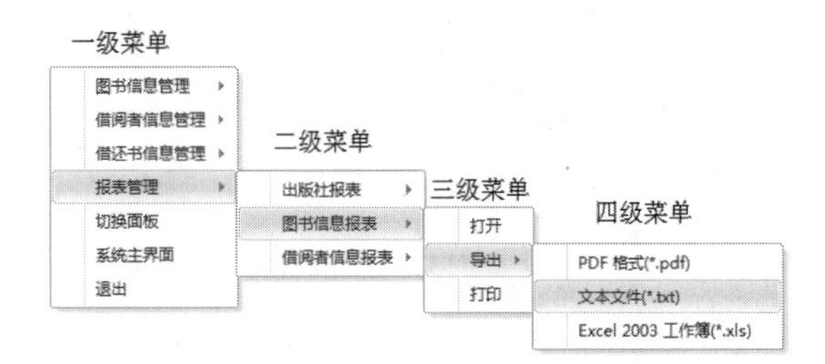

图 6-24　设计效果

二、任务实施

1）创建一个“图书信息管理”菜单，将其添加到窗体的加载项中，菜单中包含的命令如下：

①打开“图书信息查询”窗体。

②运行“可借图书信息”查询。

③关闭“图书信息管理”窗体并打开“系统主界面”窗体。

④退出“图书借阅管理系统”。

步骤一：进入“宏”设计窗口。

步骤二：创建“macro7”宏，在该宏中包含 4 个子宏，实现的功能分别是打开“图书信息查询”窗体、运行“可借图书信息”查询、关闭“图书信息管理”窗体并打开“系统主界面”窗体和退出“图书借阅管理系统”，将宏保存为“macro7”，如图 6-25 所示。

步骤三：创建菜单本身宏，宏的名称为“图书信息管理”。在“添加新操作”下拉列表中选择“AddMenu”选项，菜单名称为“图书信息管理”，菜单宏名称为“macro7”，完成后，将宏保存为“图书信息管理”，如图 6-27 所示。

图 6-25　菜单命令宏的创建　　　　图 6-26　菜单宏

步骤四：以设计视图方式打开“图书信息管理系统”，打开窗体“属性表”，在“其他”选项卡下的“菜单栏”属性中输入宏菜单的名称“图书信息管理”，如图 6-27 所示。

图 6-27　属性设置

步骤五：重新启动“图书信息管理”窗体，单击“加载项”选项卡，查看设置效果。

2）创建一个宏菜单，将其作为“借阅者信息报表”的快捷菜单，菜单中包含的操作如下：

①打印（P）。

②退出（Q）。

步骤一：进入“宏”设计窗体，创建宏菜单命令。

步骤二：按操作 1）中的步骤二，创建操作子宏，完成宏菜单中包含的功能，宏的名称为“macro8”，菜单操作如图 6-28 所示。

步骤三：创建宏菜单，宏的名称为“macro9”，如图 6-29 所示。

图 6-28　菜单操作

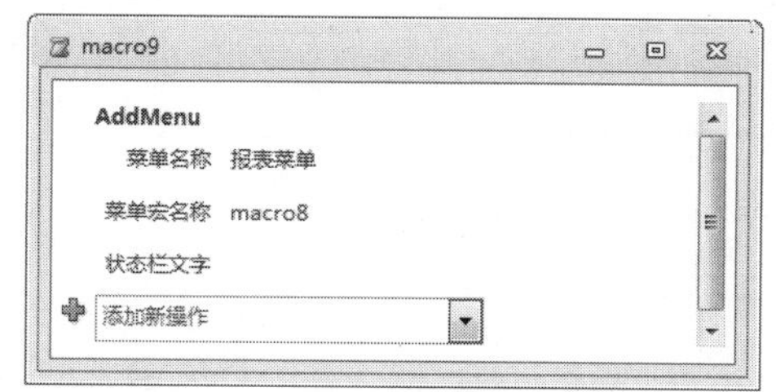

图 6-29　宏菜单

步骤四：以设计视图方式打开“借阅者信息报表”，并打开其“属性表”，在“其他”选项卡下的“快捷菜单栏”属性中输入宏菜单的名称“macro9”，如图 6-30 所示。重启报表，在报表的任意区域单击鼠标右键，查看设置效果，如图 6-31 所示。

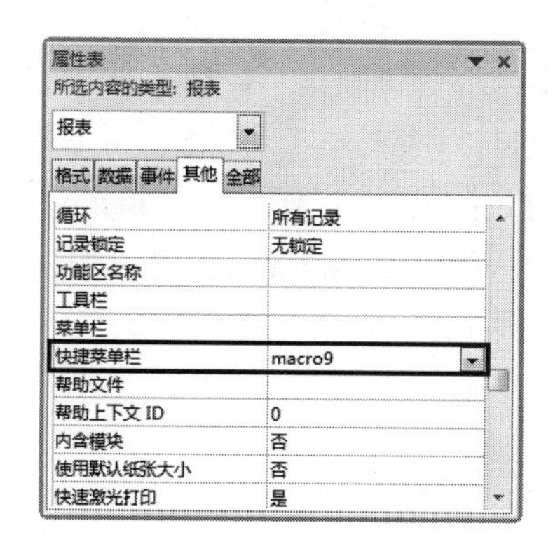

图 6-30　属性设置

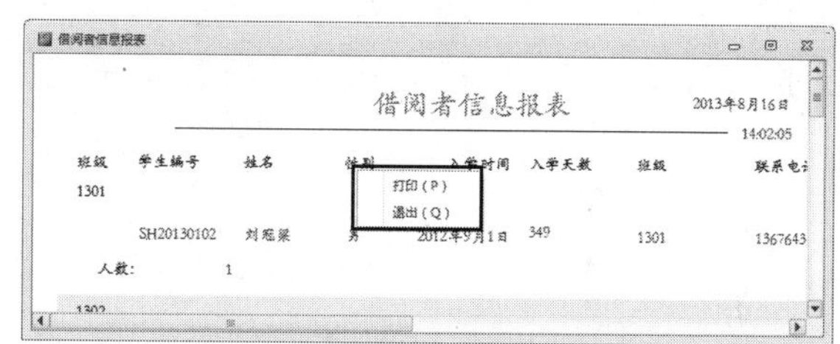

图 6-31　设置效果

3）修改操作 2）所创建的报表快捷菜单，在其中添加“导出”操作，包含导出的类型为“文本文件”与“PDF”两类。

步骤一：进入“宏”设计窗口，添加“导出”宏命令，如图 6-32 所示，将宏保存为“macro10”。

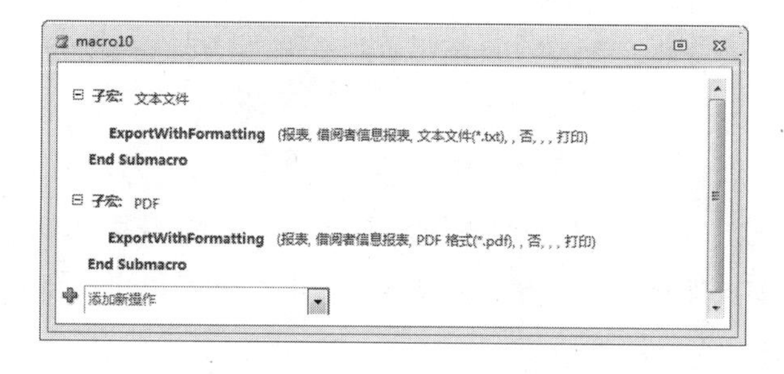

图 6-32　“导出”宏命令

步骤二：在已创建完成的宏“macro8”中添加一个导出子宏，子宏名为“导出”，宏操作为“Addmenu”，菜单宏名称为“macro10”，如图 6-33 所示。设置完成后，启动“借阅者信息报表”查看设置效果，如图 6-34 所示。

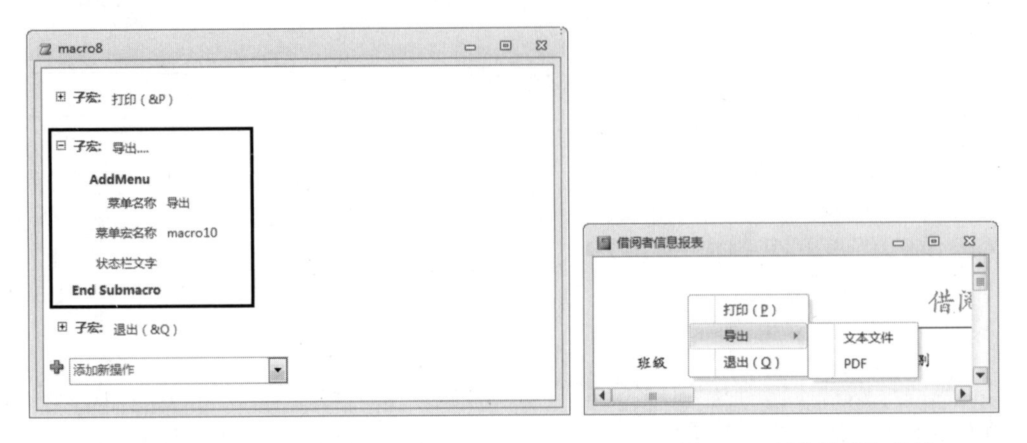

图 6-33　添加导出子宏　　　　图 6-34　子菜单添加效果

4）根据全局菜单内容图表创建系统全局菜单。

①创建四级菜单。该菜单中的四级菜单主要为导出内容的级联菜单，主要包含报表的导出类型，即 PDF 格式(*.pdf)、文本文件（*.txt)、Excel 2003 工作簿（*.xls)。

步骤一：进入“宏”设计视图，添加 ExportWithFormatting 操作，依次指定对象类型为“报表”，对象名称为“出版社表报表”，输出格式为“PDF 格式(*.pdf)”，如图 6-35 所示。

图 6-35　导出命令添加

步骤二：添加子宏，选中已添加的操作，单击鼠标右键，在弹出的快捷菜单中选择“生成子宏程序块”选项，如图 6-36 所示，输入子宏名称为“PDF 格式(*.pdf)”，如图 6-37 所示。

图 6-36 添加导出子宏

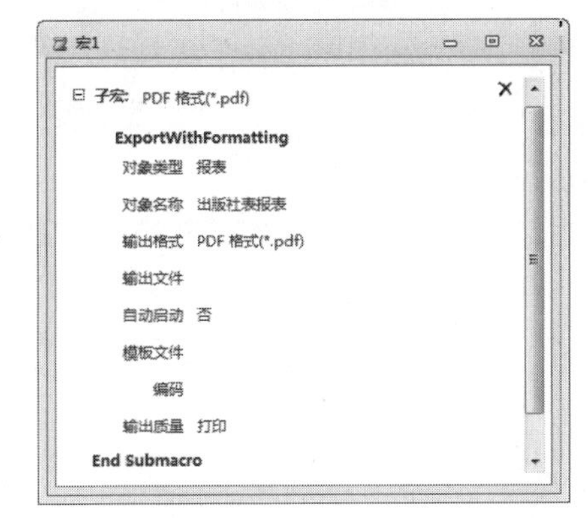

图 6-37 子宏命名

步骤三：重复上述操作，分别添加输出格式“文本文件(*.txt)”，如图 6-38 所示；“Excel 2003 工作簿(*.xls)”，如图 6-39 所示。

图 6-38 文本格式

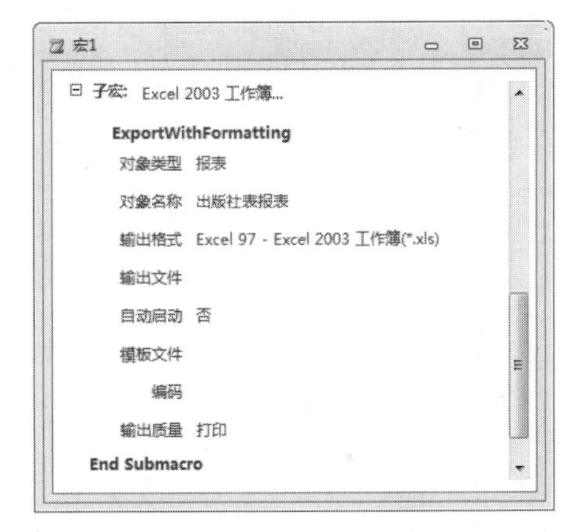

图 6-39 表格形式

步骤四：创建完成后，单击“保存”按钮，将宏命名为“出版社表报表导出四级菜单”。

步骤五：重复上述步骤，完成“图书报表导出四级菜单”与“借阅者信息报表四级菜单”宏的创建，如图 6-40 和图 6-41 所示。

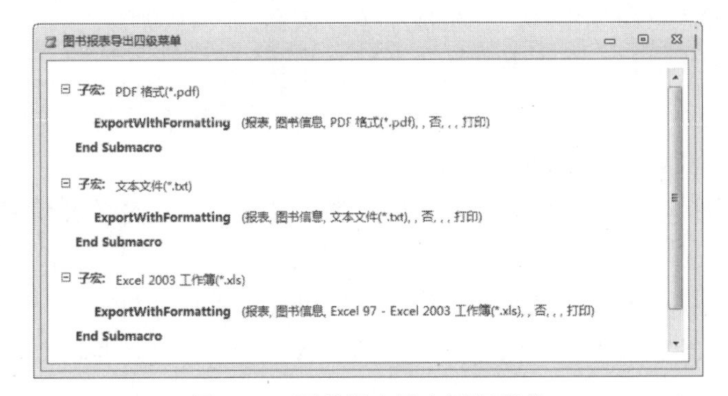

图 6-40 图书报表导出四级菜单

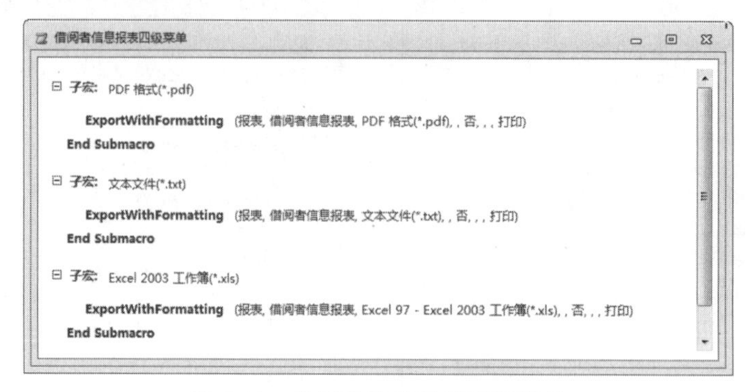

图 6-41　借阅者信息报表四级菜单

②创建三级菜单，该菜单中三级菜单为“报表管理”级联菜单，主要包括“打开”“导出”“打印”3 项内容，其中“导出”选项又包含四级菜单。

步骤一：进入“宏”设计视图，添加“打开”操作，并生成子宏，子宏命名为“打开”，如图 6-42 所示。

步骤二：单击“添加新操作”下拉列表，选择“AddMenu”操作，指定“菜单名称”为“导出”，“菜单宏名称”为“出版社报表导出四级菜单”，并生成子宏为“导出”，如图 6-43 所示。

图 6-42　打开操作

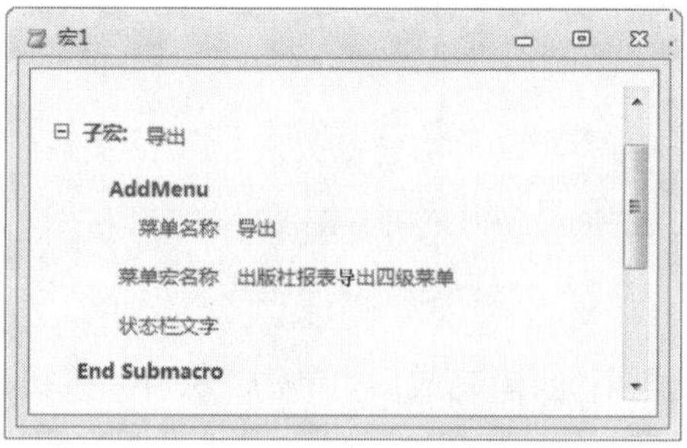

图 6-43　导出操作

步骤三：添加“打印”操作，并生成子宏，宏名为“打印”。

步骤四：创建完成后，将宏命名为“出版社报表三级菜单”。

步骤五：重复上述步骤，完成“图书信息报表三级菜单”与“借阅者信息报表三级菜单”宏的创建，如图 6-44 和图 6-45 所示。

③创建二级菜单。根据全局菜单图表创建二级菜单，创建方法参照三级菜单的创建步骤。

④创建一级菜单。创建方法参照三级菜单的创建步骤。

⑤创建全局快捷菜单主宏。创建方法参照三级菜单的创建步骤。

⑥加载快捷菜单。

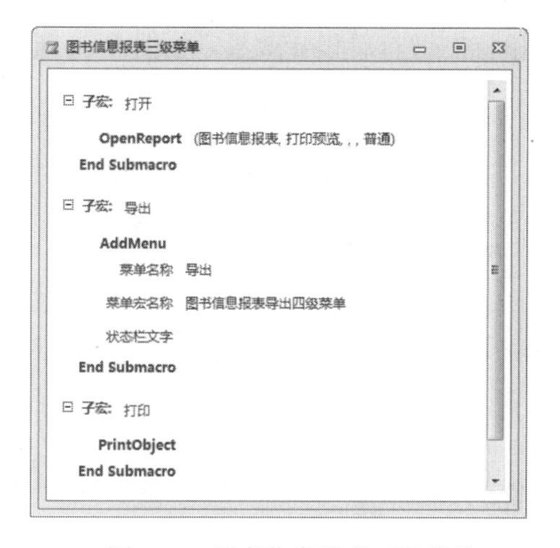

图 6-44　图书信息报表三级菜单

图 6-45　借阅者信息报表三级菜单

步骤一：在数据库功能区域的空白位置单击鼠标右键，在弹出的快捷菜单中选择“自定义功能区”选项，如图 6-46 所示。

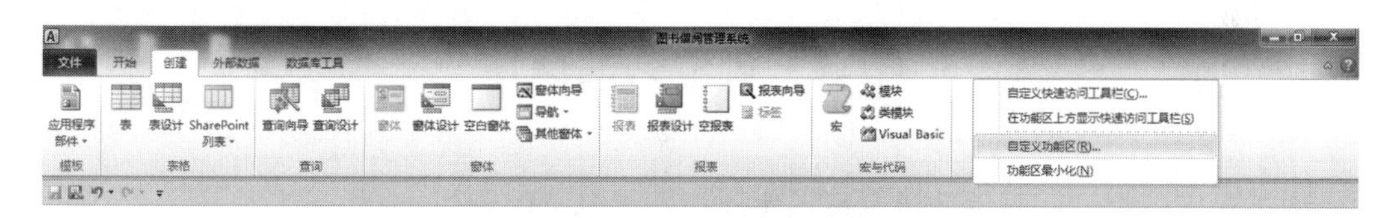

图 6-46　自定义功能区

步骤二：在弹出的“Access 选项”对话框中选择“当前数据库”，在“功能区和工具栏选项”组的“快捷菜单栏”中输入已创建的全局主菜单宏的名称，单击“确定”按钮，具体设置如图 6-47 所示。

图 6-47　快捷菜单栏设置

步骤三：打开系统中的任意对象，单击鼠标右键查看设计效果，如图 6-48 所示。

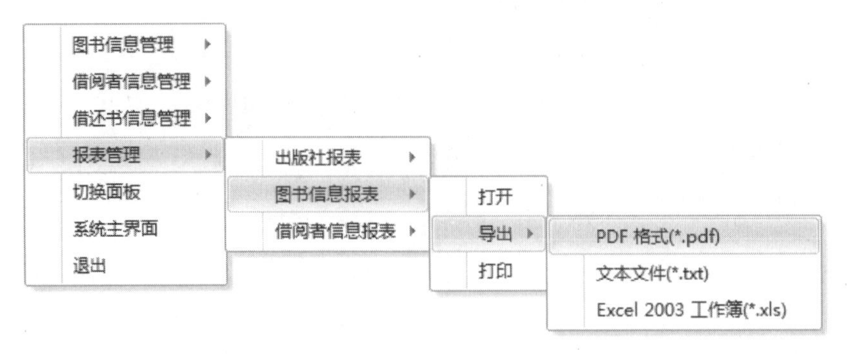

图 6-48　设计效果

通过宏进行其他操作

通过对宏进行一些简单的设置可以实现一些更复杂的操作。

在用户输入数据时，为防止用户输入错误，可以验证数据的有效性。预设值是一种防止输入错误的方法，通过此方法可以完成对输入值的验证。如果一个字段与其他一个或几个字段相关，则可以通过宏实现。

在“借阅者表”中有“学生编号”“姓名”等字段。对于每一个新输入的记录要求在表中检查是否有重复的学生编号，如果存在重复的学生编号，则弹出提示信息“学生编号重复，请重新输入！”

要使用宏实现所要求的功能，需要设置两个宏操作，分别为“学生编号核实”与“确认焦点”。其中，宏名为“学生编号核实”的 MessageBox 操作的条件设置为：DLookUp("[学生编号]","[借阅者表]","[学生编号]=Form.[学生编号]") Is Not Null，MessageBox 操作的提示信息设置为“学生编号重复，请重新输入！”，类型为“重要”，标题为“错误提示”。

DlookUp 函数的功能是从指定的记录集中检索特定字段的值，此处的含义是：在“借阅者表中”检索“学生编号”字段值与当前输入的 Form.[学生编号]相同的[学生编号]，如果 DlookUp 的返回值不为 Null，则执行 MessageBox 操作。

宏名为“确定焦点”的 GoToControl 操作的“控件名称”设置为“[学生编号]”，创建效果如图 6-49 所示。

完成宏的创建后，分别设置“借阅者信息”窗体的“成为当前”事件为“学生编号核实.确定焦点”；“学生编号”的“更新前”事件为：“学生编号核实.确认学生编号”。运行“借阅者信息”窗体，单击“添加新记录”按钮，输入数据，如果“学生编号”字段出现重复值，则会弹出如图 6-50 所示的错误提示框。

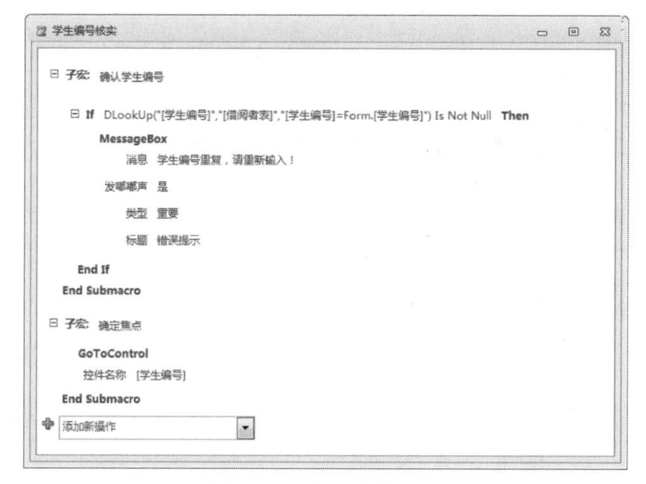

图 6-49 宏设计效果

图 6-50 错误提示框

项目测评

本项目的测评表见表 6-4。

表 6-4 项目测评表

项目名称	使用宏创建自定义菜单和快捷菜单			
任务名称	知识点	完成任务	掌握技能	所占权重
使用宏创建自定义菜单和快捷菜单	掌握菜单添加命令的作用以及参数的意义；熟悉不同类型的菜单的作用，并能正确地描述使用宏创建菜单的基本步骤	创建一个“图书信息管理”菜单，将其添加到窗体的加载项中；创建一个宏菜单，将其作为“借阅者信息报表”的快捷菜单；修改所创建的报表快捷菜单，在其中添加“导出”操作，包含导出的类型为“文本文件”与“PDF”两类；创建整合系统功能的全局菜单	掌握使用宏创建不同类型菜单的基本方法，能够独立地完成对宏菜单的创建	100%

项目小结

本项目通过 3 个操作来学习如何使用宏完成系统菜单以及快捷菜单的创建。自定义的菜单更加符合系统的要求并能准确地定位到实际需求，增强系统的可用性。但在创建快捷菜单时需要注意，附加到控件的自定义快捷菜单将取代在数据库中定义的任何其他自定义快捷菜单。本项目所学习的内容虽然不是考试重点，但在实际应用中经常遇到，因此需要重点掌握。

模块七　VBA 编程基础

项目一　选择分支结构语句

任务一　使用 If 语句完成系统登录验证

一、任务分析

在 Access 中可以使用 VBA 语句来实现相对复杂的操作，并且在之前模块的学习过程中已经对 VBA 有了简单的接触，本任务将学习 VBA 中的选择分支结构语句。

本任务将主要完成以下操作：

1）创建一个名为“L7_2”的窗体，并在该窗体上添加两个文本框和一个命令按钮，两文本框的名称分别为 Text1 和 Text2，命令按钮的名称为 Cmmand1，标题为“测试”。该窗体实现在 Text1 中输入一个数，单击“测试”按钮，Access 将会判断 Text1 中的数字能否被 3 整除，若能被 3 整除，则在 Text2 中输出“能被 3 整除”，否则在 Text2 中输出“不能被 3 整除”，设计效果如图 7-1 所示，测试效果如图 7-2 所示。

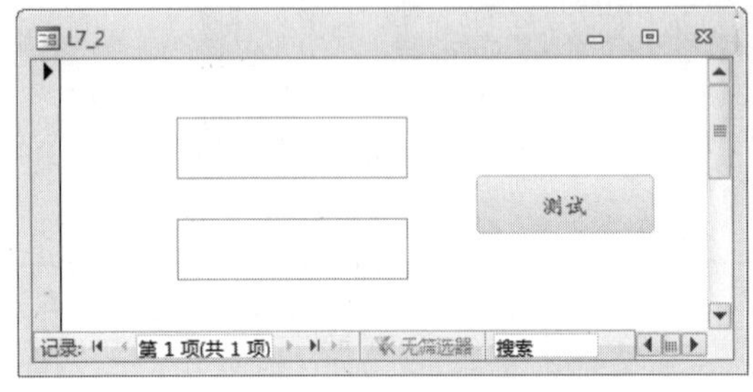

图 7-1　窗体设计效果

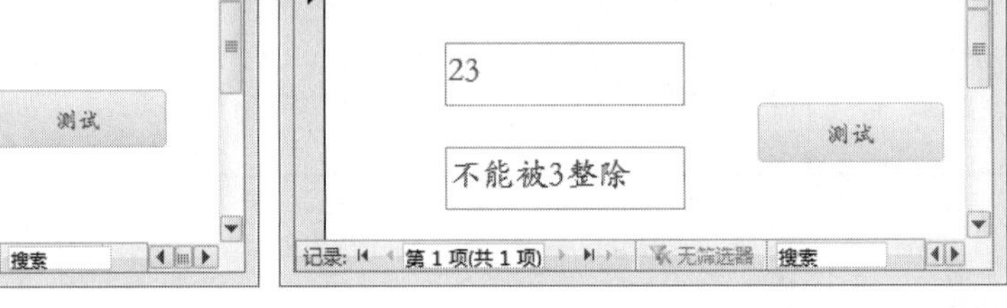

图 7-2　测试效果

2）在“图书借阅管理系统”中已创建完成“系统登录”界面，在“图书借阅管理系统”的使用过程中，为了保证系统的安全，在登录系统时需要对用户进行验证，输入正确的“用户名”和“密码”后，弹出提示框“欢迎登录！”并打开系统主界面，若“用户名”与“密码”其中的一项输入错误，则弹出提示“用户名或密码错误，请重新输入！”，单击“确定”按钮并清空“用户名”与“密码”文本框中的数据。登录验证失败如图 7-3 所示，登录验证成功如图 7-4 所示。

注：Username=“admin”，Password=“admin”。

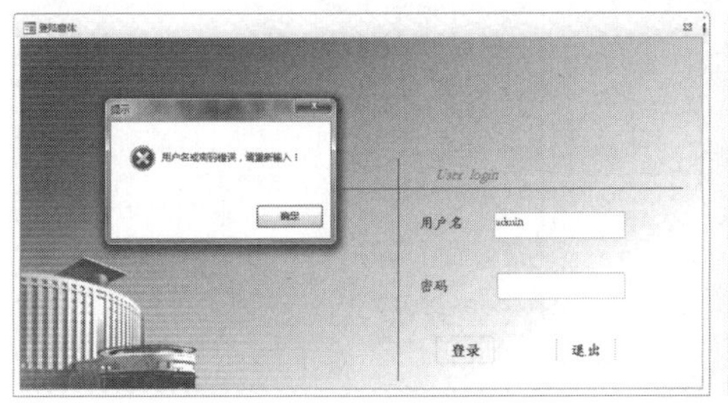

图 7-3　登录验证失败

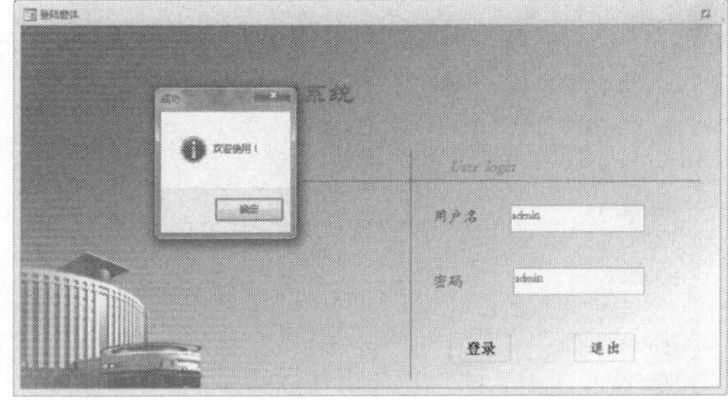

图 7-4　登录验证成功

二、任务实施

1）创建一个名为“L7_2”的窗体，并在该窗体上添加两个文本框和一个命令按钮，两文本框的名称分别为 Text1 和 Text2，命令按钮的名称为 Cmmand1，标题为“测试”。该窗体实现在 Text1 中输入一个数，单击“测试”按钮，Access 将会判断 Text1 中的数字能否被 3 整除，若能被 3 整除，则在 Text2 中输出“能被 3 整除”，否则在 Text2 中输出“不能被 3 整除”。

步骤一：创建一个窗体，命名为 L7_2，并在窗体上添加两个文本框和一个命令按钮，然后按照题目要求设置相关属性，创建好的窗体如图 7-5 所示，上面的文本框为 Text1，下面的文本框为 Text2，按钮名称为“cmd”。

图 7-5　窗体设计效果

步骤二：打开“cmd”属性表，设置“事件”选项卡下的“单击”属性为“[事件过程]”，如图 7-6 所示。

步骤三：编写 cmd 的单击事件过程代码，编写界面如图 7-7 所示。

```
Private Sub Command1_Click()
  If  Me!Text1 Mod 3 = 0 Then    "条件验证
    Me!Text2 = "能被 3 整除"       "为文本框赋值
  Else
    Me!Text2 = "不能被 3 整除"
  End If
End Sub
```

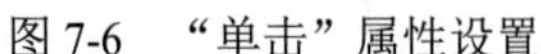
图 7-6 “单击”属性设置

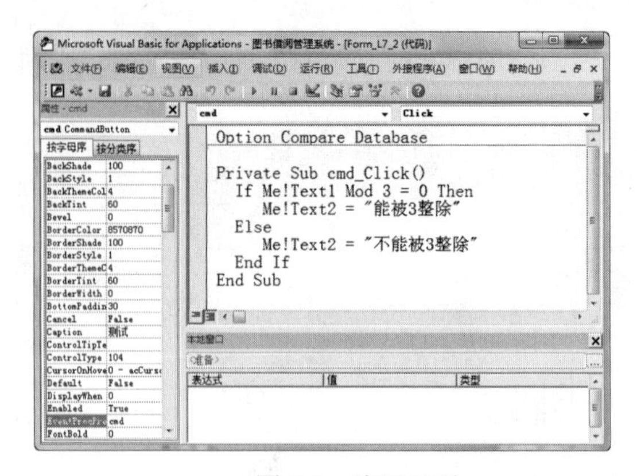

图 7-7 编写界面

步骤四：在 Text1 中输入 23，单击“测试”按钮，结果如图 7-8 所示。读者可以自行输入其他数据进行验证。

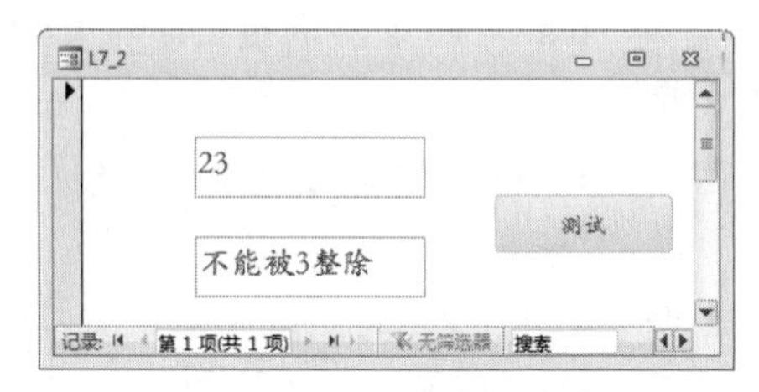

图 7-8 测试结果

2）在“图书借阅管理系统”中已创建完成“系统登录”界面，在“图书借阅管理系统”的使用过程中为了保证系统的安全，在登录系统时需要对用户进行验证，输入正确的“用户名”和“密码”后，弹出提示框“欢迎登录！”并打开系统主界面，若“用户名”与“密码”其中的一项输入错误，则弹出提示“用户名或密码错误，请重新输入！”，单击“确定”按钮并清空“用户名”与“密码”文本框中的数据。

步骤一：以设计视图方式打开“登录界面”。

步骤二：进入“登录”按钮单击事件的编写界面，如图 7-9 所示，输入以下代码。

```
If Me!T = "admin" And Me!P = "admin" Then      '条件验证
  MsgBox "欢迎使用！", vbInformation, "成功"  '登录提示
  DoCmd.Close                                 '关闭登录界面
  DoCmd.OpenForm "系统主界面"                 '打开系统主界面
Else
  MsgBox "用户名或密码错误，请重新输入！",vbCritical,"提示"  '登录信息错误提示
  Me!T = Null      '清空"用户名"
  Me!P = Null      '清空"密码"
End If
```

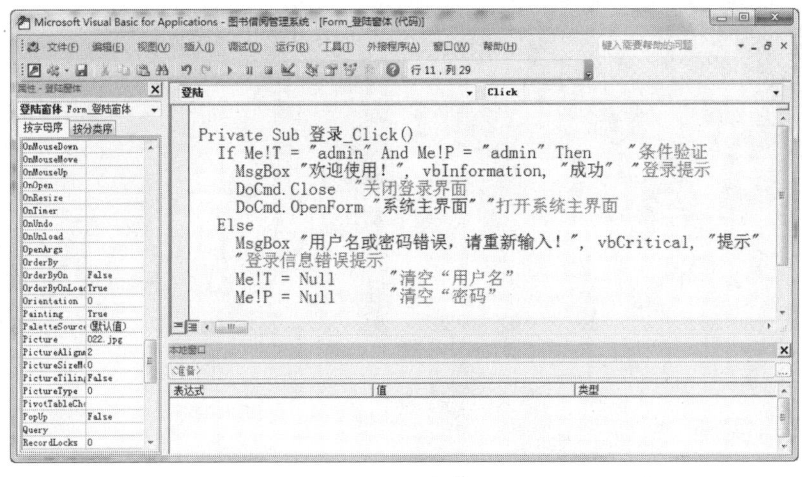

图 7-9　编写界面

步骤三：将“系统登录”窗体切换到窗体视图，输入不同的用户名与密码，查看设计效果，如图 7-10 和图 7-11 所示。

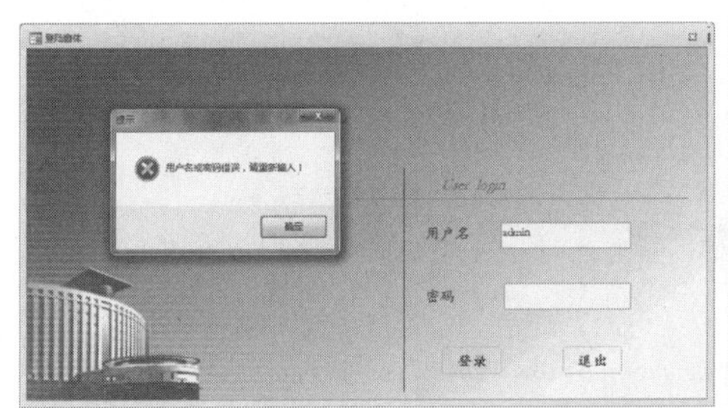

图 7-10　登录失败

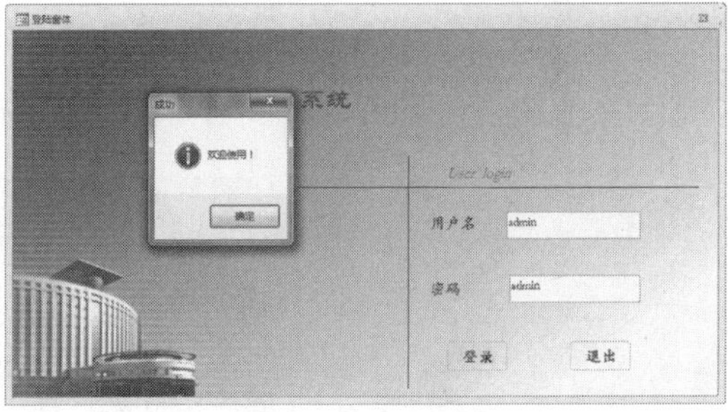

图 7-11　登录成功

任务二　使用 If 嵌套语句完成“登录系统”的选择打开

一、任务分析

嵌套语句即在一个 If 语句中包含一个或多个 If 语句，使用嵌套语句可以实现对条件的多重筛选。

在“图书借阅管理系统”中包含“系统主界面”和“切换面板”，这两个窗体均对系统功能进行了汇总，如果要求在系统登录时可以根据需要实现对两个窗体的选择登录，则可用 If 嵌套语句完成。

本任务将完成下面的操作：

在“登录窗体”界面中添加“选项组”控件，名称为“SE”，在“选项组”控件中包含两个选项按钮控件，对应标签分别为“系统主界面”和“切换面板”，要求当输入正确的登录信息后，单击“登录”按钮，可根据单击的选项按钮打开对应的窗体。若没有选择则提示“请选择打开对象”信息。窗体设计如图 7-12 所示，测试效果如图 7-13 所示。

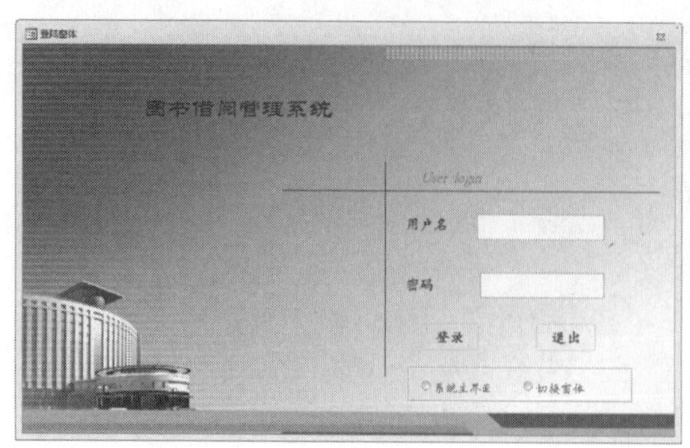

图 7-12　窗体设计

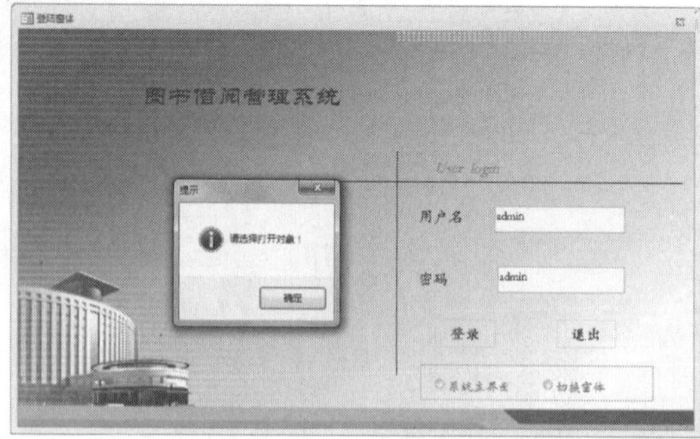

图 7-13　测试效果

二、任务实施

在“登录窗体”界面中添加“选项组”控件，名称为“SE”，在“选项组”控件中包含两个选项按钮控件，对应标签分别为“系统主界面”和“切换面板”，要求当输入正确的登录信息后，单击“登录”按钮，可根据单击的选项按钮打开对应的窗体。若没有选择则提示“请选择打开对象”信息。

步骤一：根据要求在“登录窗体”界面中添加“选项组”控件，并添加两个选项按钮，如图 7-14 所示。

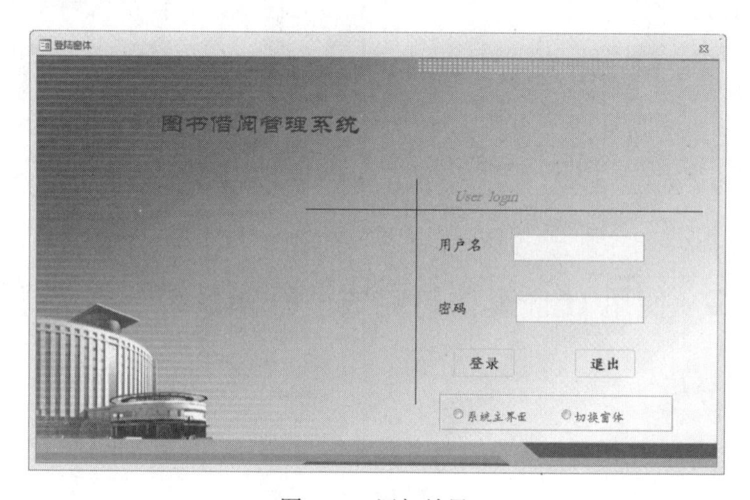

图 7-14　添加效果

步骤二：进入“登录窗体”设计视图，并进入“登录”按钮单击事件的编辑界面，修改事件代码。

```
If Me!T = "admin" And Me!P = "admin" Then    '条件验证
MsgBox "欢迎使用! ", vbInformation, "成功"  '登录提示
If SE = 1 Then                          '条件验证
DoCmd.OpenForm "系统主界面"     '打开“系统主界面”窗体
DoCmd.Close acForm, "登录窗体"  '关闭登录界面
ElseIf SE = 2 Then
```

```
      DoCmd.OpenForm "切换面板"      "打开“切换面板”窗体
      DoCmd.Close acForm, "登录窗体"  "关闭登录界面
    Else
      MsgBox "请选择打开对象！", vbInformation, "提示"  "提示信息
    End If
  Else
    MsgBox "用户名或密码错误，请重新输入！", vbCritical, "提示"
    "登录信息错误提示
    Me!T = Null      "清空“用户名”
    Me!P = Null      "清空“密码”
  End If
```

步骤三：将“登录窗体”切换到窗体视图，查看设计效果。输入正确的登录信息并选中“切换窗体”单选按钮，然后单击“登录”按钮，效果如图 7-15 所示。

图 7-15　登录成功效果

项目拓展

计时控件（Timer）

VB 中提供计时控件 Timer 可以实现“定时”功能，但 VBA 没有直接提供 Timer，而是通过设置窗体的“计时器间隔（TimerInterval）”属性与添加“计时器触发（Timer）”事件来完成类似的定时功能，其处理过程是：计时器触发事件过程（Form_Timer），每隔计时器间隔（TimerInterval）规定的时间就会被激发运行一次。这样重复不断，实现“定时”

处理功能。

注意：“计时器间隔”属性值的计时单位为毫秒（ms）。

下面创建一个窗体 L7_5，在该窗体上有一个标签 Label1。同时，设置窗体的“计时器间隔”为 1s，计时器触发事件过程实现在 Label1 标签中动态显示系统当前的日期和时间，具体的操作步骤如下：

步骤一：创建名为 L7_5 的窗体，并在该窗体上添加一个标签，命名为 Label1。

步骤二：打开窗体的“属性表”，设置“计时器间隔”属性的值为 1000，设置“计时器触发”属性为“[事件过程]”，如图 7-16 所示。单击其后的“…”按钮，进入 Timer 事件过程的编辑界面，编写事件代码。

步骤三：设置“计时器触发（Form_Timer）”事件过程如下：

```
Private Sub Form_Timer()
    Me!Label1.Caption = Now()
End Sub
```

步骤四：运行测试，效果如图 7-17 所示。

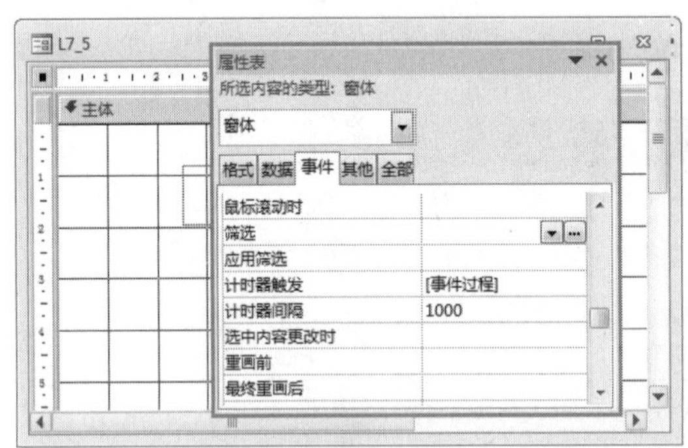

图 7-16　属性设置

图 7-17　执行效果

在利用窗体的 Timer 事件进行动画效果设计时，只需将相关代码添加到 Form_Timer() 事件过程中即可。

此外，“计时器间隔”属性值可以在代码中动态设置，如 Me.TimerInterval=1000，可以通过设置“计时器间隔”属性值为 0（即 Me.TimerInterval= 0）来终止 Timer 事件的继续发生。

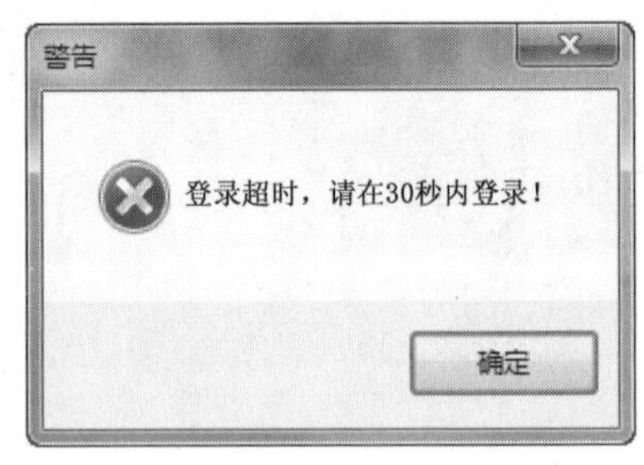

图 7-18　登录超时提示框

下面使用 Timer 事件来完善系统登录功能，功能要求如下：

1）登录时必须在 30 秒内输入正确的用户名与密码，30 秒后会弹出提示框，如图 7-18 所示，单击“确定”按钮后关闭“登录界面”。

2）在登录窗体的右上方显示登录倒计时，如图 7-19 所示。

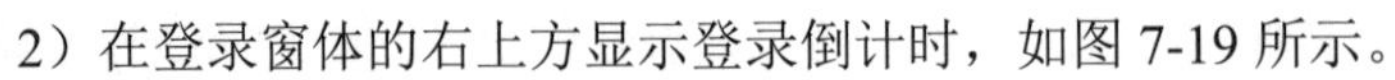

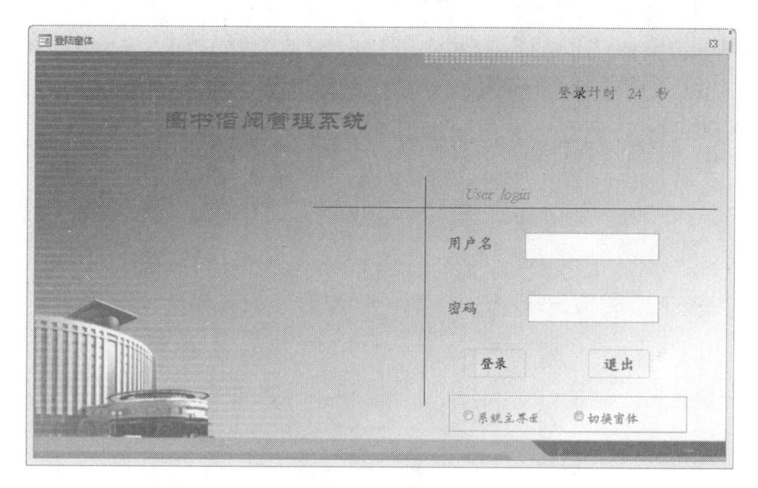

图 7-19　登录倒计时

3）在 30 秒内输入密码或用户名错误，则弹出提示信息，如图 7-20 所示。

4）在 30 秒内输入正确的用户名与密码后：

①停止倒计时。

②弹出提示框，如图 7-21 所示。

在图 7-20 中，单击“确定”按钮后，实现以下功能：

①将用户名与密码清空。

图 7-20　登录失败提示框

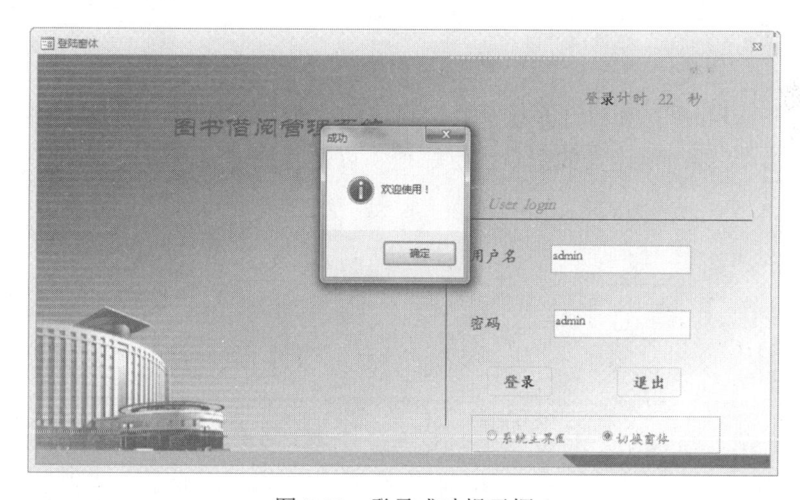

图 7-21　登录成功提示框

②关闭系统登录界面。

③登录到系统主界面。

任务实施的具体步骤如下。

步骤一：以设计视图方式打开“登录窗体”，在窗体的适当位置添加 3 个标签控件，名称分别为“Lab1”“time”“Lab2”。“Lab1”的标题为“登录计时”，“Lab2”的标题为“秒”。

步骤二：在窗体的“属性”表中设置“计时器间隔”属性的值为“1000”，如图 7-22 所示。然后进入“计时器触发”事件编辑界面。

步骤三：在“计时器触发”事件 VBA 编辑界面输入 VBA 语句，如图 7-23 所示。

属性表

所选内容的类型：窗体

窗体

格式 | 数据 | 事件 | 其他 | 全部

鼠标滚动时	
筛选	
应用筛选	
计时器触发	[事件过程]
计时器间隔	1000
选中内容更改时	
重画前	
最终重画后	

图 7-22 “计时器间隔”属性设置

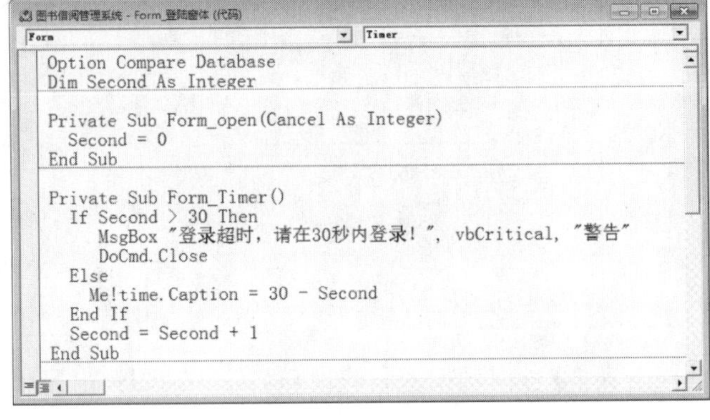

图 7-23 VBA 语句

VBA 语句解析如下：

```
Option Compare Database
Dim Second As Integer
```

用于定义系统变量，该变量可在窗体的不同事件过程中使用。

```
Private Sub Form_open(Cancel As Integer)
  Second = 0
End Sub
```

定义窗体打开事件，在打开系统“登录窗体”时，系统便开始进行登录倒计时，因此在打开窗体时，需要对所定义的变量进行赋值，以便其他过程调用。

```
Private Sub Form_Timer( )
  If Second > 30 Then
    MsgBox "登录超时，请在 30 秒内登录！", vbCritical, "警告"
    DoCmd.Close
  Else
   Me!time.Caption = 30 - Second ————————→设置 time 标签的标题属性
  End If
  Second = Second + 1————————→实现变量值加 1
End Sub
```

步骤四：进入“登录”按钮“单击”事件编辑界面，修改单击事件过程，如图 7-24 所示。

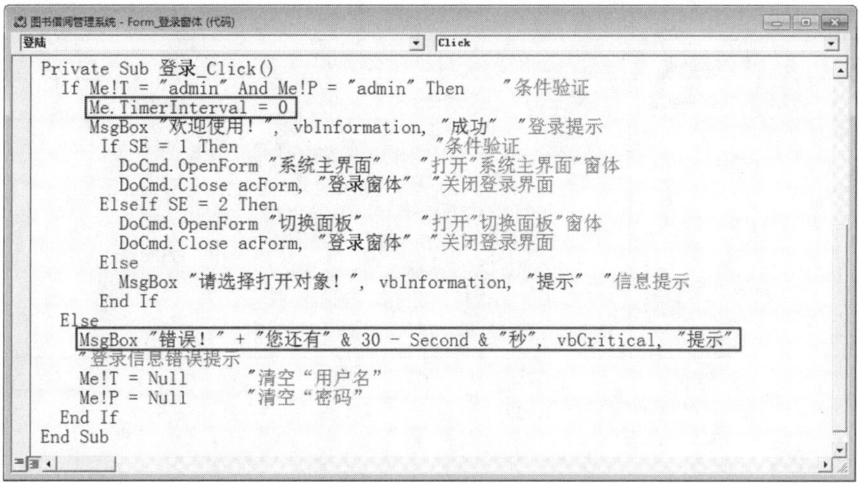

图书借阅管理系统 - Form_登录窗体 (代码)

登陆 Click

```
Private Sub 登录_Click()
  If Me!T = "admin" And Me!P = "admin" Then    '条件验证
   Me.TimerInterval = 0
   MsgBox "欢迎使用！", vbInformation, "成功"  '登录提示
    If SE = 1 Then                  '条件验证
     DoCmd.OpenForm "系统主界面"     '打开"系统主界面"窗体
     DoCmd.Close acForm, "登录窗体"  '关闭登录界面
    ElseIf SE = 2 Then
     DoCmd.OpenForm "切换面板"       '打开"切换面板"窗体
     DoCmd.Close acForm, "登录窗体"  '关闭登录界面
    Else
     MsgBox "请选择打开对象！", vbInformation, "提示"  '信息提示
    End If
  Else
   MsgBox "错误！" + "您还有" & 30 - Second & "秒", vbCritical, "提示"
   '登录信息错误提示
   Me!T = Null     '清空"用户名"
   Me!P = Null     '清空"密码"
  End If
End Sub
```

图 7-24　修改单击事件过程

项目测评

本项目的测评表见表 7-1。

表 7-1　项目测评表

项目名称	选择分支结构语句			
任务名称	知识点	完成任务	掌握技能	所占权重
使用 If 语句完成系统登录验证	语句的基本概念；语句书写规则；if 语句的结构；Masbox 消息框的使用	1）创建一个名为“L7_2”的窗体，并在该窗体上添加两个文本框和一个命令按钮，两个文本框的名称分别为 Text1 和 Text2，命令按钮的名称为 Cmmand1，标题为“测试”。该窗体实现在 Text1 中输入一个数，单击“测试”按钮，Access 将会判断 Text1 中的数字能否被 3 整除，若能被 3 整除，则在 Text2 中输出“能被 3 整除”，否则在 Text2 中输出“不能被 3 整除” 2）在“图书借阅管理系统”中已创建完成“系统登录”界面，在“图书借阅管理系统”的使用过程中，为了保证系统的安全，在登录系统时需要对用户进行验证，输入正确的“用户名”和“密码”后，弹出提示框“欢迎登录！”并打开系统主界面，若“用户名”与“密码”其中的一项输入错误，则弹出提示“用户名或密码错误，请重新输入！”，单击“确定”按钮并清空“用户名”与“密码”文本框中的数据	掌握 Msgbox 函数的使用方法，并能使用 If 语句完成简单事件过程的编写	70%

（续）

项目名称	选择分支结构语句			
任务名称	知识点	完成任务	掌握技能	所占权重
使用 If 嵌套语句完成“登录系统”的选择打开	掌握 If 嵌套语句的结构	在“登录窗体”界面中添加“选项组”控件，名称为“SE”，在“选项组”控件中包含两个选项按钮控件，对应标签分别为“系统主界面”“切换面板”，要求当输入正确的登录信息后，单击“登录”按钮，可根据单击的选项按钮打开相对应的窗体。若没有选择则提示“请选择打开对象”	掌握 If 嵌套语句的使用方法，能够使用 If 嵌套语句完成相对复杂程序语句的编写	30%

项目小结

任务一学习了 If 语句的单分支以及双分支语句结构，并学习了 Msgbox 消息框的语句结构，这两种语句结构相对简单，但在初学阶段应正确区分 If 语句的单分支结构与 If 语句的双分支结构，避免出现混淆。

任务二主要学习了 If 嵌套语句，讲解了 If 嵌套语句的两种书写格式，并通过完善“登录窗体”的功能讲解了 If 嵌套语句的使用方法。通过本任务的学习要求在使用 If 嵌套语句的过程中，能够准确地判断语句序列的执行条件，并能使用 If 嵌套语句实现简单系统功能代码的编辑。

项目二　循环结构语句

任务　使用循环结构语句实现图书损失计算

一、任务分析

在不少的实际问题中有许多具有规律性的重复操作，在程序运行时需要重复执行这些语句，能够实现该功能的语句称为循环结构语句。

在图书信息管理过程中，往往出现借阅者逾期还书或图书在借阅的过程中有损坏的情况，为了保证学校财产并对借阅者起到一定的约束，出现以上情况时应按照相应的规定进行赔偿。在“图书借阅管理系统”中已经创建完成了“损失计算”窗体，其中包含两个命令按钮，即“图书损坏计算”和“逾期计算”，并包含名称为“L”的标签控件，用于显示最终结果。

本任务将主要完成以下操作：

1）使用 For 循环完成图书损坏计算。当单击“图书损失计算”按钮时，弹出文本输入框，输入损坏图书的数量，提示信息为“请输入损坏图书数量”，如图 7-25 所示。单击输入框上的“确定”按钮弹出文本输入框，根据输入的图书损坏数量依次输入损坏图书的定价，提示信息为“请输入图书定价”，如图 7-26 所示。最终计算结果作为“L”标签的标题，如图 7-27 所示（损失计算方式为图书定价的 2 倍）。

图 7-25　输入损坏数量

图 7-26　输入图书定价

2）使用 Do…While 循环完成还书逾期损失计算。当单击“逾期计算”按钮时，弹出文本输入框，输入还书逾期天数，提示信息为“请输入还书逾期天数”，如图 7-28 所示，最终计算结果作为“L”标签的标题，如图 7-29 所示（逾期一天罚款 1 元）。

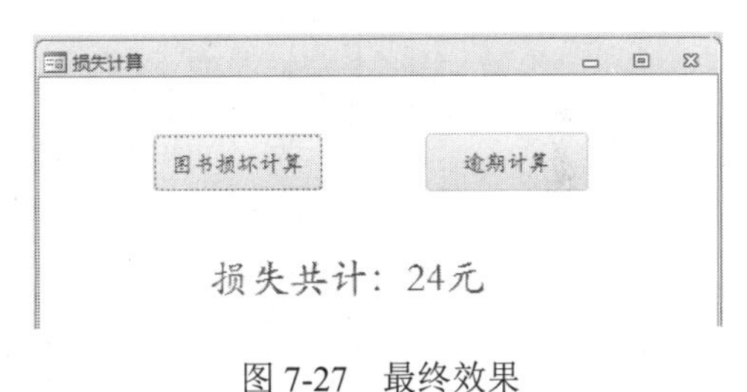

图 7-27　最终效果

图 7-28　逾期天数输入

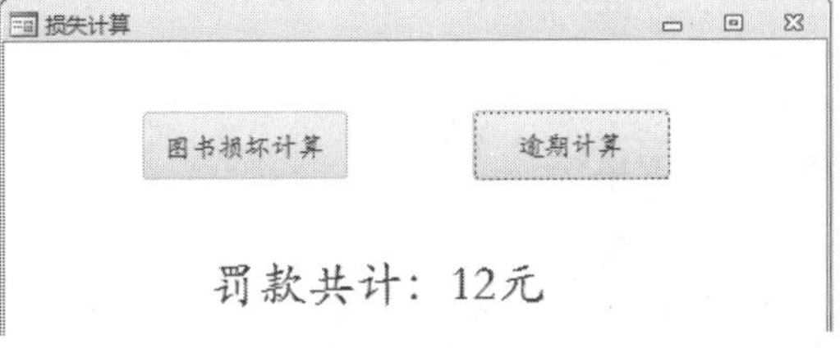

图 7-29　最终效果

二、任务实施

1）使用 For 循环完成图书损坏计算。当单击“图书损失计算”按钮时，弹出文本输入框，输入损坏图书的数量，提示信息为“请输入损坏图书数量”。单击输入框上的“确定”按钮弹出文本输入框，根据输入的图书损坏数量依次输入损坏图书的定价，提示信息为“请输入图书定价”。最终计算结果作为“L”标签的标题（损失计算方式为图书定价的 2 倍）。

步骤一：以设计视图方式打开“损失计算”窗体，进入“图书损失计算”按钮控件事件代码编辑界面。

步骤二：在代码编辑区域输入事件代码，如图 7-30 所示。

```
Dim a
```

```
    Dim s As Integer
    Dim b As Integer
    Dim c As Integer
    c = Val(InputBox("请输入损坏图书数量"))
    For  i = 1 To c
      s = Val(InputBox("请输入图书定价"))
      a = a + s
    Next
    b = Str(a * 2)
Me!L.Caption = "损失共计：" & b & "元"
```

```
Option Compare Database
Private Sub Com1_Click()
  Dim a
  Dim s As Integer
  Dim b As Integer
  Dim c As Integer
  c = Val(InputBox("请输入损坏图书数量"))
  For i = 1 To c
     s = Val(InputBox("请输入图书定价"))
     a = a + s
  Next
  b = Str(a * 2)
  Me!L.Caption = "损失共计：" & b & "元"
End Sub
```

图 7-30　代码编辑界面

步骤三：将“损失计算”窗体切换到窗体视图，查看设计效果。在图书数量输入框中输入 2，定价依次输入 20、25，计算损失，如图 7-31～图 7-34 所示。

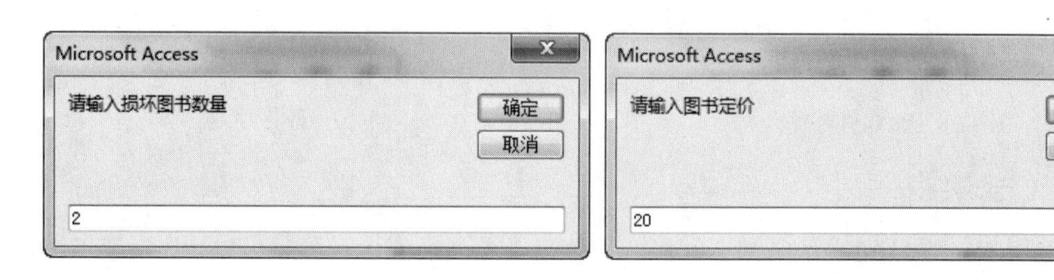

图 7-31　输入图书数量

图 7-32　输入图书定价 1

图 7-33　输入图书定价 2

图 7-34　计算结果

2）使用 Do…While 循环完成还书逾期损失计算。当单击“逾期计算”按钮时，弹出文本输入框，输入还书逾期天数，提示信息为“请输入还书逾期天数”，最终计算结果作为“L”标签的标题（逾期一天罚款 1 元）。

步骤一：以设计视图方式打开“损失计算”窗体，并进入“逾期计算”按钮代码编辑界面。

步骤二：在代码编辑区域输入事件代码，如图 7-35 所示。

```
Dim m As Integer
Dim i As Integer
Dim sum As Integer
sum = 0: i = 1
m = Val(InputBox("请输入还书逾期天数"))
  Do While i <= m
  sum = sum + 1
  i = i + 1
  Loop
  Me!L.Caption = "罚款共计: " & sum & "元"
```

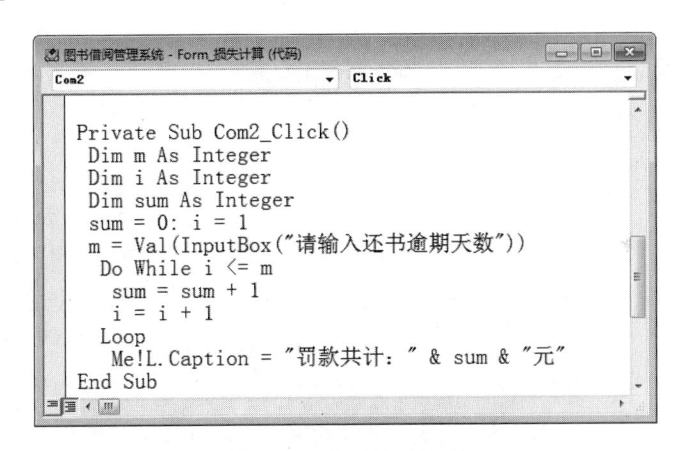

图 7-35 代码编辑界面

步骤三：将窗体切换到窗体视图，单击“逾期计算”按钮，在弹出的文本输入框中输入 15，查看计算结果，如图 7-36 和图 7-37 所示。

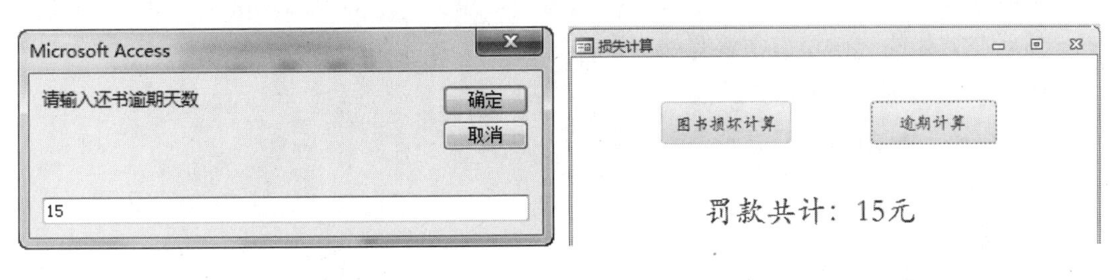

图 7-36 输入逾期天数

图 7-37 计算结果

项目拓展

过程调用与参数传递

一个子过程或一个函数过程实现一个功能，一个较大的应用程序一般应由若干个过程组成，过程之间需要相互合作才能实现所有功能，这种相互合作机制就是过程之间的相互调用。

过程调用是两个过程之间的合作机制，这两个过程分为主调过程和被调过程。程序在主调过程中执行，遇到被调过程，就去执行被调过程，被调过程执行完毕后，返回主调过程，在执行被调过程的位置继续往下执行主调过程。

过程分为子过程和函数过程，这两类过程的调用形式是不同的。下面结合实例介绍过程调用的形式和参数传递。

1. 子过程

定义格式：

```
[Public|Private][Static ] Sub 子过程名([形参列表])
    语句序列
End Sub
```

说明：

1）Public 和 Private 表示子过程是公用的还是私用的，公用过程可在整个程序范围内被调用，私用过程只能在所定义的模块范围内被调用，用方括号括起来的内容表示可以被省略。

2）Static 表示过程中的变量是局部变量还是静态变量，在过程被调用后其值仍然保留。

3）“形参列表”的一般形式是：[ByValue|ByRef] 变量名[As 数据类型]，该语句用来指明子过程的参数，若省略则为无参过程。

4）可以在过程中使用 Exit Sub 语句强制退出子过程。

5）子过程的调用形式有两种，即 Call 子过程名([<实参>])或子过程名 [<实参>]。

下面创建一个名为“L7_3”的窗体，在窗体中添加一个名称为 Command1 的命令按钮，然后在窗体的代码窗口中编写如下事件过程：

```
①Private Sub Command1_Click()
②  Dim m As Integer, n As Integer
③    m = 3: n = 2
④  Call Add(m, n)
⑤  Mul m, n
```

```
⑥End Sub
⑦Sub Add(x As Integer, y As Integer)
⑧  Dim z As Integer
⑨    z = x + y
⑩  MsgBox "加法：" & z
⑪End Sub
⑫Sub Mul(x As Integer, y As Integer)
⑬  Dim z As Integer
⑭    z = x * y
⑮  MsgBox "乘法：" & z
⑯End Sub
```

程序的执行步骤如下：

1）单击命令按钮后，系统找到命令按钮的单击事件过程 Command1_Click，并从该过程的起始行（第①行）开始执行。

2）执行第④行，调用过程 Add，程序的执行流程跳到第⑦行执行。

3）第⑩行显示消息框，显示消息“加法：5”，如图 7-38 所示；执行第⑪行，结束过程 Add 的调用，返回过程的调用行（第④行），继续向下执行。

4）执行第⑤行，调用过程 Mul，程序的执行流程跳到第⑫行执行。

5）第⑮行显示消息框，显示消息“乘法：6”，如图 7-39 所示；执行第⑯行，结束过程 Mul 的调用，返回过程的调用行（第⑤行），继续向下执行。

6）执行第⑥行，命令按钮 Command1 的单击事件过程执行结束。

图 7-38　执行效果 1

图 7-39　执行效果 2

2. 子过程的参数传递

在定义过程时，如果没有指定参数，则称为无参过程。从子过程的定义格式可以看到，过程在定义时可以设置一个或多个形参（形式参数的简称）。在有些问题中，当被调过程在执行时，可能要用到主调过程中的某些数据，这种数据的获得可以通过形参来实现。

在定义过程时，含有形参的过程称为有参过程。在有参过程中，形参是用来获得所需数据的，其定义格式如下：

[ByVal|ByRef] 形参变量名 [As 类型标识]

各项含义解释如下：

ByVal 可选项——表示该参数按值传递。

ByRef 可选项——表示该参数按地址传递，ByRef 是 VBA 中参数的默认传递方式。

[As 类型标识] 可选项——指明形参变量的数据类型。含参数的过程被调用时，主调过程的调用式必须提供相应的实参（实际参数的简称）。

3. 函数过程的调用及其参数传递

在实际应用中，有时需要被调过程执行完毕后，给主调过程带回一个结果，子过程不能实现这个功能，VBA 中提供了另一类过程可以实现这个功能，即函数过程，下面对函数过程作详细介绍。

函数过程的定义格式为：

```
[Public|Private][Static] Function 函数过程名([形参表列])[As 类型标识符]
    语句序列
    [函数过程名=表达式]
EndFunction
```

说明：

1）关键字 Public、Private 和 Static 与子过程中的含义相同。

2）函数过程返回的值就是函数名的值，“函数名=表达式”的作用是使函数返回表达式的值。

3）可以在函数中使用 Exit Function 语句强制退出函数过程。

4）函数过程和子过程的根本区别是函数过程有返回值，而子过程只是执行一系列操作，没有返回值。在函数过程中返回值的数据类型由“As 类型标识符”短语指明。若不指明，则 VBA 将自动赋给该函数过程一个最合适的数据类型。

5）函数过程的常用调用形式为：函数过程名([实参])。

6）函数过程的参数传递方式与子过程完全相同，不再叙述。函数过程的上述调用形式主要有两种用法：一是将函数过程返回值作为赋值成分赋予某个变量，其格式为“变量名=函数过程名([<实参>])”；二是将函数过程返回值作为某个过程的实参成分使用。

实例：有如下过程，执行过程 Test 后，在立即窗口中的输出结果是：2 3 6。

```
Sub Test()
  Dim m As Integer, n As Integer, result As Integer
    m = 2: n = 2
    result = Add(m, n)
  Debug.Print m; n; result
End Sub
Function Add (ByVal x As Integer, ByRef y As Integer) As Integer
```

```
   x = x + 1
   y = y + 1
  Add = x + y
End Function
```

注意：函数过程可以被查询、宏等调用使用，因此在进行一些计算控件的设计中，函数过程特别有用。

4. 变量作用域和生命周期

在 VBA 中，变量定义的位置和方式不同，则它存在的时间和起作用的范围也不同，这就是变量的作用域和生命周期。

当变量出现时，它被称为可见的，即可以为变量指定数值，也可以改变它的值，并用于表达式中。在某些情况下变量是不可见的，此时若使用变量就会导致错误出现。

（1）变量的作用域

在一个过程内部定义的变量称为局部变量，其作用域为定义它的过程内部。生命周期随着过程的开始而开始，随着过程的结束而消亡。

说明：局部变量如果没有赋值，则有默认初始值，数字类型变量为 0，字符串变量则为空字符串。关键字 Static 定义的变量为静态变量，静态变量的持续时间是整个模块的执行时间而不是过程的执行时间，过程执行结束后变量没有消失且其值保留，下次调用时延用这个值。

实例：在窗体中有一个命令按钮（Command1），命令按钮的“单击”事件过程代码如下。单击 3 次后，消息框的结果为 3，若将 Static 改为 Dim，则单击 3 次后，消息框的结果依旧是 1。

```
PrivateSub Command1_Click()
 Static x As Integer
   x =x+1
   MsgBox x
End Sub
```

（2）模块变量

模块变量定义在模块的所有过程之外的声明区域（模块窗口的起始位置），模块运行时，对该模块内的所有过程都是可见的。生命周期随着模块的开始而开始，随着模块的结束而消亡。

（3）全局变量

全局变量定义在标准模块的所有过程之外的声明区域，运行时，对所有模块的所有过程都是可见的。变量作用域见表 7-2。

表 7-2 变量作用域

变量范围	声明位置	声明关键字	作用域
局部变量	过程内部	Dim 或 Static	定义它的过程内部

（续）

变量范围	声明位置	声明关键字	作用域
模块变量	模块声明部分	Dim 或 Private	定义它的模块内部
全局变量	标准模块声明部分	Public 或 Global	所有模块

说明：当存在同名但是不同作用域的变量，某过程对于这些变量都可以访问时，系统会优先访问作用域小的变量。

实例：在窗体中有一个命令按钮（Command1），命令按钮的“单击”事件过程代码如下。单击命令按钮后消息框的显示内容是 30。

```
①Public x As Integer'定义全局变量 x
②Private Sub Command1_Click()
③   x=10
④  Call s1
⑤  Call s2
⑥  MsgBox  x
⑦End Sub
⑧Private Sub s1()
⑨  x=x+20
⑩End Sub
⑪Private Sub s2()
⑫  Dim xAs Integer "定义局部变量 x
⑬    x=x+20
⑭End Sub
```

程序执行完毕后，结果并不是 50 而是 30，程序执行过程如下：

过程执行之前已经存在一个全局变量 x，执行过程 Command1_Click。首先执行 x=10，这里的 x 应该是全局变量 x，x 的值变为 10。再执行第④行，即执行 s1，全局变量 x 对于 s1 也是可见的，在执行 s1 的过程中，全局变量 x 变为 30。执行完 s1，返回到第⑤行（Call s2），即执行 s2，在 s2 中定义了一个局部变量 x，现在有两个变量 x，而且这两个 x 对于 s2 而言都是可以访问的，这时系统会优先访问作用域小的 x，也就是局部变量 x。因此在执行 x=x+20 时，不是全局变量变为 50，而是局部变量变为 20。执行完毕后，过程 s2 结束，局部变量 x 也跟着消失。系统返回到第⑥行输出 x 的值，这个 x 应该是全局变量，因为局部变量 x 已经消失，即使不消失，局部变量 x 对过程 Command1_Click 也是不可见的。因此，最后消息框的输出结果为 30。

项目测评

本项目的测评表见表 7-3。

表 7-3 项目测评表

项目名称	循环结构语句			
任务名称	知识点	完成任务	掌握技能	所占权重
使用循环结构语句实现图书损失计算	For 循环语句结构; Do…loop 循环语句结构; Inputbox 输入框函数; VBA 标准函数的使用及其意义	使用 For 循环完成图书损坏计算，当单击“图书损失计算”按钮时，弹出文本输入框，输入损坏图书的数量，提示信息为“请输入损坏图书数量”。单击输入框上的“确定”按钮弹出文本输入框，根据输入的图书损坏数量依次输入损坏图书的定价，提示信息为“请输入图书定价”。最终计算结果作为“L”标签的标题（损失计算方式为图书定价的 2 倍）	能够使用循环语句实现系统简单功能代码的编辑	100%

项目小结

本项目主要学习了 For 和 Do…loop 循环两种语句结构，通过对“损失计算”窗体功能的实现，需要掌握循环语句的书写规则以及使用环境，掌握 Inputbox 输入框的使用方法，熟悉 VBA 中常用的数据类型以及各数据类型的含义。循环语句的结构相对复杂，在实际应用过程中经常结合 If 判断语句使用。循环语句结构在全国计算机等级考试中为必考内容，因此要多加练习。

参 考 文 献

[1] 教育部考试中心.全国计算机等级考试二级教程：Access 数据库程序设计 [M]. 北京：高等教育出版社，2013.
[2] 张满意.Access 2010 数据库管理技术实训教程 [M].北京：科学出版社，2012.